U0251385

与数学系2001级教育硕士合影。前排中为丁尔陞教授，左五为时任系主任郑学安教授。（2003年）

与参加首届国家级培训的全国中小学教师合影。前排右五为王梓坤院士，左五为时任系主任郑学安教授。（2000年）

与全国首届教育硕士专业学位毕业生合影。前排中为钟善基教授。（2000年）

在澳门参加两岸四地"中小学课程与教学"研讨会上作"对数学教学核心理念的思考"报告。（2004年）

谷超豪院士（前排左三）、胡和生院士（前排右三）与第八届
"苏步青数学教育奖"评委合影。（2008年）

与先生、女儿、女婿、外孙子、外孙女游华盛顿D.C公园。
（2010年）

钱珮玲

QIAN PEI LING

数学教育文选

李仲来　主编
钱珮玲　著

人民教育出版社

图书在版编目（CIP）数据

钱珮玲数学教育文选/钱珮玲著. —北京：人民
教育出版社，2011.12
　　ISBN 978-7-107-24037-9

　　Ⅰ.①钱…　Ⅱ.①钱…　Ⅲ.①数学教学—文集
Ⅳ.①01-4

　　中国版本图书馆 CIP 数据核字（2011）第 278164 号

人民教育出版社出版发行
网址：http://www.pep.com.cn
人民教育出版社印刷厂印装　全国新华书店经销
2012 年 4 月第 1 版　2012 年 4 月第 1 次印刷
开本：890 毫米×1 240 毫米　1/32　印张：11.75　字数：292 千字
定价：23.80 元
著作权所有·请勿擅用本书制作各类出版物·违者必究
如发现印、装质量问题，影响阅读，请与本社出版科联系调换。
（联系地址：北京市海淀区中关村南大街 17 号院 1 号楼　邮编：100081）

自序

  当我得知院里和人民教育出版社要给我出版数学教育文选的消息时，很是惶恐。因为我是 20 世纪 80 年代末从函数论方向转到数学教育方向的，不是"科班出身"，也缺少在数学教育方面的建树。考虑再三后决定本着"认真、平实"的宗旨去做这件事，在思考和整理的过程中对自己在数学教育方面的工作做一总结，也希望能对数学教育的研究有益。

  1973 年 1 月从天津纺织工学院调回母校北师大后，先是在物理系给 1973 届、1974 届、1975 届工农兵大学生讲授高等数学，1976 年回系给最后一届（1976 届）工农兵大学生讲授数学分析。1980 年 9 月以后，先后开设了"实变函数""泛函分析""实分析""数学分析"等课程。当时缺少适合北师大数学系学生学习的教材，因此，根据几年的教学积累，整理讲稿、参阅苏联的教材，于 1987 年 6 月和 1991 年 2 月出版了《实变函数与泛函分析》和《实变函数论》两部教材。与此同时，1978 年 9 月至 1989 年底，跟随孙永生教授，参加由孙永生教授主持的函数逼近论讨论班，开展了函数逼近论方面的研究，分别于 1986 年、1988 年、1989 年发表了"关于周期可微函数用线性正算子的逼近阶""广义 Bernoulli 函数用三角多项式的单边逼近""On n-widths in l_p"等文。

  也许是因为实变函数和泛函分析的内容更为抽象些，学生不太好理解，所以在教学中总是不断思考如何教才可

以使学生能够更好地理解和掌握课程内容，慢慢地，学生都还比较喜欢听我的课，这一"良性循环"使我逐渐对教学法产生了兴趣。这时的"中学数学教材教法组"也正好需要充实教师队伍，我便于 20 世纪 80 年代末开始了数学教育方向的学习和研究。向钟善基、丁尔陞、曹才翰等几位先生学习，听他们的课，参加研究生的讨论班，他们给了我很多的启示和帮助。同时，我阅读了大量的有关数学教育的书籍，逐渐找到了感觉。限于对中学数学教育接触不多，开始的研究还是侧重于大学数学教育，如"数列与上下极限""数学分析的入门教学与'ε-N'语言""拓广方法与创造思维能力的培养""拓广方法与微分映射的教学"等。

本文选的内容包括两部分：一是数学思想方法及其教学研究；二是数学教育的现代发展与教师专业素养研究。

或许因为我是转行的，因此，在研究数学教育有关问题时，总是习惯于从数学角度去考虑问题。在给数学教育研究生开设"数学方法论"的过程中，也不断反思自己学习数学的过程，感到数学思想方法无论是对于理解和掌握数学内容，还是对于解题，都是很重要的。于是，边教学、边集中阅读有关的书籍和文献；基于数学的研究对象和特点，针对教师和学生的常见问题，积累资料。于 1999 年 7 月出版（2008 年第 2 版）了《数学思想方法与中学数学》。有别于其他数学思想方法著作的是：在上篇剖析数学中涉及的最基本、最常用的思想方法之后，下篇的内容是通过对近现代数学中有关内容的分析，揭示近现代数学与中学数学的有机联系，以及近现代数学思想方法对中学数学的指导。例如，将运算和函数这两个核心概念统一于"关系"之下展开讨论，用关系的有关知识阐明"复数为什么不能比较大小"；用等价关系扩充数系、引出方向、自由向量等

概念；通过对空间双重意义的剖析，充分展现了数学逐级抽象的特征；通过对微分本质的揭示，将微分概念拓广到无穷维空间和微分流形上；等等。在教学过程中和教学后与部分学生、进修教师以及访问学者的交流中，他们感到这本书有特点、有深度、有回味。后又将本书上篇内容作增删、细化，于2001年9月出版（2010年第2版）了由教育部师范教育司组织评审的全国中小学教师继续教育教材《中学数学思想方法》。

与此同时，基于数学思想方法的研究，有针对性地发表了一些文章，如"怎样比较无穷集元素的'多少'——有理数比自然数"多"吗?""关于空间的话题""联想""该怎么'做数学'——《函数与图形》一书内容介绍""学会如何思考和学习——I. M. Gelfand等著三本书的简介和评析""以知识为载体突出联系展现思想方法——对'方程的根与函数零点'教学的思考"等。

在研究生的培养，第一、二、三批国家级中小学骨干教师的培训，《普通高中数学课程标准（实验）》和《普通高中数学课程标准实验教科书》（人教A版）的培训中，在参与人民教育出版社中学数学室课题"中学数学核心概念、思想方法结构体系及教学设计研究与实践"研究等过程中，与一线中学教师、教研员、行政管理人员等有了较为广泛、直接的接触和交流，更为深切地感受到了我国数学教育的长处和不足。一方面是对数学教育研究和学生选题的需要，另一方面是数学教育现代发展的需要，迫使我必须涉猎包括课程、教学、评价、研究方法等多方面的学习和研究，即文选第二部分的内容。

改革涵盖的面很广，其中，课程改革是核心。文章"关于中学数学课程改革的探讨""对我国课程发展的认识"是我在这方面的一些认识。

不断提高教学效益的关键是提高教师的素养。数学教育的现代发展要求教师具有怎样的基本素养？如何提高教师的素养？教师应如何教？"数学教育的现代发展与教师培训""如何认识数学教学的本质""新课程理念下的'双基'教学"等文从一定程度上回答了这些问题，得到了同行的关注和反响。

我同意"改革最终发生在课堂上"的观点。课堂教学应关注哪些主要问题？"对数学学习研究的几点思考""课堂教学需要从数学上把握好教学内容的整体性和联系性之一——对古典概型教学的思考""课堂教学需要从数学上把握好教学内容的整体性和联系性之二——对函数单调性教学的思考""几何课程教学设计应注意的问题""关于数学新课程的评价"等文是我在这方面的思考和研究，同样引起了同行的关注，尤其是教研员和一线教师的反响。与此同时，在关于《普通高中数学课程标准（实验）》和《普通高中数学课程标准实验教科书》（人教A版）的培训中，我总会强调课堂教学应关注"三讲""三多"和"三性"，即：讲背景（来龙）、讲思想（数学内容的灵魂）、讲应用（去脉）；多一点数学情境和归纳（体现数学的认识和发展）、多一点探索和发现（学会数学地思考和学习）、多一点思考和回顾（认识和理解数学的需要）；基础性、问题性、联系性；等等。（因有关讲稿和材料没有正式出版，故没有收集在文选中）这都得到了同行的认同。

在整理过程中，一个明显的感觉是：无论是教学还是研究，都是在边学、边讲、边实践、边提炼中得到提高和发展的。我想这应该是教师专业发展的一个共同点，也是我提出的教师专业发展模式（经验＋反思＋学习研究＋开拓创新）对自身的一个体现。

最诚挚地感谢北京师范大学数学科学学院和人民教育

4

钱珮玲数学教育文选

出版社，使我能有这样的机会对自己的工作做整理总结。感谢院党委书记李仲来教授为我提供了有关材料，减少了很多琐事，使我能按时完成整理总结工作。再次谢谢他们！

钱珮玲

2011 年 4 月 25 日

5

自
序

工作简介

　　钱珮玲是北京师范大学数学科学学院教授。现任数学通报副主编（1998年起），《普通高中数学课程标准实验教科书》人民教育出版社A版副主编（2004年起）。曾任北京师范大学数学系数学分析（一）教研室主任（1990～1995年）、数学教育与数学史教研室主任（1995-02～2004-04）、数学教育学报副主编（2000-08～2010-06）、全国高师院校数学教育研究会副理事长（1989～2006年）、国家课程标准普通高中数学课程研制组核心成员（2000～2003年）等职。曾主持教育部和北京师范大学课题4项。参加了为我国在1997年9月首次增设的数学教育专业学位研究生课程设置的研讨和审定工作；参加了教育部制订并于2002年4月颁布的《全日制普通高级中学数学教学大纲》的修订工作。2000年6月至2003年4月参与国家课程标准普通高中数学课程研制。研制后期至2005年，参与《普通高中数学课程标准实验教科书》人民教育出版社A版的教材编写。1999年8月至2011年8月曾任苏步青数学教育奖第四～九届评委会委员。

　　开设过包括"实变函数""泛函分析""实分析""数学分析""数学方法论""基础数学研究""现代数学与中学数学""中学数学教学研究""竞赛数学研究"在内的十几门课程。从事数学教育方向的教学和研究二十多年，为第一、二、三批国家级中小学骨干教师开设"数学教育的现代发展与教师专业素养""中学数学教学研究"等课程。为新课程的推进参与了全国十多个省、市的《普通高中数学课程标准（实验）》《普通高中数学课程标准实验教科书》（人教A版）的培训。在《课程·教材·教法》《现代教学研究》《数学通报》《数学教育学报》等学术期刊发表论文40余篇，编著出版了六部著作；自1992年5月具有硕士生导师资格起，先后共培养了51名硕士生。

钱珮玲数学教育文选

目录

一、数学思想方法及其教学研究 ·················· 1

如何认识数学思想方法及其教学 ·············· 2

数学学习与思考的基本方法——数形结合

　方法 ························· 14

中学代数中的基本思想方法与教学研究 ········ 31

中学几何中的基本思想方法与教学研究 ········ 43

初等微积分的基本思想方法与教学研究 ········ 55

数列与上、下极限 ················ 72

数学分析的入门教学与"ε-N"语言 ········· 82

拓广方法与创造性思维能力的培养 ········· 92

怎样比较无穷集元素的"多少"

　　——有理数比自然数"多"吗? ·········· 100

关于空间的话题 ················· 107

拓广方法与微分映射的教学 ········· 115

该怎么"做数学"

　　——《函数与图形》一书内容介绍 ······· 125

学会如何思考和学习

　　——I. M. Gelfand 等著三本书的简介和

　　评析 ···················· 137

联想 ························ 145

目录

以知识为载体突出联系展现思想方法
　　——对"方程的根与函数零点"教学的
　　思考 ·················· 149

二、数学教育的现代发展与教师专业素养
　　研究 ·················· 155
关于中学数学课程改革的探讨 ········ 158
对我国数学课程发展的认识 ········· 170
对数学教育研究的几点思考 ········· 179
关于高师数学教育专业学生数学素质的思考 ··· 185
对改进数学教育硕士生培养方案的设想 ···· 194
在大学数学教学中应注重贯彻"教学与科研相
　　结合"的原则 ············· 199
数学教育的现代发展与教师培训 ······· 208
如何认识数学教学的本质 ·········· 223
新课程理念下的"双基"教学 ········ 236
对数学学习研究的几点思考 ········· 249
对一种数学合作学习方式的介绍及反思 ···· 256
从美国教育统计中心发布的研究发展报告得到的
　　启示 ················· 263
分形几何
　　——从 UCSMP 教材内容引发的思考 ····· 270

目录

课堂教学需要从数学上把握好教学内容的整体性和
　　联系性之一
　　　　——对古典概型教学的思考　·············· 282
课堂教学需要从数学上把握好教学内容的整体性和
　　联系性之二
　　　　——对函数单调性教学的思考　·············· 287
如何认识概率
　　　　——读普通高中《课标》实验教科书
　　（概率部分）引发的思考　·············· 292
独立性检验应注意的问题　·············· 300
几何课程教学设计应注意的问题　·············· 314
关于数学新课程的评价　·············· 321
在数学活动中发展思维和语言　·············· 341
附录1　钱珮玲简历　·············· 352
附录2　钱珮玲发表的论文和著作目录　······ 354
后记　·············· 358

QIAN PEILING SHUXUE JIAOYU WENXUAN

一、数学思想方法及其教学研究

　　数学思想方法是数学的指导思想和一般方式、手段和途径；是对数学知识的进一步提炼概括，是以数学知识为载体对数学内容本质的认识；是处理数学问题的基本策略；是数学内容的灵魂。

　　可以说，数学上的发现、发明主要是方法上的创新。典型的例子是伽罗瓦（E. Galois）开创了置换群的研究，用群论方法确立了代数方程的可解性理论，彻底解决了一般形式代数方程根式解的难题；另外，解析几何的创立解决了形、数沟通和数形结合及其互相转化的问题；对应的思想方法解决了无穷集元素"多少"的比较问题，可把无穷集按"势"（或基数）分成不同的"层次"；等等。从中我们可体会到，有了方法才是获得了"钥匙"。数学的发展绝不仅仅是材料、事实、知识的积累和增加，必须有新的思想方法的产生，才会有创新，才会有发现和发明。

　　因此，从宏观意义上来说，数学思想方法是数学发现、发明的关键和动力。从微观意义上来说，在数学教学中，再现数学的发现过程，揭示数学思维活动的一般规律和方法，从知识和思想方法两个层面上去教和学，帮助学生学习和领悟蕴含于知识中以知识为载体的思想方法，会使学生所学的知识不再是零散的知识点，也不再是解决问题的刻板套路和一招一式，能帮助学生形成有序的知识链，为学生构建良好的认知结构起到十分重要的基础作用，同时也是培养学生创造性思维的重要途径。这样，教师在数学教学中不仅要使学生掌握知识内容，而且要提升思想观点，注重数学思想方法的教学，帮助学生学会学习，形成良好的认知结构，提高学生洞察事物、寻求联系、解决问题的思维品质和各种能力，最终达到培养创新型人才的目的。

■如何认识数学思想方法及其教学*

一、何谓数学思想方法

所谓数学思想是对数学知识的本质认识，是对数学规律的理性认识，是从某些具体的数学内容和对数学的认识过程中提炼上升的数学观点，它在认识活动中被反复运用，带有普遍的指导意义，是建立数学和用数学解决问题的指导思想，例如：化归思想、分类思想、模型思想、极限思想、统计思想、最优化思想等。

数学方法是指从数学角度提出问题、解决问题（包括数学内部问题和实际问题）的过程中所采用的各种方式、手段、途径等，其中包括变换数学形式。例如，欲求和：

$$\arctan 1 + \arctan \frac{1}{3} + \arctan \frac{1}{7} + \cdots + \arctan \frac{1}{1+n+n^2},$$

可考虑用分解组合的方法，变换问题的数学形式，注意到

$$\arctan \frac{1}{1+k+k^2} = \arctan \frac{(k+1)-k}{1+k(k+1)},$$

联想正切的差角公式

$$\tan(\alpha-\beta) = \frac{\tan\alpha - \tan\beta}{1+\tan\alpha\tan\beta},$$

得到

$$\alpha-\beta = \arctan \frac{\tan\alpha - \tan\beta}{1+\tan\alpha\tan\beta}^{\circ}$$

再设

———————————

　* 本文摘自《中学数学思想方法》第 2 版，§1.1，§1.2.3，§1.3. 北京师范大学出版社，2010.

$$\tan \alpha = k+1, \ \tan \beta = k,$$

即可将原式变形为

$$\arctan 1 + (\arctan 2 - \arctan 1) + (\arctan 3 - \arctan 2) + \cdots$$
$$+ (\arctan n - \arctan(n-1)) + (\arctan(n+1) - \arctan n)$$
$$= \arctan(n+1)。$$

即使是重大的数学方法，也是从变换问题的数学形式中不断深入地展开研究而形成的。例如群论的产生和建立与代数方程的可解性问题，即与五次以上代数方程没有根式解的问题直接相关。在此问题的研究过程中，从代数方程根与系数的韦达关系开始，到提出预解式和预解方程的概念，从二次、三次、四次代数方程根的层次结构形式，到一般高次代数方程如果存在根式解，那么公式中必将包含由开方根运算构成的一些层次，应把解的公式中层次结构的形式同域的扩张概念联系起来，把每一层次的对应域的形成要素归结为寻求预解式和预解方程，以及把预解式的寻求归结为置换群的各阶子群的结构分析等，所有这些主要方法都是在不断变换问题的数学形式中逐渐深入展开，提炼概括形成的。

数学思想和数学方法是紧密联系的，一般来说，强调指导思想时称数学思想，强调操作过程时称数学方法。

二、数学方法的特点

数学方法在实际运用时往往具有过程性和层次性的特点。这是因为，每一种数学方法总包含若干个环节，每个环节具有独特意义，环节之间又有一定关系。在上面的第一个例子中，关键一步是变换形式

$$\arctan \frac{1}{1+k+k^2} = \arctan \frac{(k+1)-k}{1+k(k+1)}。$$

再联想正切的差角公式，取反正切函数……一步一步地变换形式，直至问题解决。在第二个例子中，其过程性

尤为明显，伽罗瓦的成功之处和重要功绩就是在"预解式和预解方程的寻求"这一环节上，他看到了预解式的构成并不存在明确的方法或法则，即使是特殊的方程，构造其预解式也需要很大的技巧。经过变换数学形式的深入研究，他设法绕过了预解式，对置换群提出了一系列重要概念。如：正规子群、单群、复群以及群之间的同构等概念，并证明了一些基本定理，建立了方程可解性理论。

数学方法的层次性是由数学特点所决定的。在全部数学内容中均包含着从客观现实到逐级抽象结构的不同层次。数学内容是数学方法的基础和载体，因此数学方法也有不同层次，当然，在不同层次间又有着交错的关系。就拿最简单的二元一次方程组的解法来说，也有着三个层次：消元法是第一个层次；为了消元，可考虑用加减消元或代入消元，这是第二个层次；为此，需要进行具体的恒等变形，这是第三个层次。一般来说，我们有以下层次关系：

钱珮玲数学教育文选

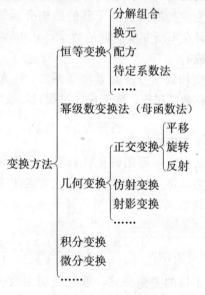

三、数学知识体系与数学思想方法

数学知识、数学方法、数学思想是数学知识体系的三个层次，它们互相联系、互相依存、协同发展。数学知识既是数学思想方法解决问题所依据的材料，又是解决问题的结果。数学方法是解决问题的途径、手段，是数学思想的基础，也是数学思想发展的前提。数学思想是一类数学方法本质特征的反映和灵魂，数学思想是通过数学方法表现出来的。

四、中学数学中数学思想方法概述

新世纪的课程改革对中学数学内容作了相应的删减、增补。此外，对某些内容的要求和处理上有变化。中学数学内容大致分为代数、几何、微积分、概率统计、算法这样几个部分。

中学数学中的代数内容，基本可分为数与式、方程与不等式、函数几个部分。初中代数在小学所学的自然数、小数、分数的基础上，把数系扩充到有理数系和实数系，并明确了算律，充分利用算律解一元一次、二次方程及多元一次方程组，再进一步引进多项式及其运算，学习分式、根式，学习换元、配方、待定系数等代数解题的通法，介绍函数（一次函数、二次函数、反比例函数）及其图象。高中代数把数系扩充到复数系，进一步加深对函数本质的理解，学习基本初等函数，学习数列与数学归纳法，排列组合和二项式定理等内容。

中学几何内容包括平面几何（《义务教育数学课程标准（实验修订稿）》中称为图形与几何）、立体几何、解析几何，属于从实验几何到推理几何和从推理几何到解析几何的阶段，高中新大纲及其之后的《普通高中数学课程标准（实验）》中增加了向量的有关内容，以便通过向量及其运算把空间结构代数化,以向量为桥梁,将形、数更好地结合起来。

2004年颁布的《普通高中数学课程标准(实验)》(以下简称《课标》)中,微积分包括导数及其应用、定积分与微积分基本定理。

统计与概率在初中阶段学习抽样与数据分析、事件发生的概率。高中进一步学习随机抽样、用样本估计总体、变量的相关性,并通过具体案例学习相应的统计方法。概率在初中学习的基础上给出概率的统计定义,学习两种基本概型,核心是让学生了解随机现象与概率的意义。

算法是《课标》新增加的内容。希望通过学习,体会算法的基本思想,以及算法的重要性和有效性,发展有条理地思考和表达的能力,提高逻辑思维能力。

因此,在中学数学中,除了有观察、实验、归纳、类比、分析、综合、抽象、概括等形成数学理论的方法,有一般的逻辑推理、证明方法,以及化归、递推、等价转换、推广与限定等常用的一般数学思想方法之外,还有着其特有的一些基本的数学思想方法。例如:

(1)用字母代替数的思想方法

有人认为在中学数学学习和教学中要处理好以下几个飞跃,帮助学生过好这几个"关":

从算术到代数,即从具体数字到抽象符号的飞跃;

从实验几何到推理几何的飞跃;

从常量到变量的飞跃(函数概念的形成和发展);

从平面几何到立体几何的飞跃;

从推理几何到解析几何的飞跃;

从有限到无限的飞跃;

从确定性数学到不确定性数学(概率统计)的飞跃。

其中,从具体数字到抽象符号的飞跃,掌握字母代替

钱珮玲数学教育文选

数的思想方法是整个中学数学重要目标之一，这是发展符号意识和形成良好运算能力的必不可少的重要基础，帮助学生完成这一飞跃是至关重要的。

（2）集合的思想方法

把集合的思想方法作为基本思想方法是很自然的事情，这是因为集合论为现代数学运用统一的语言，采用公理化的方法提供了基础，为现代数学的结构化、形式化、统一化提供了较好的表达、组织方式。因此，作为基础的中学数学内容中必须考虑渗透和运用集合的语言、思想和方法。

在代数中应突出数系的通性、通法，渗透建立代数结构的思想。比如强调整数、有理数等数集和多项式集合关于加法、乘法（数乘元素）的封闭性，这不仅可为以后学习群、环、域、线性空间等代数结构打下基础，也可以从更高的观点来看待具体的运算。

几何中的轨迹法和交轨作图，也可通过运用集合的思想方法，经常注意训练学生从考虑具体的数学对象到考虑对象的集合，进而进行分类。

任一几何图形都是 $\mathbf{R}$ 或 $\mathbf{R}^2$ 或 $\mathbf{R}^3$ 的子集，这就可通过集合术语（属于、包含、并集、交集、余集、空集），借助集合和描述集合特征性质之间的关联，说明性质的逻辑关系。例如：整体与部分的关系——全集与子集的关系；蕴涵——包含关系；析取——集合之并集；合取——集合之交集；非——余集（补集）。以集合为工具，讲清一些基本逻辑关系、推理格式，这种思想方法还便于推广到 $\mathbf{R}^n$ 和抽象空间中，并可沿用原来的几何语言（如球，超平面等），这对于培养几何直观能力、学习抽象的数学内容都是十分有益的。

（3）函数、映射、对应的思想方法

这是一种考虑对应，考虑运动变化、相依关系，以一种状态确定地刻划另一种状态，由研究状态过渡到研究变化过程的思想方法。

函数概念在中学数学关于式、方程、不等式、排列组合、数列、微积分等主要内容中起到了横向联系和纽带的作用。

代数式可看作是函数的值：$3a$ 可看作是函数 $y=3x$ 当 $x=a$ 时的值；

两个代数式 $f(x)$，$g(x)$ 恒等等价于函数 $h(c)=f(x)-g(x)$恒等于 0；

方程 $f(x)=0$的根可看作是函数 $y=f(x)$ 的图象与 x 轴交点的横坐标；

在不等式的证明中，函数的性质经常是有力的工具；

数列是一种特殊的函数；

排列组合中的某些公式可看作是函数，例如排列数 $P_n^m=n(n-1)\cdots(n-m+1)$ $(m\leqslant n)$ 是二元函数，全排列 $P_n^n=n!$ 是一元函数，于是便可借用函数的有关性质处理相应问题；映射是函数的发展，函数是一种特殊的映射，用映射的观点看函数，更加突出了对应的本质；等等。

函数概念的形成和发展是中学数学中从常量到变量的认识上的飞跃，因此，理解和掌握函数的思想方法无疑会有助于实现这一飞跃。

（4）统计思想和数据处理方法

统计思想是指通过收集数据，整理数据，分析数据，从数据中提取信息，并利用这些信息作出判断，从局部估计整体的思想。在中学数学中的数据处理方法主要有：抽样方法、用样本估计总体、回归分析、独立性检验等。

（5）算法思想

粗略地说，算法思想是指按照一定的步骤，通过有限步，一步一步去解决某个问题的程序化思想。可以说，算

法思想是贯穿中学数学课程的一条线索。只是以前我们没有给出算法这个名词，事实上，我们一直在用算法的思想。例如，计算一个函数值，求解一个方程，证明一个结果，等等，我们都需要按照一定的步骤，一步一步地去完成，这就是算法的思想。

除此之外，还有最优化的思想方法（极大、极小、最大、最小等）；极限思想和逼近方法；分类的思想方法；参数的思想方法等。

附录2《中学数学思想方法》一书中的第2～7各章分别针对数学解决问题的基本方法、数学化活动的一般方法、数学推理和证明方法、数学学习与思考、解决问题的基本思想方法、数学构建理论的一般方法、一般科学方法在数学中的运用等内容作出了相应的阐述。

五、如何进行数学思想方法的教学

探讨数学思想方法有关问题的最终目的是提高学生的思维品质、个性品质和各种能力，提高个体的整体素质。实现这一目的的主要途径是需要在课堂教学活动中有效地进行数学思想方法的教学。

（一）数学思想方法教学的特点

由于数学思想是数学内容的进一步提炼和概括，是以数学内容为载体的对数学内容的一种本质认识，因此是一种隐性的知识，要通过反复体验才能领悟和运用。数学方法是处理和解决问题的方式、途径、手段，是对变换数学形式的认识，同样要通过数学内容才能反映出来，并且要在解决问题的不断实践中才能理解和掌握。一般来说，数学思想方法的教学具有隐喻性、活动性、主观性、差异性等特点。

隐喻性——数学思想方法隐于知识内部，只有较为模糊的体现，在数学教材中即使是直接指出"＊＊思想""＊＊方法"也不一定能起到应有的作用。

活动性——数学思想方法的教学必须寓于教学活动中而非静态的，需要通过精心的教学设计和课堂上的教学活动过程，沟通教材与学生的认识，在教师的主导、学生的参与下去完成。

主观性——数学思想方法的教学较多地受教师主观性的限制。

差异性——学生对数学思想方法的学习主要在于领悟，因此比知识的学习更具难度，也就更具差异性。

从学生的认知角度看，一般来说数学思想方法的构建有三个阶段：潜意识阶段，明朗和形成阶段，深化阶段。相应地，在教学中就需通过多次孕育、初步形成、应用发展的过程。一般可以考虑通过以下途径进行数学思想方法的教学。

钱珮玲数学教育文选

（二）充分挖掘教材中的思想方法

上面我们已经说过，数学思想方法是隐性的、本质的知识内容，因此在教学中教师必须深入钻研教材，充分挖掘教材中的有关思想方法。

例如：

有理数乘法法则的讲述，可充分运用数形结合和归纳推理的方法，与由一般到特殊的演绎推理相比，降低了难度而又不失科学性。教师可给学生介绍这两种基本而又常用的思想方法。

又如：

在二元一次方程组的应用题部分，可介绍"整体代入"的思想方法，强调这一思想方法的优越性，因为这种"整体代入"的思想方法在以后的学习中将广为使用。同时，这也是对字母代替数的更深刻的理解。

（三）有目的有意识地渗透、介绍和突出有关数学思想方法

在进行教学时，一般可从上面我们对学生的数学学习，以及对中学数学内容的分析出发，在具体内容中考虑应渗透、介绍或突出哪些数学思想，要求学生在什么层次上把握数学方法，是了解、是理解、是掌握、还是灵活运用。然后进行合理的教学设计，从教学目标的确定、问题的提出、情境的创设，到教学方法的选择，整个教学过程都要精心设计安排，做到有意识有目的地进行数学思想方法教学。比如：

化归是数学研究问题的重要的思想方法和解决问题的一种策略。因此，我们可以把它作为一种指导思想渗透在教学过程中，根据具体的教学内容，通过渗透、介绍、突出等不同方式，让学生体验、学习这一思想方法。解方程时，一般总是考虑将分式方程化归为整式方程、无理方程化归为有理方程、超越方程化归为代数方程；处理立体几何问题时，一般可考虑把空间问题化归到某一平面（这个平面一般是几何体的某一个面，或某一辅助平面）上，再用平面几何的结论和方法去解决；在解析几何中，一般可考虑通过建立恰当的坐标系，把几何问题化归为代数问题去处理；有关复数的问题，可通过其代数形式或三角形式化归为实数问题或三角问题加以解决。教师应指导学生从一招一式的解题方法和对不同题型的反复练习中提炼概括出一般规律和有关的思想方法。

总之，通过反复的体验和实践，使学生在学习数学知识的同时，学到数学思考问题、解决问题的一般思想方法。

教师还可以结合具体对象和内容，渗透重要的意识和观点，介绍相应的方法，例如：在有理数的有关内容中，渗透数形结合的思想和矛盾统一的观点；在代数式中初步

一、数学思想方法及其教学研究

突出抽象的思想、数学形式化的观点和分类讨论的方法；在解方程和解不等式中强调等价转换的思想方法；在平面几何中渗透和介绍几何变换的思想方法、运动变化的观点；在立体几何和二次曲线中突出类比—猜想—证明的发现过程，渗透创新的意识；等等。

（四）有计划有步骤地渗透、介绍和突出有关思想方法

学生的学习是一个有序渐进的过程，教学设计应充分尊重学生的认识规律。要有意识有目的地进行，还要有计划有步骤地进行。例如，在知识形成阶段，可有计划有步骤地选用观察、实验、比较、分析、抽象、概括等抽象化、模型化的思想方法，字母代替数的思想方法，函数的思想方法，方程的思想方法，极限的思想方法，统计的思想方法等。

在知识结论推导阶段和解题教学中，可选用分类讨论、化归、等价转换、特殊化与一般化、归纳、类比等思想方法。

在知识的总结性阶段可采用结构化、公理化等思想方法。

总之，由于数学思想方法是基于数学知识又高于数学知识的一种隐性的数学知识，要在反复的体验和实践中才能使个体逐渐认识、理解，内化为个体认知结构中对数学学习和问题解决有着生长点和开放面的稳定成分。对此，教材内容的合理编排和高质量的教学设计是有效地进行数学思想方法教学的基础和保证。我们要从数学的特点、学生的认知规律和中学数学内容出发，充分体现"观察—实验—思考—猜想—证明（或反驳）"这一数学知识的再创造过程和理解过程，展现概念的提出过程、结论的探索过程和解题的思考过程；从对数学具有归纳、演绎两个侧面的全面认识；从如何有助于个体掌握知识、形成能力和良好

钱珮玲数学教育文选

思维品质的全方位要求出发，去精心设计一个单元或一堂课的教学目标、问题提出、情境创设等教学过程的各个环节。

　　数学教学是数学活动的教学，数学思想方法的教学更具活动性。因此，我们要在整个数学活动中展现数学思想方法，减少盲目性和随意性，并且贯彻以下几条原则：化隐为显的原则、数学思想方法的形式与内容相统一的原则、主动学习原则、最佳动机原则、可接受性原则、螺旋上升的原则。

一、数学思想方法及其教学研究

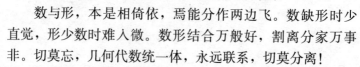

■数学学习与思考的基本方法——数形结合方法 *

数学科学的研究对象和特点，决定了数形结合是数学学习和思考问题的基本方法，也是研究问题的基本方法。

华罗庚精辟地概括了数形结合方法的内涵：

数与形，本是相倚依，焉能分作两边飞。数缺形时少直觉，形少数时难入微。数形结合万般好，割离分家万事非。切莫忘，几何代数统一体，永远联系，切莫分离！

前苏联数学家、数学教育家格涅坚科曾经说过，数学教学是思维和语言的教学。而数形结合方法是抽象思维与形象思维相结合、相补充的充分体现。它可以帮助我们将抽象的问题变得直观、形象，便于思考和研究；也可以帮助我们将直观问题数量化、精确化，促进问题的解决。因此，在数学教学中，在解决问题的过程中，要帮助学生习惯于、善于把数与形结合在一起考虑，既注意数的几何意义，也分析形的数量关系。根据问题的条件，实现数与形的相互利用，相互转化。

§5.2　几个典型的数形结合的良好载体

在这一节中，将介绍几个典型的数形结合的良好载体。

＊　本文摘自《中学数学思想方法》第 2 版，§5.2. 北京师范大学出版社，2010.

14

钱珮玲数学教育文选

在教学中，我们应不失时机地利用它们，帮助学生学习数形结合的思想方法。

§5.2.1　函数与数形结合方法

一、函数是体现数形结合的良好载体

我们都会说，函数是中学数学中的一条主线，可是很少去强调函数是学习数形结合方法的一个良好载体。

事实上，函数是体现数形结合方法的良好载体，数形结合方法为函数内容的学习提供了有力的工具。在工程技术和社会科学中，只要有可能，工程技术人员和社会科学研究人员不仅需要知道函数的解析式、图表、更希望能画出有关函数的图象，因为从函数图象中可以看到函数的整体变化情况，帮助他们进行研究和决策。而且在很多情况下，不能得到变量间相互依赖的对应关系的函数解析式，如：气温随时间的变化规律、检查身体时心跳频率和时间的关系（心电图）、股市行情图等都是函数关系，但是没有函数解析式。

函数是体现数形结合方法的良好载体，在直角坐标系中，函数图象把变量 x 和 y 联系起来，直观、形象地表示出自变量与因变量之间相互依赖的变化规律，尤其是可以使我们从整体上直观地看到函数变化的特点、性质和变化趋势，这对于学生的理解和学习是十分有益的。因此，无论是对于函数概念还是函数性质的学习，数形结合方法为函数内容的学习提供了有力的工具。

例如，函数的单调性和奇偶性都是对函数整体状态的研究，高中数学要求学生理解这些性质，并用数学符号形式化地给出它们的定义。这时，图象在获得这些性质及理解形式化定义时能够发挥很大的作用，能帮助学生在直观认识的基础上，用自己的语言来描述，进而再上升到用数

学符号给出形式化定义。

再如，在学习方程的近似解法——二分法时，函数思想和数形结合方法也体现出了它们的力量。首先，当我们用函数的观点来看待方程的时候，与方程 $y=f(x)=0$ 相联系的函数是 $y=f(x)$。于是，求方程的解就变成了思考函数图象与 x 轴的相交关系问题。具体来说，在 $[a, b]$ 上，给定一个连续函数，若 $f(a)$ 与 $f(b)$ 的符号不相同，那么函数图象会从点 $(a, f(a))$ 出发，"穿过" x 轴到达点 $(b, f(b))$。函数的这一性质（闭区间上连续函数的介值定理）就能使我们用二分法求出方程的近似解。

例1 求方程 $\ln x+2x-6=0$ 解的个数。

分析 求方程 $\ln x+2x-6=0$ 解个数的问题可以转化为求函数 $f(x)=\ln x+2x-6$ 零点个数的问题。

用计算器或计算机作出 x，$f(x)$ 的对应值表和图象如下：

表 5-1

x	1	2	3	4	5	6	7	8	9
$f(x)$	-4	-1.306 9	1.098 6	3.386 3	5.609 4	7.791 8	9.945 9	12.079 4	14.197 2

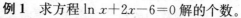

由上述对应值表 5-1 和图 5-6 可知：

$f(2) \cdot f(3)<0$，说明这个函数在区间 $(2, 3)$ 内有零点，

由于函数 $f(x)$ 在定义域 $(0, +\infty)$ 内是增函数，所以它仅有一个零点。

从而可知方程 $\ln x+2x-6=0$ 仅有一个解。

此外，还可以利用二次方程、二

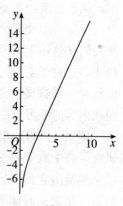

图 5-6

次函数、二次不等式之间的联系和转化去解决相应的问题。还有简单的线性规划问题，用函数的观点去思考，运用数形结合方法，能更好地理解相应知识和解决问题。

从人教 A 版《课标》实验教材必修 5 的一个阅读与思考材料"错在哪里"中，我们可以感受到数形结合方法在解决问题中的好处。

在一节解不等式课上，刘老师给出了一道题，让同学们先求解，题目是这样的：

已知 $\begin{cases} 1 \leqslant x+y \leqslant 3, & ① \\ -1 \leqslant x-y \leqslant 1, & ② \end{cases}$

求 $4x+2y$ 的值域。

不一会，同学们的结果出来了，有两种答案，而且都坚持自己的解答是对的。

第一种解法：联立①②这两个不等式，用类似于解二元一次方程组的方法分别求出 x 和 y 的范围，然后直接代入后面的式子求范围，即：

①＋②，得

$$0 \leqslant 2x \leqslant 4，即 0 \leqslant 4x \leqslant 8。 \qquad ③$$

②×(−1)，得

$$-1 \leqslant y-x \leqslant 1。 \qquad ④$$

①＋④，得

$$0 \leqslant 2y \leqslant 4。 \qquad ⑤$$

③＋⑤，得

$$0 \leqslant 4x+2y \leqslant 12。$$

第二种解法：因为

$$4x+2y=3(x+y)+(x-y)，$$

且由已知条件有

$$3 \leqslant 3(x+y) \leqslant 9， \qquad ⑥$$

$$-1 \leqslant x-y \leqslant 1， \qquad ⑦$$

将⑥⑦二式相加，得

$$2\leqslant 4x+2y=3(x+y)+(x-y)\leqslant 10。$$

事实上，从图 5-7 可以看出，x，y 并不是互相独立的关系，而是由不等式组决定的相互制约的关系，x 取得最大（小）值时，y 并不能同时取得最大（小）值；同样，y 取得最大（小）值时，x 并不能同时取得最大（小）值。第一种解法正是忽视了 x 和 y 之间

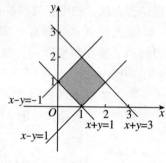

图 5-7

的这一制约关系，导致所得出的取值范围比实际范围大。而第二种解法整体上保持了 x 和 y 之间的相互制约关系，因而得出的范围是正确的。

二、在教学中如何把握数形结合方法

在教学中我们应把握好以下几点：

1. 对函数的学习一定不能停留在抽象的、形式化的描述上，应该帮助学生建立起几个重要的具体的实际模型，并连同它们的图象保留在头脑中。

比如，分段函数，几个具体的幂函数 $\left(y=x，y=x^2，y=x^3，y=\dfrac{1}{x}，y=x^{\frac{1}{2}}\right)$、指数函数与对数函数、三角函数等。结合这些基本初等函数，不断地加深对于函数的定义、性质以及函数研究方法的理解。例如：函数与方程；函数模型及其应用，包括三种不同增长的函数模型图象的比较，指数函数增长得很快是源于指数函数的性质 $a^{\alpha+\beta}=a^{\alpha}\cdot a^{\beta}$，粗略地说，它把定义域中的加法运算变成了函数值的乘积运算，所以当 $a>1$ 时，指数函数增长得很快；函数与不等式；函数与导数；等等。

钱珮玲数学教育文选

2. 函数的教学一定要突出函数图象的地位。通过函数图象，直观地、形象地、整体地认识和理解函数概念和性质。无论是用解析式、图表法还是图象法去刻画一个具体函数时，我们都要帮助学生在头脑里留下函数的图象。只有把握了图象，才能把握住一个函数的整体情况，这样的学习习惯不仅对函数内容的学习，而且对其他数学内容的学习，也是十分有益的，会有利于提高学生运用几何直观、把握图形的能力。这也正说明了函数是数形结合方法的良好载体。

在人教 A 版《课标》实验教材必修 1 中有一道例题，内容是某校对三名同学在高一学年数学学习情况作出分析的问题。问题中给出的是高一学年几次测试中三名同学和班级平均分的成绩表，要求对这三位同学的学习情况作分析。这需要了解各位同学相对于班级平均水平的变化状态和它们的整体变化趋势。而图象法是了解事物变化整体趋势的好方法。所以，面对这样的问题情景，选择图象法解决问题是十分有效的。我们把三名同学和班级平均分的成绩表（表5-2），以及相应的图象（如图5-8所示）提供给读者，希望通过这个问题，感受函数图象的作用和地位，感受函数是数形结合方法的良好载体。

表 5-2

	第一次	第二次	第三次	第四次	第五次	第六次
王　伟	98	87	91	92	88	95
张　城	90	76	88	75	86	80
赵　磊	68	65	73	72	75	82
班平均分	88.2	78.3	85.4	80.3	75.7	82.6

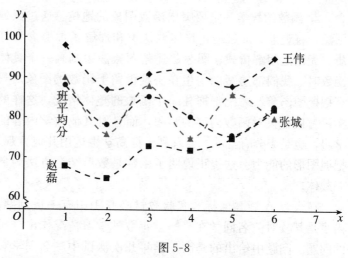

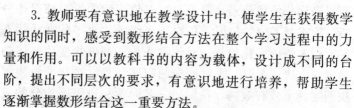

图 5-8

20

钱珮玲数学教育文选

3. 教师要有意识地在教学设计中，使学生在获得数学知识的同时，感受到数形结合方法在整个学习过程中的力量和作用。可以以教科书的内容为载体，设计成不同的台阶，提出不同层次的要求，有意识地进行培养，帮助学生逐渐掌握数形结合这一重要方法。

例如函数性质学习"三步曲"的安排：首先通过观察函数图象，描述图象具有的图象特征，然后结合图、表，用自然语言描述图象特征，最后用数学符号给出形式化的定义。在每一个层次的转折点上，我们要力求提出比较恰当的问题，用问题引导学生的思维逐步深化，最终上升到形式化的定义。具体地说，在函数单调性的教学中，可以首先给出学生熟悉的一次函数和二次函数的图象，获得图象特征"上升""下降"后，提出问题"如何描述函数图象的上升、下降呢"，紧接着以二次函数为例，给出数值表，结合图象观察表中的数量特征，启发学生发现"随着 x 的增大，相应的 $f(x)$ 随着增大（减小）"并用自己的语言加以描述，紧接着给出"思考"问题：如何利用函数解析式

$f(x)=x^2$描述"随着 x 的增大,相应的 $f(x)$ 随着减小""随着 x 的增大,相应的 $f(x)$ 也随着增大"?从而使学生一步一步地逐步抽象出函数单调性的形式化定义。在研究几类不同函数模型的增长问题时,数形结合的方法更是得到了频繁的、有效的使用,请读者参阅《课标》课程的有关实验教材。

§5.2.2 向量与数形结合方法
一、如何认识向量

1. 向量是体现数形结合方法的良好载体,是沟通代数、几何、三角的桥梁。

向量作为一种带有方向的线段,集"数""形"于一身,即向量可以类似像数那样进行运算,其本身又是一个"图形"。因此,向量是体现数形结合方法的良好载体。

我们知道,运算及其算律是代数学的基本研究对象。向量可以进行多种运算,如向量的加法、减法,数与向量的乘法(数乘),向量与向量的数量积(也称点乘),向量与向量的向量积(也称叉乘)等,这些运算都有相应的运算律。因此,从运算这一角度看,向量是代数研究的对象。向量可以用来表示空间中的点、线、面,可以用向量来讨论空间中点、线、面之间的位置关系,判断线线、线面、面面的平行与垂直,可以用向量来度量几何体:计算长度、角度、面积等。因此,向量是几何(包括三角)的研究对象。这就自然地使向量成为沟通代数、几何(包括三角)的桥梁。

2. 如何认识向量与坐标

在中学数学中,我们知道坐标是沟通代数与几何的桥梁。事实上,向量也是沟通代数与几何的桥梁,这座"桥梁"与坐标的不同主要表现在:

（1）向量既有几何的直观性，又有代数的抽象性。它本身既可以描述图形的性质，又可以进行运算，所以用向量来研究问题时，包括几何问题、物理问题，甚至代数问题，可以实现形象思维与抽象思维的有效结合，这就不仅使向量方法成为研究数学问题的一个强有力的工具，而且有助于学生思维能力的培养。

（2）坐标系依赖于原点的选择，而向量可以不依赖于原点，空间中每一点的地位是平等的，不依赖于坐标，因此，它比坐标系更为一般。

3. 如何认识向量运算

运算是数学学习的一个基本内容。运算对象的不断扩展是数学发展的一条重要线索。从整数到分数，从正数到负数，从有理数到实数、复数，从数到字母、到多项式……数的运算，字母、多项式运算，向量运算，函数、映射、变换运算，矩阵运算等都是数学中的基本运算。

从数的运算到字母的运算，是运算的一次质的飞跃。数的运算可以用来刻画具体问题中的数量关系，解决一个一个的具体问题。而字母运算则可以刻画一类问题中蕴含的规律，解决一类问题。例如，$a+(b+c)=(a+b)+c$，就刻画了数运算的一个基本规律——结合律。同时，字母运算也是表达函数关系、刻画普遍规律的工具。从数运算进入字母运算，是学生数学学习中的一次质变，一个飞跃。

从数的运算到向量运算，是运算的又一次飞跃。我们知道，在代数中，对于三个集合 A，B，C，称映射 $A×B→C$ 为 $A×B$ 到 C 的代数运算，特别地，称映射 $A×A→A$ 为 A 中的二元代数运算。数的运算、多项式运算都是 $A×A→A$ 型的代数运算，数与多项式的运算属于 $A×B→B$ 型的代数运算。向量的加法、减法运算属于 $A×A→A$ 型的代数运算；向量的数乘运算属于 $A×B→B$ 型的代数运算；向量的

数量积运算则属于 $A \times A \to B$ 型的代数运算。因此，向量运算包括了多种类型的代数运算：$A \times A \to A$，$A \times B \to B$，$A \times A \to B$。与数的运算相比，向量运算扩充了运算的对象和运算的性质，向量运算具有与数运算不同的一些运算律，如向量的数量积运算不满足结合律，这对于学生进一步理解其他数学运算、发展学生的运算能力具有基础作用。因此，从数运算到向量运算，是学生数学学习中的又一次飞跃。

4. 向量是重要的数学模型

我们一定还记得，代数中的线性空间有时也称之为向量空间，这是为什么？如果用 V 表示向量的集合，则 V 对于向量的加法（＋）运算满足结合律、交换律、有零元（存在零向量），有负元（每个向量都有与其方向相反、长度相等的向量），V 中向量的加法、实数域 **R** 中的实数与向量的乘法（数乘）运算满足代数中抽象线性空间的 8 条基本性质，因此，V，**R** 对于向量加法、数与向量乘法运算构成线性空间，即 $(V, \mathbf{R}, +, \cdot)$ 是线性空间。事实上，中学数学中的向量空间正是抽象线性空间的一个具体的现实模型。

V 中向量的数量积运算可以刻画向量的长度，给 V 中的向量赋以长度，用 $\|a\| = \sqrt{(a, a)}$ 表示向量 a 的长度后，V，**R** 对于向量的加法、数与向量的乘法（数乘·）运算构成线性赋范空间，即 $(V, \mathbf{R}, +, \cdot, \|\ \|)$ 是一个线性赋范空间。此外，由向量的数量积还可以刻画两个向量是否互相垂直（正交），即两个向量互相垂直，当且仅当它们的数量积为 0。这一关系可以推广到抽象空间中，构建希尔伯特空间。线性空间、线性赋范空间、希尔伯特空间都是重要的数学模型，也是抽象代数、线性代数、泛函分析的重要研究对象。因此，向量为理解抽象代数、线性代数、

泛函分析提供了现实的数学模型。

综上可知，向量在数学中是一个最基本的概念，不仅在中学数学中是沟通代数、几何（包括三角）的桥梁，是数形结合的良好载体，而且在现代数学的发展中起着不可替代的作用，是代数、几何、泛函分析等基础学科研究的基本内容。向量有着广泛的应用，向量不仅在物理中有着大量的应用，而且高维向量被广泛地用于描述多指标的对象，从而在各个领域，包括社会科学，都有着广泛的应用。

二、如何把握向量的教学

在教学中我们应把握好以下几点。

1. 一有机会就要联系，充分起到沟通的桥梁作用和数形结合的典范作用

教师要有意识地在教学设计中，使学生在获得数学知识的同时，感受到数形结合方法在向量学习过程中的力量和作用。可以以教科书的内容为载体，设计成不同的台阶，提出不同层次的要求，有意识地进行培养。

首先帮助学生掌握用向量解决几何问题中的"三步曲"：

（1）将几何问题用向量来表示，例如，两条直线互相垂直，可以用两直线的方向向量 $a \cdot b = 0$ 来表示；

（2）进行向量运算，得出代数结论，例如，经过运算后得出 $a = \lambda b$；

（3）将运算结果翻译成几何语言，例如 $a = \lambda b$ 表示以 a，b 为方向的两条直线互相平行。

除了帮助学生掌握用向量解决几何问题中的"三步曲"外，还应不失时机地、反复强调向量的代数性质及其几何意义。不仅从运算上，而且要从几何意义上去把握：从向量的加、减运算联系力的合成、分解，联系平行四边形法则和三角形法则；从向量的数乘运算联系线段的伸长和压缩；从向量的数量积联系投影、长度和线段的夹角，乃至

直线的垂直关系；等等。

在教学中，应帮助学生将向量的代数运算与它的几何意义联系起来，这样才能运用向量的代数性质更好地刻画几何对象；反之，从几何意义联想代数表示，进行更为深入的研究，从而体会代数与几何的联系，数形结合的方法及其在解决问题中的力量。例如：向量数乘运算 λa 的几何意义是与 a 平行的向量，这就把向量的线性运算与直线、平面联系起来；aa 的几何意义就是向量 a 的长度的平方，这就把向量的数量积运算与线段的长度联系起来，从而，也就把向量的数量积运算与两点间的距离公式联系起来；$ab=0$ 的几何意义是向量 a 与 b 垂直，这就把向量的数量积运算与直线的位置关系联系起来，从而，也就把向量的数量积运算与点到直线的距离联系起来；设 e 是单位向量，则 ae 表示向量 a 在单位向量 e 上的投影的长度，这就把向量的数量积运算与向量夹角的三角函数联系起来；等等。

2. 在向量运算的教学中，要特别重视的问题

在向量运算的教学中，要特别重视向量的数乘运算、数量积运算与数的乘法运算的区别与联系。

应将向量的运算和运算律与数的运算和运算律进行比较，帮助学生理解向量运算的意义及其运算律，为进一步理解其他代数运算奠定基础。例如，对于数运算来说，0 是唯一的加法"零元"，1 是唯一的乘法"单位元"，即 0，1 是两个特殊的数，它们满足以下运算律：对于任何数 a，$0+a=a$，$0a=0$，$1a=a$。对于向量的加法运算来说，零向量 **0** 也是唯一的加法"零元"，对于任何向量 a，$0+a=a$。但是向量的数乘运算与数量积运算则具有不同于数运算的运算律：对于任何向量 a，$0a=0$，$1a=a$，$0a=0$。虽然也有单位向量的概念，但单位向量不是数量积运算的单位元，即 $ea\neq a$，而且单位向量也不唯一。若把单位向量的起点放

在同一点，则所有单位向量构成一个单位圆（球）。数的乘法运算满足结合律、消去律，即对于任何数 a，b，c，$(ab)c=a(bc)$，若 $ab=ac$，且 $a\neq0$，则 $b=c$。对于向量的数量积运算来说，$(ab)c\neq a(bc)$。这是因为，ab，bc 都是实数，$(ab)c$ 是与 c 方向相同或相反的向量，$a(bc)$ 是与 a 方向相同或相反的向量，而 a 与 c 不一定共线，即使共线，$(ab)c$ 与 $a(bc)$ 也不一定相等。若向量 a，b，c 是三个互相垂直的非零向量，则 $ab=ac=0$，且 $a\neq0$，但 $b\neq c$。因此，向量的数量积运算不满足结合律、消去律。在教学中，应让学生明确向量运算与数运算的这些区别，使学生对向量运算乃至代数运算有深入的认识。

应注意不要在零向量上做细枝末节的讨论。

§5.2.3 解析几何与数形结合方法

一、解析几何是数与形结合的典范

解析几何的本质是用代数方法研究图形的几何性质，它沟通了代数与几何之间的联系，体现了数形结合的重要数学思想，是数与形结合的典范。笛卡儿通过坐标建立点与有序数组之间的一一对应关系，给出了"位置"量化的具体方法，是数形结合思想方法的基本出发点。

我们知道，解析几何的创立是数学史上变量数学的第一个里程碑，法国数学家笛卡儿和费马研究的出发点不同，但却殊途同归。笛卡儿在他 1637 年发表的著作《科学中正确运用理性和追求真理的方法论》的附录"几何学"中，较全面地提出了解析几何的基本思想和观点：引进坐标的概念，借助坐标，建立点与数组之间的一一对应关系，进而将曲线看作是动点的轨迹，用变量所适合的方程来表示。费马也提出：凡含有两个未知数的方程，总能确定一个轨迹，并根据方程描绘出曲线。这也正是解析几何的基本思

钱珮玲数学教育文选

想方法——通过坐标系的建立，将几何的基本元素"点"和代数的基本研究对象"数"建立——对应关系，在此基础上，建立起曲线或曲面与方程之间的对应关系。

例如，已知动点的某种运动规律，便可建立动点的轨迹方程；反之，有了变量所适合的某个方程，就可作出它所表示的几何图形，并根据方程讨论一些几何性质。这就将几何与代数紧密结合起来，利用代数方法来解决几何问题。

数轴是学习坐标方法的第一个概念，它可以使我们刻画直线上点的位置，把直线上的点与数之间建立起联系。只要在直线上确定了原点和单位长度，直线上的点与实数之间就可以建立起——对应的关系。平面直角坐标系是在数轴的基础上形成的概念，它使我们可以用数组表示平面上的点，建立起平面上的点与数组之间的一一对应关系，进而建立方程与曲线之间的联系——可以用代数方法讨论几何问题，用几何图形表示代数性质，形成一座沟通代数与几何之间的桥梁。

我们还要说的是，坐标系是沟通数与形的桥梁，既然是桥梁，就应该是不仅可以用数来研究形，而且可以用形来研究数。即不仅能用代数研究几何问题，而且也能用几何研究代数问题。事实上，笛卡儿在他的"几何学"中创立了解析几何的基本方法——通过坐标系用方程来描述曲线，进而用代数方法来研究几何问题。之后，他还给出了利用抛物线和圆的交点来求三次和四次代数方程的实根的方法，开创了用解析几何方法解决代数问题的先例。

二、如何把握解析几何的教学

在教学中，应帮助学生经历将几何问题代数化、解决几何问题的过程，使学生在学习知识的同时，不断地体会数形结合的思想方法：用代数语言描述几何要素及其关系，进而将几何问题转化为代数问题，然后处理代数问题，分析代数结果的几何意义，最终解决几何问题。具体来说，需把握好以下几点。

1. 强调解析法的灵魂是数形结合

解析法的灵魂是数形结合，无论是"以数论形"，还是"以形论数"，都要在"结合"上下工夫。既要强调确定直线和圆的几何要素如何用代数表示，也要强调认识代数运算过程中代数关系的几何意义。能画图的，一定要画图，使学生在头脑中有图形的直观形象，培养学生画图的意识，养成画图的习惯，这是提高学生几何直观能力的有效途径。

在解析几何的教学中，一般来说，对于建立恰当的坐标系将几何元素用代数表示，然后进行代数运算，最后对代数结果作几何解释解决几何问题这三个环节都是能把握好的。但是在解决具体问题时，往往忽视了代数关系的几何意义，看不到"沿途的景致"，这对有效地解决问题是不利的。很多情况下，如果能对代数关系画个图，将会从中得到很好的启示。因此，我们不应该只是机械地在最后环节才用代数关系解释几何问题，而应在各个环节中都关注代数关系的几何意义，这是培养数形转换能力的重要途径。

2. 突出解析法解决几何问题的程序性和普适性

解析几何的基本方法是解析法。当我们用方程表示直线和圆，运用方程研究直线与直线、圆与圆的位置关系，研究两条直线的交点、点到直线的距离、两条平行直线之间的距离等问题时，都需要把几何问题代数化，先用方程表示直线和圆，然后再通过代数运算解决有关问题。

在教学中，我们要明确用解析法解决几何问题的"三步曲"，通过典型的例题和提出恰时恰点的问题，通过与综合法的比较和分析，帮助学生掌握解析法解决几何问题的程序性和普适性。

钱珮玲数学教育文选

第一步：建立恰当的平面直角坐标系，用坐标和方程表示问题中涉及的几何元素和关系，将平面几何问题转化为代数问题。

第二步：进行代数运算，解决代数问题。

第三步：把代数结果"翻译"成几何关系和结论。

即几何问题 $\xrightarrow[\text{第一步}]{\text{（翻译）}}$ 代数问题 $\xrightarrow[\text{第二步}]{\text{（通过计算）}}$ 得出代数结论 $\xrightarrow[\text{第三步}]{\text{（翻译）}}$ 几何问题解决。

3. 加强知识之间的联系性，更好地认识数形结合的思想方法

众所周知，数学知识体系具有很强的逻辑性，数学知识之间的联系是非常紧密的。有效的数学学习需要在头脑中构建良好的认知结构，良好的认知结构中最重要的应该是形成以数学核心概念和思想方法为出发点的知识结构网络。在平面解析几何的教学中，我们要认识到平面直角坐标系是沟通平面几何、函数与解析几何的桥梁，并适时进行一定的联系。

例如，对于几何中的直线，我们既可以从一次函数的角度研究它，又可以从方程的角度研究它。从函数的角度看，一次函数 $y=ax+b$ 的图象是直线；从方程的角度看，$y=ax+b$ 是一个二元一次方程，它所表示的曲线是直线。通过数及其运算，函数与方程对直线可进行定量的描述和研究，从而使对直线的研究由定性的研究到定量的研究。

又如，对于抛物线，我们既可以从二次函数的角度研究它，又可以从方程的角度研究它。从函数角度看，二次函数 $y=ax^2+bx+c$ 的图象是抛物线；从方程角度看，方程 $y^2=2px$ 所表示的曲线是抛物线。它们的区别在于：

从函数角度看时，更多体现的变量 x 与 y 之间的关系，图象抛物线是这种关系的一个直观形象。从方程角度看，

一、数学思想方法及其教学研究

方程 $y^2 = 2px$ 是由几何特征"到定点与到定直线距离相等的点的轨迹"确定的代数关系,即由几何特征所建立的方程,反之,这个方程又体现了这个几何特征。两者都体现了数形结合的思想,但出发点不同,视角不同。

钱珮玲数学教育文选

■中学代数中的基本思想方法与教学研究[*]

§8.2 中学代数中的基本思想方法

在第一章中，我们对中学数学中所特有的思想方法作了归纳和整理，其中的多数思想方法在代数里有不同程度的体现，这里我们就以下几种重要和常用的思想方法作一简要的阐述。

§8.2.1 字母代替数的思想方法

从具体数字到抽象符号的飞跃，掌握字母代替数的思想方法是整个中学数学的重要目标之一，也是发展符号意识和形成良好运算能力的必不可少的重要基础，帮助学生完成这一飞跃是至关重要的，虽然《课标》课程在小学阶段就有"在具体情境中会用字母表示数"的内容，但真正实现从具体数字到抽象符号的飞跃，掌握字母代替数的思想方法还是依靠中学阶段的学习。

从用字母表示数，到用字母表示未知元、表示待定系数，乃至换元、设辅助元，以及用 $f(x)$ 表达式表示函数等字母的使用与字母的变换，是一整套的代数方法，而基础

31

一、数学思想方法及其教学研究

　　* 本文摘自《中学数学思想方法》，第 2 版，§8.2，§8.3. 北京师范大学出版社，2010.

正是字母代替数的思想方法。列方程、解方程的方法是解决已知量与未知量之间等量关系的一类代数方法，其基础还是字母代替数的思想方法。此外，待定系数法、根与系数的关系，还有解不等式、函数定义域的确定、极值的求法等，也都是字母代替数的思想和方法的推广。因此，用字母代替数的思想方法是中学数学中最基本、最重要的思想方法之一。有不少学生总认为 $3a>a$，$-a<a$，就是用字母代替数这一"关"没过好，没有理解和掌握用字母代替数的思想。

§8.2.2 集合的思想方法

集合的思想方法在第一章中已有阐述，这里我们再作以下补充。

集合思想是指应用集合论（主要是朴素集合论的基本知识）的观点来分析问题、认识问题和解决问题。

在中学教学中渗透集合思想主要体现在：

（1）学习朴素（初等）集合论的最基本的知识，包括集合的概念和运算，映射的概念等。

（2）使用集合的语言。例如方程（组）解的集合，轨迹是满足某些条件的点的集合等。当使用集合论的语言时，许多数学概念的形成就变得简单多了，当然也抽象多了。

在中学数学中使用集合与映射的思想，可以把许多表面上看起来不同的一些内容统一起来。例如，数值、变量的数值函数、几何变换、长度、面积和体积的测度等都是集合的映射运用同一概念的不同解释。在解方程、解不等式、作出关于方程的解、关于方程和不等式的等价命题时，使用集合思想来分析、认识也是很必要的。

在中学代数中，函数的图象是函数关系的一种几何表

示。若给定函数 $y=f(x)(x\in A)$，则在直角坐标平面 xOy 上，对于任何一个 $x\in A$，都有一个点 $(x，f(x))$ 与它对应，即 x 通过对应关系 f 确定直角坐标平面上的一个点。我们把定义域 A 上所有 x 在直角坐标平面上确定的点的集合 C 叫做函数 $y=f(x)$ 的图象。用集合语言表达的定义给了我们认识函数图象和运用数形结合思想研究问题的一种启示。

§8.2.3　函数、映射、对应的思想方法

如前所述，函数概念在中学代数中关于式、方程、不等式、数列等主要内容中起着重要作用。

函数思想是客观世界中事物运动变化、相互联系、相互制约的普遍规律在数学中的反映。函数思想的本质是变量之间的对应。应用函数思想能从运动变化的过程中寻找联系，把握特点与规律，从而选择恰当的数学方法解决问题。

初中代数中的正比例函数、反比例函数、一次函数和二次函数，高中代数中的幂函数、指数函数、对数函数以及三角函数、反三角函数等，均是根据定义，画出函数图象，分析函数性质，然后加以应用，形成完整的知识体系。贯彻这一过程始终的就是函数、映射、对应的思想方法。

数列是依照某种规则排列着的一列数：a_1, a_2, …, a_n, …，数列可以看作是一个定义域为自然数集 **N** 或它的有限子集 $\{1, 2, …, n\}$ 的函数，当自变量从小到大依次取值时对应的一系列函数值：a_1, a_2, …, a_n, …，记为 $\{a_n\}$。也就是说，数列是一种特殊的函数。因此研究数列的问题自然就运用了函数的思想、方法以及函数的性质。如函数的三种表示方法数列均适用，而数列的图象是一串孤立的点，与我们熟知的函数图象又不尽相同。与函数单调

性类似，按数列各项的值的变化情况分为递增数列、递减数列、常数列和摆动数列等；按定义域来分有有穷数列与无穷数列；按值域来分有有界数列与无界数列，并且还可以对等差数列的前 n 项和求最大值、最小值等。函数思想体现得十分充分。

复数是中学代数中的又一基本内容。在实数概念和法则的基础上，研究了数系的最后一次扩展。其中由于任意一复数 $z = a + bi(a, b \in \mathbf{R})$ 和复平面内一点 $Z(a, b)$ 对应，也可以和以原点为起点，$Z(a, b)$ 为终点的向量 $\overrightarrow{OZ}$ 对应，在这些一一对应下，复数的各种运算，都有特定的几何意义。这就为我们从代数、三角、几何等多角度认识复数提供了可能，也为复数在代数、三角、几何方面的应用创造了条件。这说明对应思想的重要作用。

§8.2.4 数形结合的思想方法

在第五章中，我们已介绍了数形结合方法，并指出了由数学的研究对象和其本身的特点，决定了这一思想方法是学习数学和思考数学的基本思想方法。这里我们介绍代数中是如何具体体现数形结合思想方法的。

代数是研究数量关系的。虽然数量化是很精确的，但若能用图象表示出来，往往比较直观，变化的趋势更加明确，所以数形结合地思考问题，能给抽象的数量关系以形象的几何直观，也能把几何图形问题转化为数量关系问题去解决。

中学代数中能够体现这一思想方法的内容非常广泛，如集合中有 Venn 图；函数中借助于直角坐标系可以有对应的图象；不等式中，一元一次不等式对应一个区间，二元一次不等式对应一个区域；复数中通过向量与几何结合，如 $|z|$ 表示点到原点的距离，$|z_1 z_2|$ 表示两点间的距离等。

钱珮玲数学教育文选

在排列组合、概率统计中也有许多直方图、数图等几何方法。而中学代数中集中反映数形结合特征内容的是函数与图象，方程与曲线，复数与几何。在处理问题时要加深领会，可借助于对数量关系的推理论证，对图形的几何特征进行精确刻画（如研究函数图象的性质）；也可借助于函数图象与方程曲线加深对题意的理解，并对所得的解集进行有效的检验（如解不等式）。在复数学习中主要贯穿着两条主线，一条是以代数形式表述复数概念；另一条是用几何形式描述复数概念。通过在几何、向量和三角中的有关知识间建立联系，使复数得到直观、形象的解释。注意复数运算的几何意义，可使其在几何、向量、三角、方程等方面发挥综合应用的作用。

　　总之，数形结合的思想方法的实质是将抽象的数学语言和直观图形结合起来，使抽象思维与形象思维结合起来，通过对图形的处理发挥直观对抽象的支柱作用，通过对数与式的转换，使图形的特征及几何关系刻画得更加精细和准确，这样就可以使抽象概念和具体形象相互联系、相互补充、相互转化。

§8.3　教学设计案例

　　我们将给出"方程的根与函数的零点"这一内容的教学设计。

§8.3.1　对教学内容的基本分析

　　函数思想以及方程的根与函数零点之间的联系在《大纲》教材（按数学教学大纲编写的教材）中也备受关注，但没有明确列出这方面的内容，《课标》教材明确列出这一内容，并通过用二分法求方程近似根将函数思想以及方程的根与函数零点之间的联系具体化了。因此，"方程的根与函数零点"这一内容的重点应该是以函数零点及其判定为载体，揭示方程的根与函数零点之间的内在联系，展现转化归结，即化归这一数学思想方法。因此，在确定这一内容的教学重点时，虽然在知识上可以只把具体知识——函数零点的概念及其存在性的判定方法作为重点，但是在整体上，在我们教师自己的心目中一定还需要有一个明确的目标——用一种联系、运动变化的观点来思考和认识问题，揭示方程的根与函数零点之间的内在联系。

与其他新授课一样，首先要解决的问题是如何激发学生的求知欲，即如何设计恰当的问题，使学生感觉到学习本内容的必要性。其次是从内容本身及其特点考虑如何体现函数思想，引导学生从函数零点的角度探究方程的根与函数零点的联系，形成函数零点的概念；以及函数零点存在的判定及其应注意的问题。

如何激发学生的求知欲，即如何设计恰当的问题，使学生感觉到学习本内容的必要性？现有教材一般采用的方法是从二次或三次方程入手引出本课题。考虑到本课题的内容是"函数与方程"这一新增内容的起始课，因此，除了考虑到本课题的内容外，还应有一个整体的安排。为此，不妨开门见山，给出一个不能用已学方法求解的方程，如 $\ln x + 2x - 6 = 0$，或者一个四次以上的代数方程，同时给出相应的函数图象来引出"函数与方程"这一新增内容和本课题，也为学习下面的二分法作铺垫。

如何引导？

关于函数零点这一概念的教学，原则上需要把握好两点：

一是引导学生从观察已熟知的一元二次方程及其相应的二次函数的图象入手，从特殊到一般，从具体到抽象，突出方程的根与函数零点的联系。具体来说，在给出方程后，可以提出问题：如何求方程的根？学生会作出各种不同的回答，教师可针对课堂实际情况，通过实例，引导学生用运动变化的观点来认识方程的根，帮助学生去认识方程的实数根就是相应函数在函数值变为零时的实数 x；进而认识求方程根的问题可转化为求函数零点的问题去解决。从函数图象上来看，函数的零点也就是函数图象与 x 轴的交点。为使学生能较为主动积极地投入到本课题的学习中，教师还可以不失时机地帮助学生在学习知识的同时感悟知识中蕴含的化归的思想方法。

二是先直观后抽象，充分利用函数表示法中的图象法。根据教学对象，多设计几个不同情况的用图象给出的函数，展示函数的零点（也为函数零点判定的学习作相应的铺垫），即先从几何直观上感觉和认识函数的零点，进而形成函数零点的概念：对于函数 $y=f(x)$，把使 $f(x)=0$ 成立的实数 x 叫做函数 $y=f(x)$ 的零点。可以说，对于多数中学生的数学学习，先直观后抽象是数学的高度抽象性和中学生的认知水平对数学教学的一个基本要求。此外，在本课题的学习中尽可能地用函数图象展示函数的零点也是加深对函数概念认识和理解的一个好机会。对于函数概念的真正认识和理解是不容易的。事实上，对于函数的三种主要表示法的掌握应该不仅仅是从形式上，更重要的是遇到实际问题时能恰当地选择相应的方法来处理问题，这就需要不断地在有关内容中有意识地加以运用。

关于函数零点存在的判定，更要把握好从几何直观入手，即通过函数图象来帮助学生探究发现函数零点存在的判定方法（因为我们不能给出连续的定义）。

（1）教师可以先画几个学生熟悉的函数图象，如：二次函数、指数函数、对数函数等在某个闭区间上的图象。

重点是引导学生进行有目的地观察——观察函数图象与 x 轴有交点时函数图象的特征和区间端点函数值的特征。

（2）帮助学生通过自己的比较、分析去发现"连续""异号"的特征与函数零点的联系，可提出问题：什么条件下函数在闭区间内存在零点？师生一起完善并得出判定方法，并理解"函数 $y=f(x)$ 在闭区间 $[a,b]$ 上的图象是连续不断的一条曲线"和"函数 $y=f(x)$ 在区间端点的值异号"，即"连续"和"异号"这两个条件保证了函数 $y=f(x)$ 在区间内至少有一个零点，进而可以让学生自己举出例子来验证这个判定方法。

（3）再通过有关问题，如：我们应怎样进一步理解判定方法，即判定方法中说的"连续"和"异号"这两个条件与函数 $y=f(x)$ 在闭区间内有零点的关系？引导学生说出"这两个条件保证了函数 $y=f(x)$ 在闭区间内有零点，如果其中一个条件不成立，甚至两个条件都不成立，函数在闭区间内也有可能有零点，但也可能没有零点"。并通过相应的反例，如师生一起用函数图象给出几个在某闭区间上有两个不同零点的二次函数（不满足"异号"的条件），用函数图象给出几个在某闭区间上有零点的分段函数或其他更一般的函数（不满足"连续的条件"或两个条件都不满足），也可再与学生一起（或留课下作业）给出没有零点的反例。因此，"连续"和"异号"这两个条件是函数在闭区间内有零点的充分条件。

在教学中应注意的问题是：

（1）观察分析、抽象概括是学习数学的基本的思维方式。观察是一种有计划、有目的的特殊形态的知觉，是按照客观事物本身存在的自然状态，在自然条件下，去研究和确定事物的特征和联系，为思维活动提供直观背景和基础。决定观察质量的主要条件是事先必须有明确的任务和

钱珮玲数学教育文选

目的，以及必要的知识。学生如果目的不清楚，也就不知道如何观察、观察什么。因此，教师必须首先要给学生明确观察的目的和任务，即前面提出的，重点是引导学生观察函数在闭区间内有零点，即函数图象与 x 轴有交点时函数图象的特征和区间端点函数值的特征。

（2）从几何直观入手为思维活动提供直观背景对于数学概念的形成和法则定理的获得是有积极意义的，尤其是本课题的内容。为此，在教学设计时，需要精心设计好有关内容的函数图象。

（3）关于函数零点的概念，不必刻意地去强调"函数的零点不是一个点而是一个数"，因为对于尚未真正理解"实数与实数轴上的点是同一对象的两种表现形式"的学生来说，并不是在课堂上刻意强调就能解决问题的，只能是与其他类似问题那样，先让学生知道函数零点指的是什么，再通过后继内容的学习和练习去"读懂"它的含义。

§8.3.2 教学设计案例

一、课题：方程的根与函数的零点

二、教学目标

1. 通过具体的二次函数的图象与相应的二次方程，了解函数零点的概念、函数零点与相应方程实数根之间的联系。

2. 正确认识函数零点的判定；了解图象连续不断的意义及作用；知道关于函数零点的判定只是函数存在零点的一个充分条件。

3. 在函数零点与方程根的联系中体验数形结合思想和化归思想方法的意义。

三、教学重点与难点

教学重点是了解函数零点的概念、方程的根与函数零点的关系，掌握零点存在的判定方法与初步应用。

难点是正确认识函数零点的判定方法，并针对具体函数（或方程），求出存在零点（或根）的区间。

四、教学过程

基于§8.3.1对教学内容的分析，这里我们只简要地给出教学过程，教师可根据教学对象细化相应的教学过程。

1. 引入课题

问题 求方程 $3x^5+6x-1=0$ 的实数根。

一、二、三、四次方程的解都可以通过系数的四则运算、乘方与开方等运算来表示，但高于四次的方程不能用公式求解。还有求 $\ln x+2x-6=0$ 的实数根也很难下手。现在我们将寻求新的角度来解决这些方程的求解问题。

2. 方程的根与相应函数图象的关系

复习总结一元二次方程与相应函数与 x 轴的交点及其坐标的关系：

	$\Delta>0$	$\Delta=0$	$\Delta<0$
一元二次方程根的个数			
图象与 x 轴交点个数			
图象与 x 轴交点坐标			

展示如下函数的图象：$y=2x-4$，$y=(x-1)(x+2)(x-3)$，$y=(x^2-1)(x+2)(2x-6)$，$y=2^x-8$，$y=\ln(x-2)$，引导学生观察函数图象与 x 轴的交点和相应方程的根的关系，为引出函数零点概念、方程的根与函数零点的关系作铺垫。

3. 函数零点概念、方程的根与函数零点的关系

将上述对具体函数图象与 x 轴的交点和相应方程的根的关系推广到一般，得出函数零点概念：

对于函数 $y=f(x)$，把使 $f(x)=0$ 的实数 x 叫做函数

$y=f(x)$ 的零点。（说明：函数零点不是一个点，而是具体的自变量的取值）

方程的根与函数零点的关系：

方程 $f(x)=0$ 有实数根 $\Leftrightarrow$ 函数 $y=f(x)$ 的图象与 x 轴有交点 $\Leftrightarrow$ 函数 $y=f(x)$ 有零点

以上关系说明：函数与方程有着密切的联系，从而有些方程问题可以转化为函数问题来求解，同样，函数问题有时也可转化为方程问题。这正是函数与方程思想的基础。

4. 函数零点存在性的判定

给出一组图象，从直观入手，与学生一起归纳得出零点存在的判定方法：

如果函数 $y=f(x)$ 在区间 $[a,b]$ 上的图象是连续不断的一条曲线，并且有 $f(a)f(b)<0$，那么，函数 $y=f(x)$ 在区间 (a,b) 内有零点，即存在 $c\in(a,b)$，使得 $f(c)=0$，这个 c 也就是方程 $f(x)=0$ 的根。

问题 1 不是连续函数结论还成立吗？请举例说明。可结合反比例函数，如 $y=\dfrac{2}{x}+2$ 的图象说明。

问题 2 若 $f(a)f(b)>0$，函数 $y=f(x)$ 在区间 $[a,b]$ 上一定没有零点吗？

问题 3 若 $f(a)f(b)<0$，函数 $y=f(x)$ 在区间 $[a,b]$ 上只有一个零点吗？可能有几个？

问题 4 在关于函数零点的判定中，增加什么条件可确定函数 $y=f(x)$ 在区间 $[a,b]$ 上只有一个零点？

可结合函数 $y=x^4+2x^3-2x^2-2x$ 的图象说明问题 2，3，4。

（通过上述问题使学生正确认识零点存在性的判定方法）

例 1 求函数 $f(x)=\ln x+2x-6$ 的零点的个数。

问题 5 能否确定一个区间，使函数在该区间内有零点？

问题 6 该函数有几个零点？为什么？

（通过例题分析，使学生学会用零点存在性的判定方法确定零点存在的区间，并且结合函数性质，判断零点个数）

例 2 观察下表，分析函数 $f(x)=3x^5+6x-1$ 在定义域内是否存在零点？

x	-2	-1	0	1	2
$f(x)$	-109	-10	-1	8	107

（也可以通过计算机作图，帮助了解零点大致的情况）

5. 课堂练习

求下列函数零点的个数。

① $f(x)=2^x+2x-6$；

② $f(x)=\lg 0.5x+2x-3$。

6. 总结

引导学生回顾零点概念、零点存在性判定，鼓励学生积极回答，然后教师再从数学思想方面进行总结。

■中学几何中的基本思想方法与教学研究 [*]

§9.2 中学几何中的基本思想方法

§9.2.1 公理化的思想方法

在第六章中我们已介绍了公理化方法。公理化方法是指从尽可能少的原始概念和公设或公理出发，运用逻辑推理原则，把某一范围系统内的真命题推演出来建立学科体系，从而使系统成为演绎体系的方法。

中学数学中的几何课程就是按照公理化方法的思想编排的，这使中学几何成为大家公认的最有利于培养逻辑思维能力的科目。《课标》课程希望能更好地贴近学生的认知规律、能全面认识几何课程的教育功能，在具体内容安排上有了变化，但依然是从已有事实（包括公理、定义、定理）出发，按照规定的法则（包括逻辑和运算）进行演绎推理，证明结论。因此，公理化的思想方法仍然是中学几何课程中的基本思想方法，几何课程仍然是最有利于培养逻辑思维能力的科目。

§9.2.2 几何直观的思想方法

几何直观是指能运用几何图形和几何语言去分析、表

43

一、数学思想方法及其教学研究

　　[*] 本文摘自《中学数学思想方法》，第 2 版，§9.2，§9.3. 北京师范大学出版社，2010.

达、思考数学对象及数学对象之间的关系。从广义上来说，还包括能利用已经把握的结果和模型来帮助我们去感受、认识和理解新的概念和结果。

反思我们学习数学的过程，多数人或许都会有这样一个体会，那就是在学习中，尤其是对于抽象的概念和结论，如果能有直观、形象的东西，或者已经把握的结果来帮助我们去感受、认识和理解，那就会减少许多的障碍。例如，代数中的绝对值概念可结合数轴学习，尤其是起始学习阶段；不等式的解可结合数轴或平面直角坐标系中的区域来学习；函数的有关性质可结合其图象来学习，在研究函数时，如果能画出相应函数的图象，那么函数的整体变化情况和变化趋势就直观、形象地反映到我们的大脑中，可以"看到"函数的性质……这对于理解知识本身、思考和解决问题都将是十分有益的。又如，同角三角函数的关系和诱导公式可借助单位圆来学习，一看到有关公式就联想到单位圆中的相关线段。再如，高等代数中的线性空间，如果我们把二维（或三维）向量组成的集合连同向量的加法、数乘以及满足的运算律组成的向量空间作为线性空间的一个具体模型，那么对线性空间的认识就直观、形象，不抽象了。一看到线性空间，就联想到向量空间，许多问题就便于解决了。

总之，对于高度抽象的数学学科来说，许多抽象概念和结论一旦找到了直观形象的背景，或联想到自己已把握的具体模型，就会变抽象为直观。这样，无论是对抽象概念和结论的认识和理解、还是对有关问题的思考和解决就都会变得容易把握了。

与此同时，我们还可以不同程度地感受到在数学课程的教与学中，现实的空间形式与关系，以及表示它们的几何语言，诸如"直线""平面""球""这里""那里""在……之间""在……之上""相交""平行""垂直""相切"等，以其具体、生动的表象而深刻地保持在人的记忆中，使得立足于直观表象之上的几何语言、几何概念在形成几何直观中起到了非常重要的作用。因此，几何直观是学习数学、更是学好数学的非常重要的一种思想方法，也是真正理解数学的表现。

苏联著名数学家、教育家柯尔莫哥罗夫就曾说过："在只要有可能的地方，数学家总是力求把他们研究的问题尽量地变成可借用的几何直观问题……几何想象，或如同平常人们所说的'几何直觉'，对于几乎所有数学分科的研究工作，甚至对于最抽象的工作，都有着重大的意义。"英国著名数学家 M. 阿蒂亚曾说过，几何是数学中这样的一个部分，其中视觉思维占主导地位，而代数则是数学中有序思维占主导地位的部分，这种区分也许用另外一对词更好，即"洞察"与"严格"，两者在数学研究中起着本质的作用。即几何是直观逻辑，代数是有序逻辑。这表明，几何学不只是一个数学分支，而且是一种思维方式，这种思维方式渗透到数学的所有分支。因此，几何课程不仅仅是培养逻辑思维的良好载体，而且是一种思维方式，这种几何直观的思维方式渗透到数学的所有分支，对于数学学习起到基础的作用。

§9.2.3 变换的思想方法

几何学是研究空间图形在变换群下的不变性质的学科，它的研究对象是空间形式和大小关系。现实世界的物体是运动变化的，由此抽象出来的几何图形的位置、形状、大小也就不断变化，可见，几何变换的思想对于几何学的研究是非常重要的。几何变换在解决几何证明和作图问题中有广泛的应用。有了几何变换的思想，思考问题就有了方向。从运动的观点来考虑几何问题，使原来静止的图形

"动"起来。许多几何问题的已知和结论之间的相互联系看来似乎不十分密切，通过对称、旋转、平移、相似等几何变换，把图形进行移动，其中某些部分移到新的位置，使原来联系不密切的图形在新的位置产生联系，从而使问题得到解决。

§9.2.4 解析法

在前面数形结合方法中对解析法已有阐述，这里不再重复。只是对解析法与综合法作一比较。

解析法与综合法的比较

我们知道，中学几何中的综合法是处理几何问题的一种常用方法，它借助图形的直观形象，依据基本的逻辑原理（同一律、矛盾律、排中律等），不使用其他工具，从基本事实（公设、公理）出发，通过演绎推理，导出一系列定理和结论。而解析法是通过建立坐标系，把几何中的点与代数的基本研究对象数（数组）对应，建立图形（曲线）与方程的对应，从而把几何与代数紧密结合起来，用代数方法解决几何问题。

相比之下，用综合法解决问题时有其形象直观、便于思考等好处，但是因为综合法要依赖于图形及其几何性质，因此，也有其不便之处：一是对有些问题要分情况证明。例如证明"三角形三条高交于一点"这一问题，就需分直角三角形、锐角三角形、钝角三角形三种情况证明。而解析法的证明由于字母可以代表各种情形的数，所以对直角三角形、锐角三角形、钝角三角形三种情况可以统一处理而不必加以区分。其二是综合法需要很强的技巧，缺乏规律性，尤其是在处理一些较为复杂的问题时，关键往往是要添加辅助线才能证明。显然，添加辅助线的思考难度是很大的，因题而异，技巧性强，没有普遍可用的方法。而

解析法有固定的程序和方法，具有普适性和一般性。其关键是建立恰当的坐标系，把几何元素用坐标表示，进而把几何条件用坐标关系给出，经过代数运算，得到结果，再解释结果的几何意义。当然，解析法也有其不足的地方，对于某些问题，虽然有思路可循，步骤清楚，但计算量大，比较繁琐，甚至得不到结果。

因此，要善于把两种方法结合起来使用。在用解析法解决几何问题时，要善于利用几何中的结论；在用综合法解决几何问题时，也可结合解析法处理。并有意识、有计划地安排相应的问题，要求学生对两种方法进行比较，比较利弊，提高他们解决问题的能力。

此外，我们还应认识到解析法的功用，不仅是为几何问题的研究和问题解决提供了一种方法，而且是为研究自然现象提供了数学工具——通过方程来研究物体运动的轨迹曲线，为用微积分研究自然现象准备了条件，这是综合法与之无法相比的。

莫绍揆生动、形象地把综合法比作"乘公共汽车"，把解析法比作"乘地铁"，意指乘公共汽车虽然慢一些，但是可以一览沿途的景致，地铁虽快，但完全看不到地面上沿途的景致，只有等到达目的地后才能走上地面。

最后，我们还是要强调，解析法的灵魂是数形结合，对此，已在第五章中作了相关分析，不再赘述。

§9.3.2 教学设计案例

一、课题：直线与平面垂直的判定（一）

二、教学目标

1. 借助对图片、实例的观察，抽象概括出直线与平面垂直的定义，理解直线与平面垂直的意义。

2. 通过直观感知、操作确认，归纳出直线与平面垂直的判定定理，掌握直线与平面垂直的判定定理。

3. 能运用直线与平面垂直的判定定理证明直线和平面垂直有关的简单命题，能运用直线与平面垂直的定义证明两条直线垂直。

4. 体验和感悟化归的数学思想，即"空间问题化归为平面问题""无限问题化归为有限问题""直线与直线垂直和直线与平面垂直的相互转化"。

三、教学重点与难点

教学重点：直观感知、操作确认，概括出直线与平面垂直的定义和判定定理。

教学难点：操作确认并概括出直线与平面垂直的判定定理及其初步运用。

四、教学过程

1. 观察归纳直线与平面垂直的定义

（1）直观感知

问题1 请同学们观察下列图片，说出旗杆与地面、大桥桥柱与水面是什么位置关系？你能举出一些类似的例子吗？

图 9-2

图 9-3

师生活动：观察图片，引导学生举出更多直线与平面垂直的例子，如教室内直立的墙角线和地面的位置关系，直立书的书脊与桌面的位置关系等，由此引出课题。

（2）观察归纳

思考1 直线和平面垂直的意义是什么?

问题2 (1)如图9-4所示,在阳光下观察直立于地面的旗杆 AB 及它在地面的影子 BC,旗杆所在的直线与影子所在直线的位置关系是什么?

(2)旗杆 AB 与地面上任意一条不过旗杆底部 B 的直线 $B'C'$ 的位置关系又是什么? 由此可以得到什么结论?

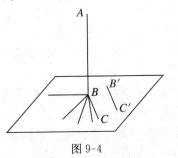

图 9-4

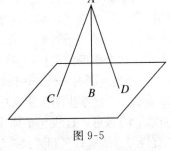

图 9-5

演示旗杆在地面上的影子随着时间的变化而移动的过程,再引导学生根据异面直线所成角的概念得出旗杆所在直线与地面内的任意一条直线都垂直。

问题3 如图9-5所示, AC, AD 是用来固定旗杆 AB 的铁链,它们与地面内任意一条直线都垂直吗?(通过反面剖析,进一步感悟直线与平面垂直的本质)

师生活动:引导学生将三角板直立于桌面上,用一直角边作为旗杆 AB,斜边作为铁链 AC,观察桌面上的直线(用笔表示)是否与 AC 垂直,由此否定上述结论。

问题4 通过上述观察分析,你认为应该如何定义一条直线与一个平面垂直?(让学生归纳、概括出直线与平面垂直的定义)

定义 如果直线 l 与平面 α 内的任意一条直线都垂直,我们就说直线 l 与平面 α 互相垂直,记作 $l \perp \alpha$。直线 l 叫做平面 α 的垂线,平面 α 叫做直线 l 的垂面。直线与平面垂直时,它们唯一的公共点 P 叫做垂足。

画法 画直线与平面垂直时，通常把直线画成与表示平面的平行四边形的一边垂直，如图 9-6 所示。

（3）辨析讨论

辨析 1 下列命题是否正确，为什么？

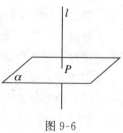

图 9-6

（1）如果一条直线垂直于一个平面内的无数条直线，那么这条直线与这个平面垂直。

（2）如果一条直线垂直于一个平面，那么这条直线就垂直于这个平面内的任一直线。

（通过问题的辨析与讨论，加深概念的理解，掌握概念的本质属性：使学生明确定义中的"任意一条直线"是"所有直线"的意思；直线与平面垂直的定义既是判定又是性质，"直线与直线垂直"和"直线与平面垂直"可以相互转化）

2. 探究发现直线与平面垂直的判定定理

（1）分析实例

思考 2 我们该如何检验学校广场上的旗杆是否与地面垂直？

问题 5 观察图 9-7，9-8 中跨栏、简易木架等实物，你认为其竖杆能竖直立于地面的原因是什么？

图 9-7

图 9-8

（通过图片观察思考，感知判定直线与平面垂直时只需平面内有限条直线——两条相交直线，从中体验有限与无限之间的辩证关系）

师生活动：引导学生观察思考，师生共同分析竖杆能竖直立于地面的原因：它固定在两相交横杆上且与两横杆垂直。

（2）操作确认

实验　如图9-9，请同学们拿出准备好的一块（任意）三角形的纸片，我们一起来做一个试验：过△ABC的顶点A翻折纸片，得到折痕AD，将翻折后的纸片竖起放置在桌面上，BD，DC与桌面接触。

问题6　（1）折痕AD与桌面垂直吗？

（2）如何翻折才能使折痕AD与桌面所在的平面垂直？

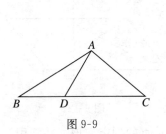

图 9-9

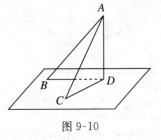

图 9-10

（通过观察试验，分析折痕AD与桌面不垂直的原因，探究发现折痕AD与桌面垂直的条件）

师生活动：在折纸试验中，学生会出现"垂直"与"不垂直"两种情况，引导学生进行交流，根据直线与平面垂直的定义分析"不垂直"的原因。学生再次折纸，经过讨论交流，发现当且仅当折痕AD是BC边上的高，即AD⊥BC，翻折后折痕AD与桌面垂直。

问题7　如图9-9和图9-10所示，由折痕AD⊥BC，翻折之后垂直关系，即AD⊥CD，AD⊥BD发生变化吗？由此你能得到什么结论？

一、数学思想方法及其教学研究

（引导学生发现折痕 AD 与桌面垂直的条件：AD 垂直桌面内两条相交直线）

师生活动：师生共同分析折痕 AD 是 BC 边上的高时的实质：AD 是 BC 边上的高时，翻折之后垂直关系不变，即 $AD \perp CD$，$AD \perp BD$。这就是说，当 AD 垂直于桌面内的两条相交直线 CD，BD 时，它就垂直于桌面。

问题 8 （1）如图 9-11 所示，把 AD，BD，CD 抽象为直线 l，m，n，把桌面抽象为平面 α，直线 l 与平面 α 垂直的条件是什么？

（2）如图 9-12 所示，若 α 内两条相交直线 m，n 与 l 无公共点且 $l \perp m$，$l \perp n$，直线 l 还垂直平面 α 吗？由此你能给出判定直线与平面垂直的方法吗？

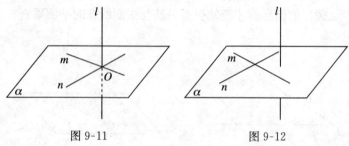

图 9-11 　　　　　　　　　　 图 9-12

钱珮玲数学教育文选

（让学生归纳出直线与平面垂直的判定定理，并能用符号语言准确表示）

师生活动：学生叙述结论，教师引导、补充完整，并结合"两条相交直线确定一个平面"的事实作简要说明；然后让学生用图形语言与符号语言来表示定理。指出定理体现了"直线与平面垂直"与"直线与直线垂直"互相转化的数学思想。

定理 一条直线与一个平面内的两条相交直线都垂直，则该直线与此平面垂直。

用符号语言表示为：$\left.\begin{array}{l} m \subset \alpha, \ n \subset \alpha, \ m \bigcap n \neq \varnothing \\ l \perp m, \ l \perp n \end{array}\right\} \Rightarrow l \perp \alpha$。

（3）质疑深化

辨析2 下列命题是否正确，为什么？

如果一条直线与一个梯形的两条边垂直，那么这条直线垂直于梯形所在的平面。

（通过辨析，强化定理中"两条相交直线"的条件）

师生活动：学生思考作答，教师再次强调"相交"条件。

3. 初步应用

例1 求证：与三角形的两条边同时垂直的直线必与第三条边垂直。

（初步感受如何运用直线与平面垂直的判定定理与定义解决问题，明确运用判定定理的条件）

师生活动：学生根据题意画图（如图 9-13），将其转化为几何命题：$\triangle ABC$ 中，$a \perp AC$，$a \perp BC$，求证：$a \perp AB$。请两位同学板演，其余同学在练习本上完成，师生共同评析，明确运用线面垂直判定定理时的具体步骤，防止缺少条件，特别是"相交"的条件。

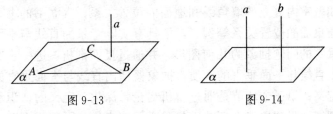

图 9-13　　　　　　　图 9-14

例2 如图 9-14 所示，已知 $a /\!/ b$，$a \perp \alpha$，求证：$b \perp \alpha$。

（进一步感受如何运用直线与平面垂直的判定定理或用定义证明直线与平面垂直，体会空间中平行关系与垂直关系的转化与联系）

师生活动：引导学生分析思路，可用判定定理证，也可利用定义证。让学生用文字语言叙述：如果两条平行直线中的一条直线垂直于一个平面，那么另一条直线也垂直于这个平面。指出：命题体现了平行关系与垂直关系的联系，其结果可以作为直线和平面垂直的又一个判定方法。

4. 课堂练习

5. 总结反思（培养学生反思的习惯，认识学习几何课程的一般过程）

（1）通过本节课的学习，你学会了哪些判断直线与平面垂直的方法？

（2）上述判断直线与平面垂直的方法体现了什么数学思想？

（3）你认为直观感知这一环节在学习直线与平面垂直的定义中起到了怎样的作用？关于直线与平面垂直你还有什么问题？

（4）指出这一节课中学习直线与平面垂直定义的三个主要环节：第一个环节是直观感知环节，即从一些图片或模型等实际背景出发，先直观感知直线和平面垂直的位置关系，建立初步印象，为下一步的数学抽象做准备；第二个环节是抽象概括环节，通过更多直线与平面垂直的例子，如教室内直立的墙角线和地面的位置关系，直立书的书脊与桌面的位置关系等例子，把具有实际背景的直线与平面垂直的问题抽象为几何图形，并通过反面剖析，进一步感悟直线与平面垂直的本质，抽象概括出直线与平面垂直的定义；第三个环节是通过辨析讨论，深化对定义的认识和理解。强调这三个环节不仅是学习"直线与平面垂直"定义的自然过程，也是学习几何的一般过程。（注：本教学设计参考了浙江省金华第一中学孔小明的教学设计）

■初等微积分的基本思想方法与教学研究[*]

微积分的内容在我国的中学数学课程中几进几出，分析其原因，除了高考导向的影响外，主要问题大致有：作为大学微积分内容的一种缩编，简单下放到中学，先讲极限概念，把导数作为一种特殊极限来讲，于是，形式化的极限概念就成了学生学习的障碍；无论是导数和积分概念，还是导数和积分的应用，更多的是作为一种规则来教、来学，影响了对微积分思想本质的认识和理解。导致的结果是：大学不受欢迎，存在着炒夹生饭现象；中学也感受不到学微积分的好处，反而加重了学生的负担，因此也不受欢迎。《课标》课程希望改变这些情况，对微积分内容的安排有较大的变化，希望通过微积分的学习给学生留下更多的东西，有助于学生的终身发展。

55

一、数学思想方法及其教学研究

§10.2　初等微积分的基本思想方法

极限思想方法是初等微积分的基本思想方法。所谓极限思想（方法）是用联系变动的观点，把所考察的对象（例如圆面积、变速运动物体的瞬时速度、曲边梯形面积等）看作是某对象（内接正 n 边形的面积、匀速运动的物体

　*　本文摘自《中学数学思想方法》，第 2 版，§10.2，§10.3. 北京师范大学出版社，2010. 本文作了删改.

的速度、小矩形面积之和）在无限变化过程中变化结果的思想（方法）。它出发于对过程无限变化的考察，而这种考察总是与过程的某一特定的、有限的、暂时的结果有关，因此它体现了"从有限中找到无限，从暂时中找到永久，并且使之确定起来"（恩格斯语）的一种运动辩证思想。它不仅包括极限过程，而且又完成了极限过程。也就是说，它不仅是一个不断扩展式的"潜无穷"过程，又是完成了的"实无穷"，因此是"潜无穷"与"实无穷"的对立统一体。纵观微积分的全部内容，极限思想方法及其理论贯穿始终，是微积分的基础。例如：

导数 $y'(x)$ 是差商 $\dfrac{\Delta y}{\Delta x}$ 当 $\Delta x \to 0$ 时的极限；

定积分 $\displaystyle\int_a^b f(x)\mathrm{d}x$ 是对 $[a, b]$ 的任一分划——$a = x_0 < x_1 < \cdots < x_n < x_{n+1} = b$ 的和式 $\displaystyle\sum_{i=0}^{n} f(\xi_i)\,|\Delta x_i|$ （i 是 $\Delta x_i = [x_i, x_{i+1}]$ 中任一点）当 $\delta_n \to 0$ （$\delta_n = \displaystyle\max_{0 \leqslant i \leqslant n} |\Delta x_i|$）时的极限；

级数和 $\displaystyle\sum_{n=1}^{\infty} x_n$ （$\displaystyle\sum_{n=1}^{\infty} f_n(x)$）是数列（函数列）$S_k = \displaystyle\sum_{n=1}^{k} x_n$ （$S_k(x) = \displaystyle\sum_{n=1}^{k} f_n(x)$）当 $k \to \infty$ 时的极限；

广义积分 $\displaystyle\int_a^{+\infty} f(t)\mathrm{d}t$ 是函数 $F(x) = \displaystyle\int_a^x f(t)\mathrm{d}t$ 当 $x \to +\infty$ 时的极限；

……

总括起来，无非是 $\displaystyle\lim_{x \to x_0} f(x) = A$，$\displaystyle\lim_{\delta_n \to 0} \sum_{i=1}^{n} f(\xi_i)\,|\Delta x_i| = I$ 和 $\displaystyle\lim_{n \to \infty} a_n = a$ 这几种形式的极限，而前两种极限又都可转化为第三种数列的极限去研究。例如：$\displaystyle\lim_{x \to x_0} f(x) = A \Leftrightarrow$ 对任一趋于 x_0 的数列 $\{x_n\}$ 有 $\displaystyle\lim_{n \to \infty} f(x_n) = A$。因此，

认识、理解和掌握数列极限的思想和数学定义，就成为学习微积分的基础，这也正是我们在初等微积分中要以数列极限为基础的原因所在。这是初等微积分的重点，也是它的难点。学生学习数列极限的主要困难是对无限的认识，学生原有认识结构中缺乏对有限与无限、潜无穷与实无穷对立统一规律的认识，缺乏"从有限中找到无限，从暂时中找到永久，并且使之确定起来的"运动辩证思想。

《课标》课程基于对中学生认知规律的研究，以及对以往教与学中现实问题的回顾和分析，改变了原来的编排方式。不专门讲极限，而是直接从实例出发，通过大量实例，经历由平均变化率到瞬时变化率刻画现实问题的过程，理解导数概念，了解导数在研究函数的单调性、极值等性质中的作用，初步了解定积分的概念，体会导数的思想及其丰富内涵，感受导数在解决实际问题中的作用，希望学生把"增长率"等现实生活中遇到的问题与导数联系起来，感受数学与社会的联系，以及数学的应用价值。

§10.3　教学研究

§10.3.1　微积分教学中应注意的问题

针对微积分在我国几进几出的原因分析和教学现状，在教学中应注意以下问题。

一、强调对数学本质的认识

在教学中首先应强调对微积分本质的认识，不仅仅把它作为一种规则，更作为一种重要的思想、方法来学习。例如，对于导数的教学，重点不是把导数作为一种特殊的极限（增量比的极限）来处理，而是要通过导数的实际背景和具体应用实例——速度、膨胀率、效率、增长率等反映导数思想和本质的实例，引导学生经历由平均变化率到瞬时变化率的过程，认识和理解导数概念；加强对导数几何意义的认识和理解。例如，通过问题"研究高台跳水运动员从腾空到进入水面的过程中不同时刻的速度"，经历由平均变化率到瞬时变化率的过程，引出瞬时速度的概念，为抽象出导数概念作准备。

还可通过增长率、膨胀率等问题，让学生经历由平均变化率到瞬时变化率的过程，并通过提出恰当的问题使学生感受学习瞬时变化率的必要性。然后，在对实际背景问题研究的基础上，抽象概括出导数的概念。

在处理导数的计算时，可以对几个常见的函数$\Big($如：

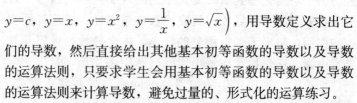

$y=c,\ y=x,\ y=x^2,\ y=\dfrac{1}{x},\ y=\sqrt{x}\Big)$，用导数定义求出它

们的导数，然后直接给出其他基本初等函数的导数以及导数的运算法则，只要求学生会用基本初等函数的导数以及导数的运算法则来计算导数，避免过量的、形式化的运算练习。

二、强调导数在研究事物变化快慢中的一般性和有效性

强调导数在研究事物变化快慢中的一般性和有效性，这是对导数本质认识的一个具体体现，也是优于初等方法的具体体现。

在以往微积分的教学中，更多的是要求学生会计算导数，会按步骤求极大（小）值、最大（小）值，而忽视了导数作为一种通法的意义和作用。为了使学生不仅会算，而且使学生真切地感受导数在研究函数性质中的意义和作用，尤其是与初等方法相比较，处理相应问题中作为通法的一般性和有效性（如：用配方法求二次函数的极值只是特殊情况下的一个特殊解法，不能解决一般函数的极值问题），以及导数在处理和解决客观世界变化率问题、最优化问题中的广泛应用。可以通过较丰富的实际问题和优化问

题等实例，让学生感受和体验导数在研究事物的变化率、变化快慢，以及研究函数的基本性质和优化问题中的广泛应用和力量。

三、强调几何直观在导数学习中的作用

在教学中要反复通过图形去认识和感受导数的几何意义，以及用导数的几何意义去解决问题，通过图形去认识和感受导数在研究函数性质中的作用。目的一是加深对导数本质的认识和理解，二是体现几何直观这一重要数学思想方法对于数学学习的意义和作用。

例如，如何通过观察图 10-2，对甲、乙两个工厂排污能力作出判断？

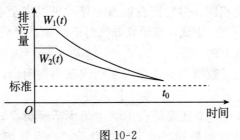

图 10-2

又如，在图 10-3 中，给定直线 l 和圆 C，思考当直线 l 从 l_0 开始在平面上绕点 O 匀速旋转（旋转角度不超过 $90°$）时，它扫过的圆内阴影部分的面积 S 是时间 t 的函数，该函数的图象大致是（　　　）。

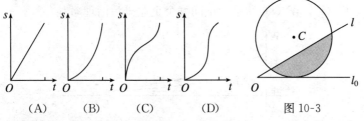

(A)　　　(B)　　　(C)　　　(D)　　　图 10-3

此外，还要避免过度的形式化的运算；防止将导数、定积分仅仅作为一些规则和步骤来学习，忽略它们的思想

和价值；控制导数、定积分计算的难度和定积分应用的广度和难度；适当使用信息技术，如导数的几何意义，利用导数研究函数单调性、极值，定积分概念的形成等。

§10.3.2　关于导数的教学研究
一、关于导数概念的建立
导数和定积分是初等微积分教学内容的核心部分。

导数教学的重点和难点在于导数概念的建立，以及掌握导数的多姿多彩的应用。

通常所说的导数实际上是指函数在某一点的导数概念，因此，是函数的一种局部性质。不同函数，即便在同一点的函数值相同，但它们在该点的导数可以完全不同，意义完全不一样。因此，在研究导数时要明确是什么样的函数，在哪个点上的导数。

建立导数概念时，一定要把问题提得明确，要让学生知道概念是怎么来的，要干什么用。

概念的建立还要结合中学生的生活经历，要适应中学生思维的发展规律。要讲物理背景，要讲几何直观意义，由简单到复杂，由具体到抽象地形成概念。下面将分别介绍几个实际例子，可以作为引出导数概念的背景材料。

例1　国家环保局，在规定的排污达标的日期前，对甲、乙两家企业进行检查，其连续检测结果如图 10-4 中 $W_1(t)$，$W_2(t)$ 所示。试问哪个企业排污治理略胜一筹。

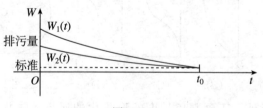

图 10-4

分析 虽然在 t_0 处，$W_1(t_0) = W_2(t_0)$，然而

$$\frac{W_1(t_0) - W_1(t_0 - \Delta t)}{-\Delta t} \geqslant \frac{W_2(t_0) - W_2(t_0 - \Delta t)}{-\Delta t},$$

可以说企业甲比企业乙略胜一筹。

此例说明，尽管在时间 t_0 有相同的排污量，但是，企业甲比企业乙治理污水进程要快一些。

例 2 某建筑公司承建一幢房屋，面积为 m 平方米，所需的成本（费）为 $C = f(m)$，其中 $f(x)$ 为成本函数。如果在原有的面积 m 平方米的基础上，要增加面积 Δm，因而相应的成本也增多了 $\Delta C = f(m + \Delta m) - f(m)$，这时 $\frac{\Delta C}{\Delta m}$ 称为边际成本，其含义是，在原有面积 m 平方米的基础上，每再增加 1 平方米面积所要增加的平均成本（费）。

问题：如果有甲、乙两个建筑公司，各自正建造一幢结构相同的房屋，面积均为 m 平方米，成本函数分别为 $f_1(x)$，$f_2(x)$，则所需的成本分别为 $C_1 = f_1(m)$，$C_2 = f_2(m)$。房产商想在原已有的面积的基础上，再增加面积 Δm 平方米，试问房产商将资金投向哪个建筑公司可省一些钱。

分析 显然要看哪个公司的边际成本小，即 ΔC_1 与 ΔC_2 哪个小，就投向哪个公司。

此例说明，成本与边际成本是两个不同的概念。再投资时投向哪个公司，是取决于边际成本大小，而不是成本大小。其次，也说明边际成本是跟成本函数有关的，不同的成本函数有着不同的边际成本。

例 3 10 米高台跳水时，运动员跳向空中，t 秒时相对地面高度为：$H(t) = -4.9t^2 + \left(\frac{19.6}{3}\right)t + 10$，如图 10-5 所示，问运动员在 2

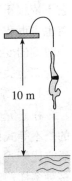

10 m

图 10-5

一、数学思想方法及其教学研究

秒时的速度是多少。

略解 我们会求出 2 秒前后时间内的平均速度：

$$H(2) = -4.9(2)^2 + \left(\frac{19.6}{3}\right) \times 2 + 10 = \frac{10.4}{3},$$

$$H(2 \pm \Delta) = -4.9(2 \pm \Delta)^2 + \left(\frac{19.6}{3}\right) \times (2 \pm \Delta) + 10$$

$$= \frac{10.4}{3} \mp \frac{39.2}{3}\Delta - 4.9\Delta^2。$$

2 秒前，在 $2 - \Delta$ 到 2 之间（$\Delta \geqslant 0$）的平均速度为：

$$\frac{H(2) - H(2 - \Delta)}{2 - (2 - \Delta)} = -\frac{39.2}{3} - 4.9\Delta。$$

所以，2 秒左右在 Δ 时间内的平均速度为：$-\dfrac{39.2}{3} -$ 4.9Δ，这时，不管时间间隔 Δ 取多么小，平均速度总是依赖于 Δ 的。但是当 $|\Delta| \to 0$ 时，2 秒左右的平均速度 $\to$ $-\dfrac{39.2}{3}$，注意：这时 $-\dfrac{39.2}{3}$（负号表示是向下）已经不再依赖于 Δ 了，我们称它为 2 秒时的瞬时速度。

这个例子告诉了我们什么是瞬时速度，它是如何来的，即是由平均速度取极限得来的。虽然瞬时速度与平均速度有着密切关系，但它不是一个很小时间间隔内的平均速度，它不依赖于时间间隔 Δ，这是它与平均速度的本质区别。同时也告诉我们瞬时速度有什么用，它是用来反映物体在某一时刻的变化程度的。

二、关于导数的应用

1. 不等式的证明

在研究变化过程中变量之间的相互制约关系时，更多的是不等式的研究。因此从某种意义上来说，对不等式的研究比等式更为常见，也更为重要。但不等式的证明方法多种多样，没有较为统一的方法，初等数学中经常通过恒等变形、数学归纳法、二次型等方法解决，或运用已有的基本不等式来证明，为此往往先要进行恒等变形，这需要较高的技巧。

利用微积分的知识和方法，可简化不等式的证明过程，降低技巧性。

例 4 证明以下不等式：
$$e^x > 1 + x \text{ 和 } e^x > 1 + x + \frac{x^2}{2} \quad (x > 0)。$$

证明 设 $f(x) = e^x - 1 - x$，则
$$f'(x) = e^x - 1 > 0 \quad (x > 0)，$$
所以 $f(x)$ 递增。

又 $f(0) = 0$，故 $f(x) = e^x - 1 - x > 0$，即 $e^x > 1 + x$。

设 $y(x) = e^x - 1 - x - \dfrac{x^2}{2}$，则
$$y'(x) = e^x - 1 - x。$$

由上面已证得的结果 $e^x > 1 + x$ 知 $y'(x) > 0 (x > 0)$，所以 $y(x)$ 递增，且因 $y(0) = 0$，即知 $y(x) > 0$，即 $e^x > 1 + x + \dfrac{x^2}{2}$。

例 5 证明以下不等式：
$$\log_a(a+b) > \log_{a+c}(a+b+c) \quad (b > 0, \ c > 0, \ a > 1)。$$

证明 设 $f(x) = \log_x(x+b) \ (x > 1)$，则
$$f(x) = \frac{\ln(x+b)}{\ln x}，$$
$$f'(x) = \frac{\dfrac{\ln x}{x+b} - \dfrac{\ln(x+b)}{x}}{(\ln x)^2}。$$

所以 $f'(x) < 0$，$f(x)$ 为减函数，于是有 $f(a) > f(a+c)$，即
$$\log_a(a+b) > \log_{a+c}(a+b+c)。$$

特别地，当 $b = c = 1$ 时，有
$$\log_2 3 > \log_3 4 > \log_4 5 > \cdots。$$

2. 恒等式的证明

例6 试证当 $x \leqslant -1$ 时，有 $2\arctan x + \arcsin \dfrac{2x}{1+x^2} = -\pi$。

证明 当 $x = -1$ 时，等式显然成立。

当 $x < -1$ 时，对等式左边求导数，得到

$$\frac{2}{1+x^2} + \frac{1}{\sqrt{1-\left(\dfrac{2x}{1+x^2}\right)^2}} \cdot \frac{2(1+x^2)-4x^2}{(1+x^2)^2} = 0。$$

所以 $2\arctan x + \arcsin \dfrac{2x}{1+x^2} =$ 常数，当 $x = -\sqrt{3}$ 时，

$$2\arctan(-\sqrt{3}) + \arcsin \frac{-2\sqrt{3}}{1+3} = -\pi,$$

故 $2\arctan x + \arcsin \dfrac{2x}{1+x^2} = -\pi$， $\forall\, x \leqslant -1$。

例7 求证 $C_n^1 + 2C_n^2 + 3C_n^3 + \cdots + nC_n^n = n \cdot 2^{n-1}$。

证明 观察待证等式的右端，是 $(1+x)^n$ 的导函数当 $x = 1$ 时的值，联系左端的形式，可考虑对

$$(1+x)^n = C_n^0 + C_n^1 x + \cdots + C_n^n x^n$$

两边求导，得到

$$n(1+x)^{n-1} = C_n^1 + 2C_n^2 x + 3C_n^3 x^2 + \cdots + nC_n^n x^{n-1}。$$

取 $x = 1$，即得所证。

此题也可由 $kC_n^k = nC_{n-1}^{k-1}$，用初等数学方法证明。

3. 求函数的切线方程、极值点

由导数的几何意义和隐函数求导法，可以很容易地求得二次曲线的切线。

例8 设 $M(x_0, y_0)$ 是椭圆 $\dfrac{x^2}{a^2} + \dfrac{y^2}{b^2} = 1$ 上不是顶点的任一点，求过点 M 的切线方程。

解 用隐函数求导法得到

$$y'(x)\Big|_{\substack{x=x_0\\y=y_0}} = -\frac{x_0 b^2}{y_0 a^2},$$

所以，过点 $M(x_0，y_0)$ 的切线方程为

$$y-y_0=-\frac{x_0b^2}{y_0a^2}(x-x_0)。$$

进一步整理得

$$\frac{yy_0}{b^2}+\frac{xx_0}{a^2}=1。$$

类似的方法可求得双曲线、抛物线的切线方程。

利用导数的几何意义及其符号，还可方便地判断函数的增减性和极值。

例 9 求抛物线 $y=ax^2+bx+c$ 的极值点。

解 因为 $y'=2ax+b$，所以 $x=-\frac{b}{2a}$ 是稳定点。

又 $y''=2a$，于是当 $a>0$ 时，$x=-\frac{b}{2a}$ 是极小值点，当 $a<0$ 时，是极大值点。

4. 方程根的讨论

关于函数 $y=a^x$ $(a>1)$ 的图象与直线 $y=x$ 是否有交点的问题，人们容易产生一种错觉，认为前者的图象恒在直线 $y=x$ 的上方。事实上，此问题通过对方程 $a^x=x$ 根的讨论，可以得到完满的解答。此外，当 $0<a<1$ 时，$y=a^x$ 的图象与直线 $y=x$ 有且只有一个交点的结论也可通过方程 $a^x=x$ 根的讨论得到严格的证明。

例 10 试证：（1）当 $0<a<1$ 时，方程 $a^x=x$ 有唯一解 ξ，$\xi\in(0，1)$；

（2）当 $a=e^{\frac{1}{e}}$ 时，方程 $a^x=x$ 有唯一解 $x=e$；

（3）当 $1<a<e^{\frac{1}{e}}$ 时，方程 $a^x=x$ 有且只有两个根 $\xi_1\neq\xi_2$，$\xi_1\in(1，e)$，$\xi_2\in(e，+\infty)$；

（4）当 $a>e^{\frac{1}{e}}$ 时，方程 $a^x=x$ 无解。

证明 设 $f(x)=a^x-x$，则有：

（1）当 $0<a<1$ 时，因为

$$f(0)=1>0, \quad f(1)=a-1<0,$$

所以，由连续函数介值定理知，$f(x)=0$ 在 $(0, 1)$ 上有解，即 $\exists \xi \in (0, 1)$，使 $a^\xi = \xi$，此外，因为

$$f'(x)=a^x \ln a - 1 < 0,$$

所以 $f(x)$ 在 $(-\infty, +\infty)$ 单调减，故方程 $a^x = x$ 在 $(-\infty, +\infty)$ 上只有一个根。

（2）当 $a>1$ 时，因为 $f'(x)=a^x \ln a - 1$，所以 $x_0 = \log_a\left(\dfrac{1}{\ln a}\right)$ 为 f 的稳定点，又因为 $f''(x)=a^x (\ln a)^2 > 0$，故 $f'(x)$ 为增函数。

注意到 $f'(x_0)=0$，又当 $x<x_0$ 时，$f'(x)<0$，所以 $f(x)$ 在 $(-\infty, x_0)$ 上是单调减函数；当 $x>x_0$ 时，$f'(x)>0$，$f(x)$ 在 $(x_0, +\infty)$ 上是单调增函数。故 $f(x_0)$ 是 f 在 $(-\infty, +\infty)$ 上的最小值，令 $f(x_0) \leqslant 0$，则有

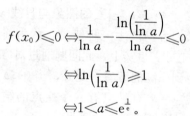

$$f(x_0) \leqslant 0 \Leftrightarrow \frac{1}{\ln a} - \frac{\ln\left(\dfrac{1}{\ln a}\right)}{\ln a} \leqslant 0$$

$$\Leftrightarrow \ln\left(\frac{1}{\ln a}\right) \geqslant 1$$

$$\Leftrightarrow 1 < a \leqslant e^{\frac{1}{e}}。$$

于是得到

①当 $a=e^{\frac{1}{e}}$ 时，$x_0 = \log_a\left(\dfrac{1}{\ln a}\right) = e$ 是方程 $f(x)=0$ 的根，又因为 $f(x) \geqslant f(x_0)$ 当且仅当 $x=x_0$ 时等号成立，故方程在 $(-\infty, +\infty)$ 有且只有一个根 $x=e$。

②当 $1<a<e^{\frac{1}{e}}$ 时（这等于 $f(x_0)<0$），因为 $f(1)=a-1>0$，$f(e)=a^e - e < 0$，由连续函数介值定理知，$\exists \xi_1 \in (1, e)$，使 $f(\xi_1)=0$。又因为 $f(x)$ 在 $(-\infty, x_0)$ 上单调减，且 $(1, e) \subset (-\infty, x_0]$，故方程 $f(x)=0$ 在

$(-\infty, x_0)$ 上只有唯一解 $\xi_1 \in (1, e)$。

此外，显然有 $\lim\limits_{x \to +\infty}(a^x - x) = +\infty$，于是 $\exists M > 0$，使得 $a^M - M > 0$，从而 $\exists \xi_2 \in (x_0, M)$，使 $f(\xi_2) = 0$。因为 $f(x)$ 在 $(x_0, +\infty)$ 是增函数，所以方程 $a^x = x$ 在 $(x_0, +\infty)$ 只有唯一解 ξ_2，又 $x_0 > e$，且在 (e, x_0) 上 $f(x) \leqslant f(e) < 0$，故方程 $a^x = x$ 在 $(e, +\infty)$ 上有唯一解 ξ_2。

③当 $a > e^{\frac{1}{e}}$ 时，$f(x_0) > 0$，由 $f(x) \geqslant f(x_0)$ 知，$f(x) > 0$ 对一切 $x \in (-\infty, +\infty)$ 成立，所以方程 $a^x = x$ 无解。

该题的几何意义如下图 10-6 所示。

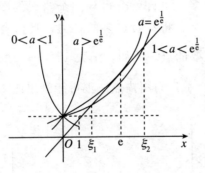

图 10-6

从中也可领略微积分的知识和思想方法在处理初等数学有关问题中的作用。

5. 函数的变化性态及作图

函数的图象以其直观性有着别的工具不可替代的作用，特别是在说明一个函数的整体情况及其特性的时候，其作用尤为明显。例如两个看起来很相似的函数：

$$y = \frac{1}{x^2 - 2x + 3} \ \text{和} \ y = \frac{1}{x^2 + 2x - 3},$$

它们各自的整体情况及特性分别如图 10-7 和图 10-8 所示。

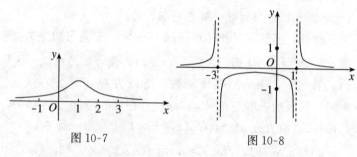

图 10-7

图 10-8

这就要求我们能正确地作出函数的图象，而中学数学中描点作图的过程是冒险而冗长的，有许多不足之处。点取得不够多，也许就会得到一个错误的图象；而如果取的点太多，那将花费过多的精力，且仍会担心是否忽略了一些重要的点。例如，函数 $y = \dfrac{1}{1+x^2}$ 的正确图形应为图 10-9 所示，而用描点法很可能画出图 10-10 的错误图形。

钱珮玲数学教育文选

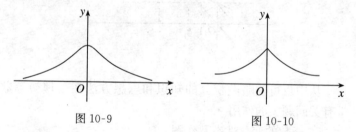

图 10-9

图 10-10

利用导数作为工具，就可有效地对函数的增减性、极值点、凹凸性等重要性态和关键点作出准确的判断，从而比较准确地作出函数的图象。

§10.3.3　关于积分的教学研究

《课标》课程中只要求学生学习定积分的内容，但是为了完整起见，我们仍然把不定积分的内容也一起讨论。

这里，我们把不定积分和定积分统称为积分。对于这一部分的内容，首先要让学生明确不定积分与定积分是两个完全不同的概念；其次要让学生了解定积分的背景材料及其简单应用；再次是了解微积分基本定理及其作用。对不定积分的运算重点应放在明确算理、确定算法上。积分与导数相比，从它们在中学数学中的作用来看，后者应作为教学重点。

不定积分与定积分是两个完全不同的概念。前者是从运算方法角度，与微分法（在一元函数中，通常把求函数的导数或微分的方法统称为微分法）紧密联系的积分方法（即求给定函数原函数的运算方法）；而后者是从概念角度，与导数概念相联系的。具有原函数的一元函数的不定积分是一族函数，而可积（定积分存在）的一元函数的定积分是一个数值。而且，确有函数，例如符号函数 $y = \operatorname{sgn} x$，它在 $[-1, 1]$ 上的定积分存在，但其不定积分不存在；也确有函数，例如

$$y = \begin{cases} 2x \sin \dfrac{1}{x^2} - \dfrac{1}{x} \cos \dfrac{1}{x^2}, & x \neq 0, \\ 0, & x = 0. \end{cases}$$

它在 $[-1, 1]$ 上的不定积分存在，而定积分不存在。

关于定积分概念的建立，我们可从实际问题和认知冲突两方面提供背景材料。与学生最贴近的内容是求平面图形的面积问题。在平面几何中，基于对三角形面积的求法，可以求出直线形的面积，但是对于曲边形，甚至是最简单的曲边梯形的面积，即使曲边的函数表达式已知，如求图 10-11 中由 x 轴，$y = 1$，$y = \dfrac{1}{2}$ 与曲边 $y = x^2$ 所围成图形的面积，用初等方法已经不能奏效了。进而，可结合变力做功，变速运动

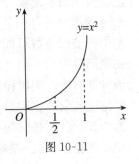

图 10-11

物体在某段时间内所走的路程等问题，作为背景材料，概括出解决这类问题的共同的思想方法——分割—近似代替—求和—求极限，形成定积分的概念。最后在定积分的应用中，再回到开始提出的问题。

在不定积分的教学中，应强调这是一种运算方法，是求给定函数原函数的运算方法，它是微分法的逆运算。因为常数的导数为 0。因此，对于一个函数 $f(x)$，如果存在一个原函数 $F(x)$，就必定存在无限多个原函数 $F(x)+C$（其中 C 为任意常数），用 $\int f(x)\mathrm{d}x$ 表示，称为 $f(x)$ 的不定积分。

微积分基本定理，也即牛顿-莱布尼茨公式，是微积分最辉煌的成果。大家知道，关于定积分概念的思想，可追溯到两千多年前的阿基米德时代，但由于它的计算问题得不到很好的解决，因此发展缓慢。直到 17 世纪，微分学的发展注意到了积分与微分作为逆运算的相互关系，牛顿和莱布尼茨同时发现了这一基本定理，将定积分的计算问题归结为导数运算的逆运算，即用不定积分计算定积分，从而解决了定积分的计算问题，使得微积分蓬勃发展起来。现在，这一公式还可推广到高维空间和更广的一类空间——微分流形上去。

直接利用牛顿-莱布尼茨公式是计算定积分的最基本方法。但如果不定积分积不出来，就要借助于换元法和分部积分法化归为可用基本定理的情况。此外，在很多实际问题中，被积函数可能不是用解析式表示的，或者虽然能用初等函数表示，但计算过于复杂，这就要用到定积分的数值计算方法。例如梯形公式、抛物线公式等，得到满足各种精度要求的定积分近似计算公式，这在计算机迅速发展的今天，已不是问题了。但对中学数学中的定积分计算来说，依据是牛顿-莱布尼茨公式，方法是求不定积分。当

钱珮玲数学教育文选

然，对于一些特殊问题来说，还可以用定义求出定积分的值，此外，在定积分的应用问题中，还可以用"微元法"求定积分，不再赘述。

一、数学思想方法及其教学研究

■数列与上、下极限 *

一、引言

高等数学与初等数学的区别，除了研究对象不同外，主要是研究方法上的不同，而理解极限概念、掌握极限方法，是能否学好数学分析的关键，数列极限的学习又是学习极限理论的重要基础。

关于收敛数列的极限和性质等内容，在各类教材和有关材料中都有较详尽的讨论。这里，将对数列作进一步的讨论，介绍上、下极限的概念。它对于处理有关极限的证明和计算，加深对极限概念的理解，以及对后继课程的学习和应用，都是十分有益的。

钱珮玲数学教育文选

二、上极限、下极限的概念及应用

对于收敛数列 $\{x_n\}$，如果粗略地把 $\lim\limits_{n\to\infty} x_n$ 作为 "n 充分大时，x_n 大小" 的量度。那么，对于一般数列 $\{x_n\}$，可以提这样的问题："当 n 充分大的时候，x_n 能有多大（小）？" 这就是上、下极限概念的朴素思想。

为此，考察一个有上界的数列 $\{x_n\}$：

$$x_n \leqslant c, \ \forall n \in \mathbf{N}。$$

这时，对于任意固定的自然数 n，数集 $\{x_n, x_{n+1}, \cdots\}$ 有上界，因此有一个上确界，记为 M_n，即记

$$M_n = \sup\{x_n, x_{n+1}, \cdots\},$$

---

* 本文原载于《数学通报》，1990（10）：33-36.

且有 $M_n \geqslant M_{n+1}$，$\forall n \in \mathbf{N}$。所以数列 $\{M_n\}$ 是一个不增的数列。当 $\{M_n\}$ 有下界时，是收敛数列，$\lim\limits_{n \to \infty} M_n \in \mathbf{R}$；当 $\{M_n\}$ 无下界时，发散于 $-\infty$，即 $\lim\limits_{n \to \infty} M_n = -\infty$。

如果数列 $\{x_n\}$ 无上界，那么显然有

$M_n = \sup\{x_n, x_{n+1}, \cdots\} = +\infty①$，$\forall n \in \mathbf{N}$。所以 $\lim\limits_{n \to \infty} M_n = +\infty$。

综上讨论，给出数列 $\{x_n\}$ 上极限的定义。

定义 1　给定数列 $\{x_n\}$，称 $\lim\limits_{n \to \infty} M_n$ 为数列 $\{x_n\}$ 的**上极限**，记作 $\overline{\lim\limits_{n \to \infty}} x_n$，或 $\operatorname{limsup}\limits_{n \to \infty} x_n$。

上极限概念适用于所有数列，不管其收敛与否。当数列 $\{x_n\}$ 有极限时，数列的极限与上极限之间有下述关系。

定理 1　若数列 $\{x_n\}$ 有极限，则 $\lim\limits_{n \to \infty} x_n = \overline{\lim\limits_{n \to \infty}} x_n$。

证明　分三种情况证明之。

(1) 设 $\lim\limits_{n \to \infty} x_n = a \in \mathbf{R}$。则 $\forall \varepsilon > 0$，$\exists N \in \mathbf{N}$，使得

$$|x_n - a| < \varepsilon, \ \forall n > N。$$

或

$$a - \varepsilon < x_n < a + \varepsilon, \ \forall n > N。$$

因此，$\forall n > N$，$a + \varepsilon$ 是数集 $\{x_n, x_{n+1}, \cdots\}$ 的一个上界，且 $a - \varepsilon$ 不是它的上界，于是有

$$a - \varepsilon < M_n = \sup\{x_n, x_{n+1}, \cdots\} \leqslant a + \varepsilon, \ \forall n > N。$$

可见

$$a - \varepsilon \leqslant \lim\limits_{n \to \infty} M_n \leqslant a + \varepsilon。$$

此即 $\lim\limits_{n \to \infty} M_n = a$。

(2) 设 $\lim\limits_{n \to \infty} x_n = +\infty$，则 $\forall M > 0$，$\exists N \in \mathbf{N}$，$\forall n > N$，

---

① 为了方便起见，把符号 $+\infty$，$-\infty$ 看作广义实数，且记 $-\infty < +\infty$ 和 $-\infty < x < +\infty \Leftrightarrow x \in \mathbf{R}$。

$x_n > M$，于是有

$$M_n = \sup \{x_n, \ x_{n+1}, \ \cdots\} \geqslant x_n > M, \quad \forall n > N。$$ 此即
$\lim\limits_{n \to \infty} M_n = +\infty$。

（3）$\lim\limits_{n \to \infty} x_n = -\infty$ 时的证明方法与（2）类似，略去。

相应地，可以给出数列下极限的概念及有关定理。

定义 2 给定数列 $\{x_n\}$，称 $\lim\limits_{n \to \infty} m_n$ 为数列 $\{x_n\}$ 的下极限，记作 $\varliminf\limits_{n \to \infty} x_n$ 或 $\liminf x_n$。（其中 $m_n = \inf\{x_n, \ x_{n+1}, \ \cdots\}$）。

结合定义 1、2，可得数列上、下极限的关系：

定理 2 给定数列 $\{x_n\}$，则恒有 $\varliminf\limits_{n \to \infty} x_n \leqslant \varlimsup\limits_{n \to \infty} x_n$。

与定理 1 的证明方法类似，可得下极限与极限的关系。

定理 3 若数列 $\{x_n\}$ 有极限，则 $\lim\limits_{n \to \infty} x_n = \varliminf\limits_{n \to \infty} x_n$。

结合定理 1，3 可得，上、下极限相等是数列极限存在的必要条件。

定理 4 若数列 $\{x_n\}$ 有极限，则 $\varlimsup\limits_{n \to \infty} x_n = \varliminf\limits_{n \to \infty} x_n$。

下面证明定理 4 的逆命题成立。在实际应用中，逆命题更为常用。

定理 5 给定数列 $\{x_n\}$，若 $\varlimsup\limits_{n \to \infty} x_n = \varliminf\limits_{n \to \infty} x_n$，则 $\{x_n\}$ 有极限，且 $\lim\limits_{n \to \infty} x_n = \varlimsup\limits_{n \to \infty} x_n = \varliminf\limits_{n \to \infty} x_n$。

证明 仍分三种情况证明。

（1）设 $\varlimsup\limits_{n \to \infty} x_n = \varliminf\limits_{n \to \infty} x_n = a \in \mathbf{R}$。则 $\forall \varepsilon > 0$，$\exists N_1 \in \mathbf{N}$，$\forall n > N_1$，有

$$x_n \leqslant M_n = \sup\{x_n, \ x_{n+1}, \ \cdots\} < a + \varepsilon,$$

且 $\exists N_2 \in \mathbf{N}$，$\forall n > N_2$，有

$$a - \varepsilon < m_n = \inf\{x_n, \ x_{n+1}, \ \cdots\} \leqslant x_n,$$

于是取 $N = \max\{N_1, \ N_2\}$，$\forall n > N$，有

$$a - \varepsilon < x_n < a + \varepsilon,$$

此即 $\lim\limits_{n \to \infty} x_n = a$。

(2) 设 $\varliminf_{n\to\infty}x_n=\varlimsup_{n\to\infty}x_n=+\infty$。则 $\forall M>0$，$\exists N\in\mathbf{N}$，$\forall n>N$，有

$$M<m_n\leqslant x_n，$$

这也就是 $\lim_{n\to\infty}x_n=+\infty$。

(3) $\varlimsup_{n\to\infty}x_n=\varliminf_{n\to\infty}x_n=-\infty$ 时，与（2）的证明方法类似，略去。

因此，等式 $\varlimsup_{n\to\infty}x_n=\varliminf_{n\to\infty}x_n$ 是数列 $\{x_n\}$ 极限存在的充要条件。在证明数列有极限时，除了常用的一些方法外，又多了一种方法：证明上、下极限相等。

下面列出上、下极限的基本性质。

定理 6 （1）如果 $\exists N\in\mathbf{N}$，$\forall n>N$，有 $x_n\leqslant y_n$，那么 $\varlimsup_{n\to\infty}x_n\leqslant\varlimsup_{n\to\infty}y_n$，$\varliminf_{n\to\infty}x_n\leqslant\varliminf_{n\to\infty}y_n$。

（2）若 $\{x_n\}$ 有界，则

$$\varliminf_{n\to\infty}x_n+\varliminf_{n\to\infty}y_n\leqslant\varliminf_{n\to\infty}(x_n+y_n)\leqslant\varliminf_{n\to\infty}x_n+\varlimsup_{n\to\infty}y_n，$$

$$\varliminf_{n\to\infty}x_n+\varlimsup_{n\to\infty}y_n\leqslant\varlimsup_{n\to\infty}(x_n+y_n)\leqslant\varlimsup_{n\to\infty}x_n+\varlimsup_{n\to\infty}y_n。$$

（3）设 $x_n\geqslant0$，$y_n\geqslant0$，$\forall n\in\mathbf{N}$。则

$$\varliminf_{n\to\infty}x_n\cdot\varliminf_{n\to\infty}y_n\leqslant\varliminf_{n\to\infty}(x_ny_n)\leqslant\varliminf_{n\to\infty}x_n\cdot\varlimsup_{n\to\infty}y_n，$$

$$\varliminf_{n\to\infty}x_n\cdot\varlimsup_{n\to\infty}y_n\leqslant\varlimsup_{n\to\infty}(x_ny_n)\leqslant\varlimsup_{n\to\infty}x_n\cdot\varlimsup_{n\to\infty}y_n。$$

要指出的是，当 $\{x_n\}$ 收敛[①]时，有

$$\varlimsup_{n\to\infty}(x_n+y_n)=\lim_{n\to\infty}x_n+\varlimsup_{n\to\infty}y_n。$$

如果还有 $x_n\geqslant0$，那么有

$$\varlimsup_{n\to\infty}(x_ny_n)=\lim_{n\to\infty}x_n\cdot\varlimsup_{n\to\infty}y_n。$$

---

① 数列 $\{x_n\}$ 收敛是指 $\lim_{n\to\infty}x_n\in\mathbf{R}$，而有极限则包括 $\lim_{n\to\infty}x_n=\pm\infty$ 的情况。

例1 设数列 $\{x_n\}$ 满足条件

$$0\leqslant x_{m+n}\leqslant x_m+x_n, \quad m, \; n\in\mathbf{N},$$

则数列 $\left\{\dfrac{x_n}{n}\right\}$ 有极限。

证明 对于任意取定的 m ($n\geqslant m$)，可以通过 m 表示为 $n=km+r$（其中，$k\in\mathbf{N}$，$r=0$，1，$\cdots$，$m-1$），记 $x_0=0$，那么

$$x_n=x_{km+r}\leqslant x_{km}+x_r\leqslant x_{(k-1)m}+x_m+x_r\leqslant\cdots\leqslant kx_m+x_r。$$

于是有

$$0\leqslant\frac{x_n}{n}\leqslant\frac{kx_m+x_r}{km+r}=\frac{x_m}{m}\cdot\frac{km}{km+r}+\frac{x_r}{km+r}$$

当 $n\rightarrow\infty$ 时，有 $k\rightarrow\infty$，因此，利用定理 6 可得

$$0\leqslant\varlimsup_{n\rightarrow\infty}\frac{x_n}{n}\leqslant\frac{x_m}{m}。$$

上式对任意固定的 m 成立，再让 $m\rightarrow\infty$，对上式取下极限，便得

$$\varlimsup_{n\rightarrow\infty}\frac{x_n}{n}\leqslant\varliminf_{m\rightarrow\infty}\frac{x_m}{m}。$$

结合定理 2、5，即知数列 $\left\{\dfrac{x_n}{n}\right\}$ 有极限。

例2 设 $\{f_n(x)\}$ 为定义在 $[a, b]$ 上的非负可测函数列[3]，$\forall x\in[a, b]$，$\lim\limits_{n\rightarrow\infty}f_n(x)=f(x)$，$f_n(x)\leqslant f(x)$。

试证：$\lim\limits_{n\rightarrow\infty}(L)\displaystyle\int_a^b f_n(x)\mathrm{d}x$ 存在，且等于 $(L)\displaystyle\int_a^b f(x)\mathrm{d}x$①。

证明 $\because f_n(x)$ 非负可测，且 $\lim\limits_{n\rightarrow\infty}f_n(x)=f(x)$，$\therefore f(x)$ 非负可测，又已知 $f_n(x)\leqslant f(x)$，所以 $(L)\displaystyle\int_a^b f_n(x)\mathrm{d}x\leqslant$

---

① $(L)\displaystyle\int_a^b f(x)\mathrm{d}x$ 表示 $f(x)$ 在 $[a, b]$ 上的勒贝格积分[3].

$(L)\displaystyle\int_a^b f(x)\mathrm{d}x$，$\forall n\in\mathbf{N}$。对上式两边取上极限，得到

$$\varlimsup_{n\to\infty}(L)\int_a^b f_n(x)\mathrm{d}x\leqslant(L)\int_a^b f(x)\mathrm{d}x。\qquad(1)$$

另一方面，对 $\{f_n(x)\}$ 用法都引理[3]，得到

$$\varliminf_{n\to\infty}(L)\int_a^b f_n(x)\mathrm{d}x\geqslant(L)\int_a^b\varliminf_{n\to\infty}f_n(x)\mathrm{d}x。\qquad(2)$$

结合 (1) (2) 两式，并注意到已知条件 $\lim\limits_{n\to\infty}f_n(x)=f(x)$，得到

$$\begin{aligned}
(L)\int_a^b f(x)\mathrm{d}x&=(L)\int_a^b\lim_{n\to\infty}f_n(x)\mathrm{d}x\\
&=(L)\int_a^b\varliminf_{n\to\infty}f_n(x)\mathrm{d}x\\
&\leqslant\varliminf_{n\to\infty}(L)\int_a^b f_n(x)\mathrm{d}x\\
&\leqslant\varlimsup_{n\to\infty}(L)\int_a^b f_n(x)\mathrm{d}x\\
&\leqslant(L)\int_a^b f(x)\mathrm{d}x,
\end{aligned}$$

由定理 5 即得所证。

例 3 设 $f_n(x)(n\in\mathbf{N})$ 在 $[a,b]$ 上勒贝格可积，$\forall x\in[a,b]$，$\lim\limits_{n\to\infty}f_n(x)=f(x)$，且 $(L)\displaystyle\int_a^b|f_n(x)|\mathrm{d}x<k$（$k$ 是与 n 无关的正常数），则 $f(x)$ 在 $[a,b]$ 上也勒贝格可积$\left(\text{即}\left|(L)\displaystyle\int_a^b f(x)\mathrm{d}x\right|<+\infty\right)$。

证明 $\{|f_n(x)|\}$ 为定义在 $[a,b]$ 上的非负可测函数列，对 $\{|f_n(x)|\}$ 用法都引理，得到

$$\begin{aligned}
(L)\int_a^b|f(x)|\mathrm{d}x&=(L)\int_a^b\varliminf_{n\to\infty}|f_n(x)|\mathrm{d}x\\
&\leqslant\varliminf_{n\to\infty}(L)\int_a^b|f_n(x)|\mathrm{d}x\\
&\leqslant k<+\infty。
\end{aligned}$$

说明 $|f(x)|$ 在 $[a, b]$ 上勒贝格可积，所以 $f(x)$ 也勒贝格可积[3]。

由于上、下极限的概念适用于所有数列，而极限存在的充要条件是上、下极限相等，因此，在遇到证明极限存在性问题时，通过考察上、下极限的值去探讨极限的存在性经常是很有效的（如例1，例2）。此外，也常遇到这样的问题，需要估计 n 充分大时，数列 $\{x_n\}$ 中的 x_n 能有多大（小）或者通过对上、下极限值的估计去解决所提出的问题（如例3）。但在目前多数数学分析教材中没有安排这方面的内容，是否可以在适当的地方介绍一点关于上、下极限的概念。

三、上、下极限的等价定义

由记号 M_n，m_n 的意义，可知有

$$\varlimsup_{n\to\infty} x_n = \inf_{n\in\mathbf{N}} \sup_{k\in\mathbf{N}}\{x_{n+k}\},$$

$$\varliminf_{n\to\infty} x_n = \sup_{n\in\mathbf{N}} \inf_{k\in\mathbf{N}}\{x_{n+k}\}。$$

此外，通过对上、下极限特性的进一步探讨，可得到它们的等价定义（定理7）。为此，先给出聚点的概念。

定义3 给定数列 $\{x_n\}$，若有子列 $\{x_{n_k}\}$，满足 $\lim\limits_{k\to\infty} x_{n_k} = \xi$，则称数 ξ（ξ 可以是符号 $+\infty$ 和 $-\infty$）为已知数列 $\{x_n\}$ 的聚点。

任何数列都有聚点。因为无界数列至少有一个聚点 $+\infty$（或 $-\infty$），而有界数列至少有一个收敛子列，即 $\exists\{x_{n_k}\}\subset\{x_n\}$，使得 $\lim\limits_{k\to\infty} x_{n_k} = \xi$。

数列的聚点可以是有限个，例如数列 $\{1, 0, 1, 0, \cdots\}$ 有两个聚点 0 和 1；也可以有无限多个，例如数列 $\{1, 1+\dfrac{1}{1}, 1+\dfrac{1}{2}, 2+\dfrac{1}{2}, 1+\dfrac{1}{3}, 2+\dfrac{1}{3}, 3+\dfrac{1}{3}, 1+$

$\dfrac{1}{4}$，$2+\dfrac{1}{4}$，$3+\dfrac{1}{4}$，$4+\dfrac{1}{4}$，$\cdots$ 有无穷多个聚点，它们是

1，2，$\cdots$，即任一自然数都是该数列的聚点。

从定理 7 将看到，M 是数列 $\{x_n\}$ 的上（下）极限，当且仅当 M 是 $\{x_n\}$ 的最大（小）聚点。这就是上（下）极限的等价定义。当最大聚点与最小聚点相同时，说明该数列中任一有极限的子列之极限值相同，因此数列的极限存在，这也正是前面定理 5 的内容。

定理 7 给定数列 $\{x_n\}$，则有

(1) $\overline{\lim_{n\to\infty}}x_n = M$，当且仅当 M 是 $\{x_n\}$ 的最大聚点。

(2) $\underline{\lim_{n\to\infty}}x_n = m$，当且仅当 m 是 $\{x_n\}$ 的最小聚点。

为证定理 7，先指出一条引理，它的证明是简单的。根据定义 1、2，用反证法证明即得。

引理 设 $\{x_n\}$ 为有界数列，那么

(1) 若 $\overline{\lim_{n\to\infty}}x_n = M$，则 $\forall \varepsilon > 0$，$\exists N \in \mathbf{N}$，$\forall n > \mathbf{N}$，有 $x_n < M + \varepsilon$，且 $\forall N \in \mathbf{N}$，$\exists n' > N$，满足 $x_{n'} > M - \varepsilon$。

(2) 若 $\underline{\lim_{n\to\infty}}x_n = m$，则 $\forall \varepsilon > 0$，$\exists N \in \mathbf{N}$，$\forall n > N$，有 $x_n > m - \varepsilon$，且 $\forall N \in \mathbf{N}$，$\exists n' > N$，满足 $x_{n'} < m + \varepsilon$。

定理 7 的证明 (1)(2) 的证明方法类似，给出 (1) 的证明如下。

先证充分性：$M = \pm\infty$ 的情况是简单的，下设 $M \in \mathbf{R}$，$x_{n_k} \to M$。因为 M 是 $\{x_n\}$ 的最大聚点，故 $\forall \varepsilon > 0$，$\exists N_1$，$\forall n > N_1$，有 $x_n < M + \varepsilon$。且 $\exists k_0 \in \mathbf{N}$，$\forall k > k_0$，有

$$M - \varepsilon < x_{n_k} < M + \varepsilon.$$

取 $N = \max\{N_1,\ n_{k_0}\}$，$\forall n > N$，有

$$M - \varepsilon \leqslant M_n = \sup\{x_n,\ x_{n+1},\ \cdots\} \leqslant M + \varepsilon$$

可见 $$\overline{\lim_{n\to\infty}}M_n = M.$$

再证必要性：分三种情况。

一、数学思想方法及其教学研究

①当 $\overline{\lim\limits_{n\to\infty}}x_n=+\infty$ 时，结论显然成立。

②若 $\overline{\lim\limits_{n\to\infty}}x_n=-\infty$，则因 $\underline{\lim\limits_{n\to\infty}}x_n\leqslant\overline{\lim\limits_{n\to\infty}}x_n$，得 $\underline{\lim\limits_{n\to\infty}}x_n=-\infty$，所以 $\lim\limits_{n\to\infty}x_n=-\infty$，任一子列之极限均为 $-\infty$，结论成立。

③设 $\overline{\lim\limits_{n\to\infty}}x_n=a\in\mathbf{R}$。为证 a 是 $\{x_n\}$ 的最大聚点，只需证两件事：(a) 存在子列 $x_{n_k}\to a$，(b) 其他任一收敛子列的极限均不超过 a。

(a) 取 $\varepsilon_1=1$，利用引理，$\exists n_1\geqslant1$，满足
$$M-1<x_{n_1}<M+1。$$

假定 x_{n_1}，$\cdots$，$x_{n_{k-1}}$ 已取出，由引理可知，对 $\varepsilon_k=\dfrac{1}{k}$，$\exists N_k$，$\forall n>N_k$，有
$$x_n<M+\frac{1}{k},$$
且对 $N=\max\{n_{k-1},\ N_k\}$，$\exists n'>N$，满足
$$M-\frac{1}{k}<x_{n'}<M+\frac{1}{k}。$$
取 $n_k=n'$，那么
$$n_{k-1}<n_k，\text{且 }M-\frac{1}{k}<x_{n_k}<M+\frac{1}{k}。$$
由归纳法，得 $\{x_n\}$ 的收敛子列 $\{x_{n_k}\}$，满足
$$M-\frac{1}{k}<x_{n_k}<M+\frac{1}{k},$$
此即 $\lim\limits_{k\to\infty}x_{n_k}=M。$

(b) 设 $\{x_{n_i}\}$ 为 $\{x_n\}$ 的任一收敛子列，且 $\lim\limits_{i\to\infty}x_{n_i}=c$。由引理知，$\forall\varepsilon>0$，$\exists i_0\in\mathbf{N}$，$\forall i>i_0$，有
$$x_{n_i}<M+\varepsilon,$$
所以
$$\lim\limits_{i\to\infty}x_{n_i}\leqslant M+\varepsilon,$$
又 ε 是任意正数，故得 $\lim\limits_{i\to\infty}x_{n_i}=c\leqslant M。$ 证毕。

钱珮玲数学教育文选

关于上、下极限的概念还可以拓广到变量连续变化的情形：$\varlimsup\limits_{t \to t_0} f(t)$，$\varliminf\limits_{t \to t_0} f(t)$。这里不再赘述。

参考文献

［1］Γ. M. 菲赫金哥尔茨. 微积分学教程（第 1 卷 1 分册）. 北京：人民教育出版社，1978.

［2］W. 卢丁. 数学分析原理（上册）. 北京：人民教育出版社，1979.

［3］柳藩，钱珮玲. 实变函数论与泛函分析. 北京：北京师范大学出版社，1987.

一、数学思想方法及其教学研究

■数学分析的入门教学与 "$\varepsilon\text{-}N$" 语言*

一、引言

数学分析课程对于大学数学系本科生的学习起着重要的基础作用，但是多数学生在开始学习这门课程时，普遍感到困难，不易 "入门"，为此，教师也时常感到困惑。

从教学论的理论与实践知道，为了达到预期的教学目的和要求，必须组织好宏观的教学过程，即应注意到以下三个方面：教育对象的特点，课程的特点以及各个数学阶段的特点。而教学阶段又可大致分为入门教学阶段、继续教学阶段和复习阶段。对于刚从中学进入大学学习的学生来说，数学分析的入门教学显得尤为重要。这是因为与中学数学相比，学科的结构发生了根本的变化，因此，如何打破原有的思维定势，特别是由此而造成的思维惰性和呆板性，建立起适应新学科的思维结构；如何形成适应大学学习的方法和习惯都是急待解决的问题。而且学习上的分化往往出现在入门教学的后期或继续教学的前期，因此，如何组织和处理好数学分析的入门教学，是一个值得探讨的问题。

二、数学分析入门教学的内容和主要矛盾

大学数学内容与中学数学内容相比，最根本的区别可

---

* 本文原载于《数学通报》，1991 (10)：22-26.

以说是多层次的高度抽象和形式化的语言。具体地说，在大学教学内容中，关于结构的思想，系统化、统一化的思想，以及抽象化方法、公理化方法、量化方法等思想方法得到了充分的体现，再加上各种数学工具的综合运用，因此，无论是概念还是结论，都包含着更丰富、更深刻的内涵，要求学习者必须独立地、深入地思考问题。此外，与中学相比，大学里一堂课内教师所讲的内容与概念比中学要多得多。由此种种带来的根本性的变化，造成了客观上的困难。如果学生在主观上仍然沿用中学的学习方法和习惯，就必然会因为不会思考问题，或思考问题不深入而抓不住概念的本质，更看不到内容之间的联系和规律，这就势必会出现种种问题，从而感到困难。

为了解决上述问题，首先必须明确入门教学的内容，分析入门教学中存在的主要矛盾，然后再探讨解决问题的措施。为此，我们从该课程的基本结构入手来进行。

数学分析是用极限方法研究函数性态的一门课程，它的基本结构可概括如下：

基本概念：收敛。

基本方法：极限方法。

基本思想：运动辩证的思想。

基本联系：内部联系——各种不同形式、不同方式的极限过程；外部联系——与物理学、几何、代数的联系。

微分和积分虽是数学分析的主要概念和内容，但不作为基本概念，因为它们可以看作基本概念的衍生物，它们只是特殊方式下的极限。当然，它们同时又是基本结构的体现者。

收敛概念、极限方法、微积分计算原理、运动辩证思想和数学观念的培养，组成了数学分析的知识结构系统。收敛概念和极限方法贯穿了该课程的全部内容。入门教学

一、数学思想方法及其教学研究

一般是指由第一堂课开始，直至能体现出学科基本结构的部分结束。因此，我们认为数学分析入门教学的内容主要是关于极限与函数（包括函数的连续性）的教学。也就是一般教材中第一、二两章的内容（有的教材把极限与函数合成一章，也有的把函数、极限、连续分为三章）。由此不难得出入门教学阶段具有两个明显的特点：教学内容的本原性和思维结构的突变性。因此这一阶段的主要矛盾是旧的知识结构与新的思维结构（数学思维结构包括思维内容、思维方式和思维品质等方面）间的矛盾，而围绕这一主要矛盾帮助学生尽快地调整思维结构，是这一阶段的主要任务。

三、入门教学的进一步分析

数学的学习过程实际上是思维活动的过程，是解决问题（广义理解下的问题）的过程，而语言在人类学习活动中起着任何别的东西所不能替代的作用。对于数学学习过程来说，除了使用普通语言外，还大量地使用着数学语言（包括数学符号和逻辑符号）。数学语言有着其自身的显著特点：它提供了数学思想、数学内容的表达工具和有效的思维方式，数学语言表现出来的概括性、抽象性、简洁性、精确性等特性，正是数学科学严谨性、精确性和抽象性的充分体现。因此从某种意义上来说，数学学习可以看作是数学语言的学习。不懂得数学语言，不能准确理解各种数学符号和逻辑符号的含义，就无法学习和研究数学，而数学语言的上述特性使得数学语言难懂、难学。联系数学分析的入门教学，可以说，围绕如何使学生尽快地理解、掌握和运用"$\varepsilon\text{-}N$""$\varepsilon\text{-}\delta$"语言去开展教学，使学生逐步理解收敛概念的本质和极限方法中用"静"描述"动"，动静结合的辩证思想，是这一阶段的主要任务。

从牛顿-莱布尼茨在 17 世纪后半叶建立微积分，到 19 世纪柯西的极限理论，以及由维尔斯特拉斯完善成为现在所用的"ε-N""ε-δ"语言，直至最后于 19 世纪后半叶建立实数理论，使得极限理论得以彻底解决。其间经历了漫长的历程（当然，极限思想、极限方法的起源还可以追溯到更遥远的古代），在这样漫长的历程中逐步建立起来的收敛概念、极限方法，用如此简洁的语言精确地表述，无疑是一项伟大创举，但也正是因为经过了如此高度的概括和抽象，包含了如此深刻、丰富的辩证思想和内容，必然给学习者带来难懂、难学的困难。

如何解决这一问题？如何进行教学？我们提出如下看法。

四、对数学分析入门教学的一点看法

基于前面的分析，我们认为，在具体进行这一部分内容的教学时，关键要抓好两方面的内容：一是预备知识；二是收敛概念和极限方法（或"ε-N""ε-δ"语言）的教学。至于基本初等函数和初等函数部分，只需指出较中学内容加深与拓广的内容，不作为重点。

（一）预备知识

这一部分的重点是以下三方面内容，它们是改变思维结构和提供以后学习的必要基础。

1. 准确理解和运用数学符号，数学术语和逻辑记号。应介绍常用记号：**N，Q，Z，R**；常用术语：邻域，空心邻域，区间，有界，无界等定义，同时给予几何解释；以及常用逻辑符号："$\forall$""$\exists$""$\Rightarrow$""$\Leftrightarrow$"的含义。并通过实例，使学生认清学习上述内容的必要性和意义，激发起良好的学习动机和兴趣。

尤其是对于量词"$\forall$"和"$\exists$"的正确运用，是重点

训练内容。为此，可通过语言的互译加深理解。比如可让学生将下列自然语言用"∀"和"∃"缩写之：

对于任意正数 ε，可以找到自然数 N，对一切 $n > N$，有 $|a_n - a| < \varepsilon$（$\forall \varepsilon > 0$，$\exists N \in \mathbf{N}$，$\forall n > N$，有 $|a_n - a| < \varepsilon$）。

对任意实数 a，可以找到正数 ε_0，无论自然数 N 多么大，总有比 N 大的自然数 n，使得 $|a_n - a| \geqslant \varepsilon_0$（$\forall a \in \mathbf{R}$，$\exists \varepsilon_0 > 0$，$\forall N$，$\exists n > N$，使得 $|a_n - a| \geqslant \varepsilon_0$）。

也可反之进行，或选择一些较简单的例子让学生练习语言的互译。

2. 在中学数学的基础上，加深关于不等式和数学归纳法有关知识的介绍。包括把一些常用的不等式告诉学生。这是因为数学分析研究的主要对象是函数，在很多情况下，需要估计函数的变化状态、变化趋势。经常采用的方法之一是将待研究的函数与性质已经清楚，或者结构较简单的函数相比较，因此从某种意义上来说，不等式的探讨比等式的推演更为重要和常见。此外，数学归纳法也常被运用，因此这一方面的知识作为中学数学内容的运用、延续和加深，必须予以足够的重视。

3. 介绍关于命题和逻辑非命题的知识，主要是能用数学符号正确叙述命题及逻辑非命题。这是因为证明问题是数学学习的基本内容之一，也是培养逻辑思维能力，以至于培养数学观念的重要方面。反证法在许多场合是十分有效的一种证明方法，这时，首先要把命题改写为逻辑非命题，然后通过推理得出与已知条件矛盾的结果，证明逻辑非命题不成立，从而原命题成立。

大家知道，所谓命题是指能标以 T（真的）和 F（假的）的语句。若用 $P(x)$ 表示与 x（x 的变化范围是 A）有关的性质，则命题

$$\forall x \in A, \ P(x) \ \text{成立}$$

的逻辑非命题是

$$\exists x_0 \in A, \text{ 使 } P(x_0) \text{ 不成立。}$$

例如，设函数 $f: A \to B$。记性质 $P(x)$ 为 "$f(x) = f(-x)$"，那么命题

$$f \text{ 是 } A \text{ 上的偶函数} \Leftrightarrow \forall x \in A, P(x) \text{ 成立}$$
$$\Leftrightarrow \forall x \in A, \text{ 有 } f(x) = f(-x) \text{ 成立。}$$

它的逻辑非命题是

$$f \text{ 不是 } A \text{ 上的偶函数} \Leftrightarrow \exists x_0 \in A \text{ 使 } P(x_0) \text{ 不成立}$$
$$\Leftrightarrow \exists x_0 \in A, \text{ 使 } f(x_0) \neq f(-x_0)。$$

有时也常遇到依赖于两个变元的性质。例如，给定 $f: A \to B$。若记性质 $P(x, y)$ 为 "$|f(x)| \leqslant y$"，则命题

$$f \text{ 在 } A \text{ 上有界} \Leftrightarrow \exists y_0 > 0, \forall x \in A, P(x, y_0) \text{ 成立}$$
$$\Leftrightarrow \exists y_0 > 0, \forall x \in A, \text{ 有 } |f(x)| \leqslant y_0。$$

它的逻辑非命题是

$$f \text{ 在 } A \text{ 上无界}$$
$$\Leftrightarrow \forall y > 0, \exists x_0 \in A, \text{ 使 } P(x_0, y) \text{ 不成立}$$
$$\Leftrightarrow \forall y > 0, \exists x_0 \in A, \text{ 使 } |f(x_0)| > y。$$

在这一阶段中，仍要注重量词 "$\forall$" 和 "$\exists$" 的运用，让学生体会、揣摩它们在叙述命题和逻辑非命题时的作用，从中进一步归纳总结出一般方法。

（二）收敛概念和极限方法的教学

按照人们从具体到抽象，从个别到一般的认识规律，这部分的教学可分为三个阶段，其中又以第一、二阶段的内容为基础。

1. 给出一批有极限的数列，考察数列的变化趋势，分析归纳出它们的共同本质——通项无限接近某个常数 a（尽管方式不同）。再给出一些没有极限的发散数列，它们不具有上述特性，即不能与任一实数无限接近。从中得出用普通语言叙述的收敛概念：给定数列 $\{a_n\}$，如果当 n 充分大

时，a_n 无限接近某个常数 a，则称 a 为数列 $\{a_n\}$ 的极限，称 $\{a_n\}$ 为收敛数列。否则，称 $\{a_n\}$ 为发散数列。

　　进而启发学生考虑如何用数学语言精确地描述"充分大""接近""无限接近"（"任意接近"）等变化过程？尤其是"无限接近"这一动态变化的数学描述。可充分利用数轴、绝对值、距离等工具。在此基础上提出用"ε-N"语言来精确描述极限过程和收敛概念：给定数列 $\{a_n\}$。若存在实数 a，使对任意给定的 $\varepsilon>0$，有自然数 N，对一切 $n>N$，有 $|a_n-a|<\varepsilon$ 成立，则称 a 为数列 $\{a_n\}$ 的极限，记作 $\lim\limits_{n\to+\infty} a_n=a$（或 $a_n\to a$，$n\to+\infty$）。称 $\{a_n\}$ 为收敛数列，否则称 $\{a_n\}$ 为发散数列。也即 $\lim\limits_{n\to+\infty} a_n = a \Leftrightarrow \forall\varepsilon>0$，$\exists N\in\mathbf{N}$，$\forall n>N$，有 $|a_n-a|<\varepsilon$。

　　与此同时，配备几个证明收敛数列的简单例子，讲解"ε-N"语言中每个语句的含义，让学生初步体会为什么"ε-N"语言是对极限过程和收敛概念的精确描述。并要求学生记住定义（包括几何解释），能用定义证明一些简单的问题。也即在这一阶段中，主要是通过记忆和模仿弥补思维能力的不足。这是对"ε-N"语言的机械的表面的认识阶段。

　　2. 对"ε-N"语言的理解和初步应用

　　这一阶段主要通过极限性质（唯一性、有界性、四则运算法则、保号性和夹逼性等）的证明，例题（包括一些稍难的例子和一些常用的结果）的讲解，习题课的讲练和大量的课后练习，进行规范化的、反复的操作和训练，同时突出讲解解决问题的思维层次，以达到加深对"ε-N"语言实质的理解，尤其是体会该语言中以"静"描述"动"的丰富的运动辩证思想。最后要求学生能用该语言证明一般问题（在技巧上不作过多的要求），达到用具体内容来充实对"ε-N"语言认识的目的，也即深化"具体—抽象—具体"的认识过程。

3. 这一阶段要在学习数列极限的基础上，通过函数极限和函数连续性等内容的教学，继续深化认识，并把极限思想逐步内化为学生认知结构的有机成分。

数列是定义在自然数集上的函数，自变量 n 离散地趋于 $+\infty$。若函数 f 定义在任意区间上，则自变量是连续变化的。它可以向一个定点 x_0 无限接近，也可以无限趋于 $+\infty$，或 $-\infty$，或 ∞。这就使得函数的极限情况繁多。但只要我们掌握了极限思想和语言表述，就无须对每一种情况给出定义。

依照：具体—抽象—具体的认识规律和从已知认识未知的原则，可将这一部分内容的教学与数列极限中相应内容的教学进行必要的联系，指出它们的区别及造成区别的原因。此外，可将具有一般性，工具性（比如不等式），方法性（比如"放缩法"）等特性的知识在这一部分教学中进一步加以巩固，以帮助学生熟练地运用"$\varepsilon\text{-}N$""$\varepsilon\text{-}\delta$"语言去处理问题，加速极限思想方法的内化过程。具体地说，我们可以通过直观形象的图形，先用通俗具体的自然语言来描述当自变量 $x \to x_0$ 时，函数 $f(x)$ 无限接近于 a 的变化趋势，同时强调所研究的变化过程是当 x 与 x_0 无限接近但 $x \neq x_0$ 时，函数的变化趋势，而与 f 在 x_0 点有无定义无关紧要。例如 $f(x) = x\sin\dfrac{1}{x}$ 在 $x = 0$ 点无定义，但是 $|f(x) - 0| = \left| x\sin\dfrac{1}{x} \right| \leqslant |x| = |x - 0|$，即只要自变量与 $x = 0$ 无限接近，函数值 $f(x)$ 就与实数 0 无限接近，即函数 $f(x) = x\sin\dfrac{1}{x}$ 当 $x \to 0$ 时以 0 为极限。又如 $f(x) = \dfrac{x^2 - 1}{x^2 - x}$ 在 $x = 1$ 无定义，但当 $x \to 1$ 时，$f(x)$ 与 2 无限接近，即 $f(x) = \dfrac{x^2 - 1}{x^2 - x}$ 以 2 为极限。然后转向"$\varepsilon\text{-}\delta$"语言的精确定义：设函数 f 在 x_0 点的某个去心邻域内有定义，且有实

一、数学思想方法及其教学研究

数 a，使对任意给定的正数 ε，有正数 δ，只要 $0<|x-x_0|<\delta$，就有 $|f(x)-a|<\varepsilon$，则称函数 f 在 x_0 点有极限 a，记为 $\lim\limits_{x\to x_0}f(x)=a$ 或 $f(x)\to a(x\to x_0)$（即 $\lim\limits_{x\to x_0}f(x)=a\Leftrightarrow\forall\varepsilon>0$，$\exists\delta>0$，当 $0<|x-x_0|<\delta$ 时，有 $|f(x)-a|<\varepsilon$）。通过简单例子的示范，告诉学生用"ε-δ"语言证明函数极限的一般思路以及与数列极限证明的相同点与不同点：在对不等式进行放缩，以便得到一个较易处理的估计式这一点上是相同的，但因那时是 $n\to+\infty$，现在是 $x\to x_0$ 的过程，因此为了简化估计式，并使估计式中含有 $|x-x_0|$ 这一因式，经常可以先限定 x 在 x_0 的某一范围，比如在求 $\lim\limits_{x\to 1}\dfrac{x^2-1}{x^2-x}$ 时，首先是估计极限（可结合图形判断）可能是 2，再用定义验证：

$$|f(x)-2|=\left|\frac{x^2-1}{x^2-x}-2\right|=\left|\frac{x-1}{x}\right|,$$

这时，可先限定 $|x-1|<\dfrac{1}{2}$，则 $\dfrac{3}{2}>x>\dfrac{1}{2}$，于是

$$|f(x)-2|=\left|\frac{x-1}{x}\right|<2|x-1|。$$

因此对于任意给定的 $\varepsilon>0$，取 $\delta=\min\left(\dfrac{1}{2},\dfrac{\varepsilon}{2}\right)$，只要 $0<|x-1|<\delta$，就有 $|f(x)-2|<\varepsilon$，所以 $\lim\limits_{x\to 1}\dfrac{x^2-1}{x^2-x}=2$。

在讲述函数极限的性质时，应指出与数列极限有关性质的区别。比如由 $\lim\limits_{x\to x_0}f(x)=a\Rightarrow f$ 在 x_0 的附近有界，这是一种局部有界性质。例如定义在 $(0,+\infty)$ 上的函数 $f(x)=\dfrac{1}{x}$，当 $x\to 2$ 时，$f(x)\to\dfrac{1}{2}$，只能得出函数在 $x=2$ 附近有界，而不是在 $(0,+\infty)$ 上有界。而数列收敛即 $\lim\limits_{n\to\infty}a_n=a\Rightarrow\{a_n\}$ 有界，是指能找到 $M>0$，$\forall n\in\mathbf{N}$，有 $|a_n|<M$。

钱珮玲数学教育文选

关于函数极限与数列极限的关系（$\lim\limits_{x \to x_0} f(x) = a \Leftrightarrow$ 对任一收敛于 x_0 的数列 $\{x_n\}$，有 $\lim\limits_{n \to \infty} f(x_n) = a$），以及无穷小量、无穷大量及其数量级的比较，以至于函数连续性的精确定义，间断点的分类，都是对极限的思想方法和"ε-δ"语言的具体应用。

至此，我们要求学生通过前面内容的学习，能较熟练地用数学语言精确地描述函数极限的各种不同的情况；对于别人的叙述能较迅速地作出正确与否的判断；能较好地体会并运用不等式工具和"放缩法"去证明问题；能较清楚地认识函数极限与数列极限的关系和函数连续性的本质，并由此自然地得出左、右连续的概念。

最后我们作两点说明：（1）为了节省篇幅，略去了一些具体例子，但有关例子都不难从任何一本数学分析教材或参考书中找到。（2）极限的思想方法贯穿于数学分析的全部内容，对于极限方法的进一步掌握和应用，无疑还要通过以后的内容，尤其是通过导数、微分、积分等内容的学习加以深化、丰富，以致反复应用，反复体会才能达到炉火纯青的程度。在入门教学阶段设置过高的目标，提出过高的要求都是不适宜的。但对于部分基础较好的学生，可在相应内容部分给予适当的指导，在证题、解题的技巧性上提出较高的要求。

91

一、数学思想方法及其教学研究

参考文献

［1］曹才翰，蔡金法. 数学教育学概论. 南京：江苏教育出版社，1989.

［2］张乃达. 数学思维教育学. 南京：江苏教育出版社，1990.

［3］李英. 浅析数学教育中应培养的数学观念. 数学通报，1988（1）：1-5.

［4］鲍建生. 数学语言与数学教学. 硕士研究生学位论文，1991.

■拓广方法与创造性思维能力的培养*

探究数学及其发展,可以看到拓广方法(推广方法)是数学和科学研究过程中常用的一种方法,当我们在解数学题,写一篇小论文时,往往可以考虑是否可把某些结果从一维推广到多维;是否可减弱条件、加强结果;是否可简化证明;等等。而且,当我们在思想方法上有新突破时,往往可以扩大"战果",得到新的创造性的成果。而数学中许多新概念、新理论、新学科的形成和发展,无不展示出拓广方法的重要作用。比如:从长度、面积、体积到 $\mathbf{R}^n$ 中的勒贝格测度,乃至一般测度空间和测度论;从黎曼积分到 $\mathbf{R}^n$ 中的勒贝格积分,乃至各种抽象积分和积分理论;从具体的代数运算到群、环、域,乃至群论、环论、域论;从直线、平面、三维空间到一般的欧氏空间,乃至各种抽象空间;从函数、映射到算子,乃至谱论;等等。再者,当我们纵观数学史,分析伟大数学家的成长过程,或者面向现实,分析学生的成长过程,尽管使他们获得成绩的原因是多方面的,但其中一个重要原因和共同之处,是他们具有较强的创造性思维能力。学生在数学素质方面表现出来的差异,很大程度是思维发展不同而造成的。

我们认为,拓广方法在发展学生的思维、培养创造性思维能力方面,有着潜移默化的、长远的、深刻的意义和

---

* 本文原载于《数学教育学报》,1993,2(2):47-50.

作用。因此无论在中、小学还是大学的数学教育中，都应该特别重视这方面的教育。社会主义大学的数学系要求我们培养有责任心、独立性和创造性的数学工作者和数学教育工作者。诚然，大学生的年龄特点和心理特征使他们自觉学习的习惯和自己学习的能力加强了，但是大学数学课程的内容比起中、小学来要抽象得多，深刻的多，而且进度快，教师的教学方法也与中学有很大的不同。所以教师一方面要讲授知识，一方面还要有意识地在发展学生的思维上下功夫，使学生学会深入地思考问题，而不是停留在表面的、形式的理解上。否则，久而久之，就会影响学生掌握数学知识和技能，影响学生各种能力的形成。

一般来说，进行拓广没有一定的规律，往往要视具体问题，通过不同的途径和方式来进行。但大体上说，可以通过类比的方法，改变定义的方法、引入参数的方法或改变证明等方法进行拓广[1]，而且经常是综合地运用以上各种方法。

在进行拓广时，首先要抓住问题的本质，抛掉非本质的方面。同时要注意，并不是所有结论都能拓广。比如一元到多元的推广问题，就有许多情况是行不通的，我们不难从一元微积分与多元微积分的联系与区别中体会到这一点。究其原因当然是多方面的，但关键所在恐怕是 **R** 中具有按通常大小关系的全序结构，而在 $\mathbf{R}^2$ 或更高维的欧氏空间中则没有。将数学概念或结论拓广的目的无非是为了使其更具抽象性、统一性，从而更具有应用的广泛性。无论是对于数学科学本身，还是其他学科，或者实际应用，在对具体对象进行拓广时往往可以从不同的角度、不同的要求着手。下面我们结合微分中值定理的拓广，对如何有意识地引导学生学习这种方法，发展思维，谈一点粗浅的看法。

在一元微积分中，关于微分中值定理的地位、意义和作用，大家是十分熟悉的。它们是研究可微函数性质的基本工具，使我们可以以 f' 的某些性质去推出 f 的性质。比如用 f' 在 $[a, b]$ 上的值去估计 f 在 $[a, b]$ 上的增量。下面我们讨论拉格朗日形式的微分中值定理的拓广问题。

定理 1　设 $f:[a, b] \to \mathbf{R}$。f 在 $[a, b]$ 上连续，在 (a, b) 上可微，则 $\exists \xi \in (a, b)$，满足

$$f(b) - f(a) = f'(\xi)(b - a)。 \tag{1}$$

顺便指出一点，以（1）式这种经典形式给出的叙述很不方便。因为当 f 为向量值函数或更一般的情况时，没有任何类似之处，无法着手进行拓广；其次，（1）式只指出 ξ 存在于 a, b 之间，其余什么信息也没有，而实际上用中值定理处理问题时，往往只需知道 $f'(\xi)$ 的值是介于 f' 在 $[a, b]$ 的上、下确界之间即可。所以，在很多情况下，用不等式的形式比用等式的形式更能揭示微分中值定理的实质。此外，我们还知道，当 f 在 (a, b) 内哪怕只有一个点不可微，（1）式就会不成立。典型的例子是定义在 $[-1, 1]$ 上的函数 $f(x) = |x|$。为此，我们先提出这样的问题：假设 f 在 $[a, b]$ 上连续，在 $[a, b] \setminus D$ 上可微（$D \subset [a, b]$），是否还能用 f' 在 $[a, b] \setminus D$ 上的值来估计 f 在 $[a, b]$ 上的增量？这对于 D 为至多可数集的情况，回答是肯定的，因为我们可以证明一个更为一般的结果。

定理 2　设函数 f 和 g 在 $[a, b]$ 上连续，在 $[a, b] \setminus D$ 上可微，其中 D 为至多可数集。并且 g 在 $[a, b]$ 上单调增，$f'(t) \leqslant g'(t)$，$\forall t \in [a, b] \setminus D$，则有

$$f(b) - f(a) \leqslant g(b) - g(a)。 \tag{2}$$

定理 2 的证明可参看 [2]。

推论　设 $f:[a, b] \to \mathbf{R}$ 在 $[a, b]$ 上连续，在 $[a, b] \setminus D$ 上可微，且 $|f'(t)| \leqslant M$，$\forall t \in [a, b] \setminus D$。其中 D 为至多

94

钱珮玲数学教育文选

可数集，则有

$$f(b)-f(a)\leqslant M(b-a)。 \tag{3}$$

证明：取 $g(t)=M(t-a)$，利用定理 2 即得。

我们还可利用勒贝格测度和勒贝格积分的有关知识，把定理 2 拓广为更一般的定理 3，详见 [2]。

定理 2 是定理 3[3] 的特殊情况，因为当 D 为至多可数集时，显然有 $m(f(D))=0$。又由实变函数的有关知识可从条件"g 在 $[a,b]$ 上单调增"推出：g' 几乎处处存在，且非负可积，并有

$$\int_{[a,b]-D} g'(t)\mathrm{d}t = \int_{[a,b]} g'(t)\mathrm{d}t \leqslant g(b)-g(a)，$$

从而得到

$$f(b)-f(a)\leqslant \int_{[a,b]-D} g'(t)\mathrm{d}t \leqslant g(b)-g(a)。$$

如果从另一个角度，我们拓广函数的值域，或者更一般地，将定义域和值域都拓广为一般的线性赋范空间，情况又将会怎样呢？下面的定理 4 和定理 5 给出了相应的回答。为此，我们先要拓广导数的概念，给出映射的导数（或全导数）概念。这时，我们要始终抓住微分学的基本思想——在一点的局部范围内用线性函数去逼近原来的函数。在一元微积分中，因为对 **R** 来说，线性变换与数之间存在着一一对应，所以，为了便于理解，没有用线性变换去定义导数。为了便于拓广，我们重新回忆导数的定义。f 在 x_0 处的导数 $f'(x_0)$ 是这样定义的

$$f'(x_0)=\lim_{\substack{x\to x_0 \\ x\neq x_0}} \frac{f(x)-f(x_0)}{x-x_0}，$$

或者也可表示为

$$f(x)-f(x_0)=f'(x_0)(x-x_0)+o(x-x_0)。$$

此时可推出

$$\lim_{\substack{x \to x_0 \\ x \neq x_0}} \frac{|f(x) - g(x)|}{|x - x_0|},$$

其中

$$g(x) = f(x_0) + f'(x_0)(x - x_0)$$

为 f 在 $(x_0, f(x_0))$ 处的切线。故 f 与 g 在 $(x_0, f(x_0))$ 处相切。

如果我们把 $f'(x_0)$ 理解为一个 $|x|$ 的矩阵，一个从 **R** 到 **R** 的线性变换，它将任何 $y \in \mathbf{R}$ 变换为 $f'(x_0) \cdot y$，即 $(f'(x_0))(y) = f'(x_0) \cdot y$。下面我们用类比方法，拓广导数概念。

设 $(X, \|\cdot\|_1)$，$(Y, \|\cdot\|_2)$ 为 Banach 空间。$A \subset X$ 为开子集。f, g 是从 A 到 Y 的两个映射。

定义 （1）称 f 与 g 在点 $x_0 \in A$ 相切，如果 $\lim\limits_{\substack{x \to x_0 \\ x \neq x_0}} \dfrac{\|f(x) - g(x)\|_2}{\|x - x_0\|_1} = 0$。

钱珮玲数学教育文选

（2）称 A 到 Y 的连续映射 f 在点 $x_0 \in A$ 可微，如果存在 X 到 Y 的线性映射 I，使得映射：$x \to f(x_0) + I(x - x_0)$ 与 f 在 x_0 点相切。并称 I 为 f 在 x_0 点的导数（或全导数），记作 $f'(x_0)$ 或 $\mathrm{D}f(x_0)$。

不难验证：（a）与 f 在 x_0 点相切的映射中，最多只有一个形如 $x \to f(x_0) + I(x - x_0)$ 的映射，其中 I 为线性映射。（b）若 A 到 Y 的连续映射 f 在 x_0 点可微，则 $f'(x_0)$ 是从 X 到 Y 的线性连续映射，所以 $I \in B(X, Y)$（$B(X, Y)$ 表示从 X 到 Y 的所有线性连续算子组成的，带有通常线性算子加法、数乘及算子范数的线性赋范空间。当 Y 完备时，它也是完备的）。

由定义易知：（1）A 上的常值映射 I 在每一点 $x \in A$ 都可微，且 $I'(x) = 0$。

（2）从 X 到 Y 的恒等映射 I 在每一 $x_0 \in X$ 的导数也存

在，且 $I'(x_0)=1$。事实上，由定义可得

$$I(x_0)+I(x-x_0)=I(x_0)+I(x)-I(x_0)=I(x),$$

它与 I 在 x_0 相切。

定理 4 设 $I=[a,b]\subset\mathbf{R}$，$(Y,\|\cdot\|)$ 为 Banach 空间，$D\subset I$ 为可数集 $f: I\to Y$ 为连续映射，$\varphi: I\to\mathbf{R}$ 为连续映射，f 与 φ 均在 $I\setminus D$ 可微，并且 $\|f'(t)\|\leqslant\varphi'(t)$，$\forall t\in I\setminus D$，则有

$$\|f(b)-f(a)\|\leqslant\varphi(b)-\varphi(a)。 \qquad (5)$$

特别地，如果 f 还满足条件 $\|f'(t)\|\leqslant M$，则取 $\varphi(t)=M(b-a)$，便得

$$\|f(b)-f(a)\|\leqslant M(b-a)。 \qquad (6)$$

无疑，定理 2 也可作为定理 4 的推论。但是当我们从不同角度提出问题时，拓广的方法与途径也就不同。如果我们把定理 2 与定理 4 的证明详细写出的话，那么可以发现定理 2 的证明只需用初等方法便可解决，而定理 4 的证明则需要用到泛函分析的有关知识。但是它们在思路与方法上仍有许多类似之处。

如果我们在线性赋范空间中，把连接 a，b 两点的线段定义为由点 $a+\xi(b-a)$ 组成的集合，其中 $0\leqslant\xi\leqslant1$，那么我们还可得到微分中值定理的以下拓广形式：

定理 5 设 $(X,\|\cdot\|_1)$，$(Y,\|\cdot\|_2)$ 为 Banach 空间，S 为连接 X 中两点 x_0 与 x_0+t 的线段，f 是从 S 的某个邻域到 Y 的连续映射，如果 f 在 S 上可微，那么

$$\|f(x_0+t)-f(x_0)\|_2\leqslant\|t\|_1\cdot\sup_{0\leqslant\xi\leqslant1}\|f'(x_0+\xi t)\|_2。 \qquad (7)$$

如果把 (7) 式中的 $\|t\|_1$ 理解为"线段"的"长度"，将 (7) 式与 (3) 式、(6) 式相联系，就更可体会到微分中值定理的实质了吗。定理 4、5 的证明可参看 [4]。

以上我们主要利用类比和改变定义的方法，从不同角度和不同要求，拓广了拉格朗日微分中值定理。我们还可

从其他角度出发进行拓广，比如把柯西中值定理用行列式表示为

$$\begin{vmatrix} f(b) & g(b) \\ f'(\xi) & g'(\xi) \end{vmatrix} = \begin{vmatrix} f(a) & g(a) \\ f'(\xi) & g'(\xi) \end{vmatrix},\tag{8}$$

其中 f，g 在 $[a, b]$ 上连续，在 (a, b) 上可微，且 $g'(x)\neq 0$，那么可以拓广上述结果到 $n=3$ 的情形：

$$\begin{vmatrix} f(a) & g(a) & h(a) \\ f(b) & g(b) & h(b) \\ f(c) & g(c) & h(c) \end{vmatrix} \cdot \begin{vmatrix} 1 & a & a^2 \\ 1 & b & b^2 \\ 1 & c & c^2 \end{vmatrix}$$

$$= \frac{1}{2!} \begin{vmatrix} f(a) & g(a) & h(a) \\ f'(\xi) & g'(\xi) & h'(\xi) \\ f''(\eta) & g''(\eta) & h''(\eta) \end{vmatrix},\tag{9}$$

其中 $a<\xi<b<\eta<c$，函数 f，g，h 在 $[a, c]$ 上连续，在 (a, c) 上两次可微，（9）式还可推广到 n 个函数的情形。在泛函分析的希尔伯特空间 H 中，我们推广了数学分析中傅里叶级数的概念，并得到了一系列重要的结果，但那是对 H 空间中的标准正交系展开讨论的。其实我们也可对非正交系讨论有关问题[1]。毫无疑问，在大学数学课程中，无论是新概念的引入、结论的给出，还是定理的证明，都会遇到与上面类似的问题。如果我们能有意识地，恰当地通过新、旧知识的联系，通过思想方法的联系，给学生以指导和引导，让他们养成深入思考问题的习惯，无疑将会有助于发展学生的思维。"思维即财富"，让我们在自己的学习和工作中，在教学中，在与学生的交往中得以理解和实现。

参考文献

[1] А. В. Кужел Метод обобщения в математцческом творнесве. Математцка Сегодня, 1983.

[2] И. В. Орлов Теорема Лагранжа ц её обобщенця в современной

математнке. Матемамнка Сетодня，1987.

[3] 钱珮玲，柳藩. 实变函数论. 北京：北京师范大学出版社，1991.

[4] J. 迪厄多内. 现代分析基础（第 1 卷）. 郭端芝，等译. 北京：科学出版社，1987.

一、数学思想方法及其教学研究

■怎样比较无穷集元素的"多少"*

——有理数比自然数"多"吗?

一一对应的思想方法是大家所熟知的,在数学中随处可遇。本文的目的是利用一一对应方法,引进两个集合对等的概念,进而将一切集合按对等关系分类,引出集合势的概念,从而可将无穷集按势分成不同的"层次",并且回答以下有关无穷集性质的问题:

偶数是否比自然数"少"? 有理数是否比自然数"多"? 无理数是否与有理数"一样多"? 实数轴上某个线段所含的点是否比整个实数轴所含的点"少"? 无穷集中有没有元素"最少"的集?

对于两个有限集 A,B,为了知道它们所含元素的个数是否相同,可以数一下每个集的元素,从所得数字便可作出判断。但是不数也可解决问题。例如设 $A = \{1, 3, 8, 11, 15\}$,$B = \{a, b, c, d, e\}$,通过作出下表:

A	1	3	8	11	15
B	a	b	c	d	e

便可知道 A 与 B 的元素一样多,这种一一对应的比较方法也可用于无穷集。

定义 1 设有集合 A,B,若存在一个从集合 A 到集合 B 的一一对应,则称集合 A 与 B 对等,记作 $A \sim B$,规定空集与自身对等。

---

* 本文原载于《数学通报》,1996(1):34-36.

易知，上述对等关系是一个等价关系，因为它满足：

（1）自反性：$A \sim A$。

（2）对称性：若 $A \sim B$，则 $B \sim A$。

（3）传递性：若 $A \sim B$，且 $B \sim C$，则 $A \sim C$。

因此，我们可借助于对等关系，将所有集合进行分类，彼此对等的属于同一类，给予一个标志，称为集合的势（或基数），若集合 A 的势为 a，则记为 $\overline{\overline{A}} = a$。

空集的势为 0，与自然数的有限子集 $\{1, 2, \cdots, n\}$ 对等的集合，它们的势为 n。所以，对有限集来说，势是元素数目的同义语，而对无限集来说，是有限集元素多少这一观念的推广。

定义 2　称与自然数集对等的集为可列集（或可数无穷集），可列集的势记为 $\overline{\overline{N}} = \aleph_0$。（读作阿列夫零）。

（请注意，$\aleph_0$ 是一个记号，是表示与自然数集对等的这一类集合所含元素"多少"的一个标志，而不是数！）

例如，偶数集、奇数集、整数集都能与自然数集建立一一对应关系，它们都是可列集，元素"一样多"。比如对整数集 **Z**，我们有以下一一对应关系。

N	1	2	3	4	5	6	⋯
Z	0	1	−1	2	−2	3	⋯

定理 1　有理数集 **Q** 是可列集。

证明　由定义 2 只需证明 **Q**$\sim$**N**，即证明对 **Q** 中全体元素，可不重不漏地编上号码。

把非零有理数 a 写成既约分数的形式：

$a = \dfrac{p}{q}$，其中 p 为非零整数，q 为自然数。

称 $m = |p| + q$ 为有理数 a 的"模"（或高度），规定 0 的模为 1，那么模为 m 的有理数的个数是有限的（例如当 $m = 2$ 时，有 2 个有理数：1，-1；当 $m = 3$ 时，有 4 个有理

数：2，-2，$\dfrac{1}{2}$，$-\dfrac{1}{2}$）。然后按模递增的次序把一切有理数编号，这就建立了 **Q** 与 **N** 间的一个一一对应，所以 **Q**~**N**，即 **Q** 是可列集。

由上可知，尽管自然数是离散地排列在数轴上，而有理数是稠密地排列在数轴上，且任何两个有理数之间有无穷多个有理数，而任何两个自然数间没有其他自然数，但从整体来看，**N** 与 **Q** 的元素是"一样多"的。

下面我们要解决的问题是：无穷集合并不都是可列集，无穷集是可分成不同"层次"的。

定理 2 闭区间 $[0，1]$ 是不可列集。

证明 用反证法，假设 $[0，1]$ 是可列集，则可将 $[0，1]$ 中全体元素排成一列：

$$x_1，x_2，\cdots，x_n，\cdots。$$

将闭区间 $[0，1]$ 三等分，得到三个闭区间：$\left[0，\dfrac{1}{3}\right]$，$\left[\dfrac{1}{3}，\dfrac{2}{3}\right]$，$\left[\dfrac{2}{3}，1\right]$。其中至少有一个闭区间不含 x_1，用 I_1 表示这个闭区间（若有两个闭区间均不含 x_1，则不妨取左边一个为 I_1）。

再将 I_1 三等分，记 I_2 为不含 x_2 的闭区间，$\cdots$，继续上述过程，得到一列闭区间 I_1，I_2，$\cdots$，I_n，$\cdots$。满足以下条件：

（1）$I_1 \supset I_2 \supset \cdots \supset I_n \supset \cdots$，$x_n \notin I_n$，$n=1，2，\cdots$

（2）第 n 个闭区间的长度为 $|I_n| = \dfrac{1}{3^n}$，当 $n \to \infty$ 时，$|I_n| \to 0$。

因此，由闭区间套定理知，存在唯一一点 ξ，ξ 属于每

一闭区间 I_n，因此 $\xi \neq x_n$（$n = 1, 2, \cdots$），但 $\xi \in [0, 1]$。此与假设 $x_1, x_2, \cdots, x_n, \cdots$ 为 $[0, 1]$ 中的全体元素矛盾！所以 $[0, 1]$ 不是可列集。

定义 3 称与闭区间 $[0, 1]$ 对等的集为具连续统势的集，记为 $\overline{\overline{[0, 1]}} = \aleph$（$\aleph$ 读作阿列夫）。

怎样对无穷集分"层次"，以区别元素的"多少"呢？受有限集情况的启发，我们有以下定义。

定义 4 设集合 A 的势为 α，即 $\overline{\overline{A}} = \alpha$，集合 B 的势为 β，即 $\overline{\overline{B}} = \beta$。如果 A 与 B 不对等，但 A 与 B 的一个子集对等，那么说 A 的势小于 B 的势（或集 B 的势大于 A 的势），记作 $\alpha < \beta$（或 $\beta > \alpha$）。

例如，空集与任一含 n 个元素的有限集不对等，但是空集是任一集合的子集。所以 $0 < n$。

含有 n 个元素的有限集与 **N** 不对等，但与 **N** 的子集 $\{1, 2, \cdots, n\}$ 对等，所以 $n < \aleph_0$。

从定理 2 知，**N** 与 $[0, 1]$ 不对等，但与 $[0, 1]$ 的子集 $\left\{1, \dfrac{1}{2}, \dfrac{1}{3}, \cdots, \dfrac{1}{n}, \cdots\right\}$ 对等，所以 $\aleph_0 < \aleph$。

事实上，我们可以证明：势没有最大的（下面的定理 5），以下例子说明，自然数集或可列集是无穷集中元素"最少"的。

例 1 任意无穷集均含可列子集。

证明 设 A 为无穷集，$\therefore$ 可从 A 中取出一元，记为 a_1。已知 A 是无穷集，$\therefore A \setminus \{a_1\} \neq \varnothing$，从中取出一元，记为 a_2，易知 $a_2 \neq a_1$，$\cdots$。一般地，设从 A 中已取出不同元素 $a_1, a_2, \cdots, a_n$，因为 A 是无穷集，$\therefore A \setminus \{a_1, a_2, \cdots, a_n\} \neq \varnothing$。还可从中取出元 a_{n+1}，它不同于元素 $a_1, a_2, \cdots, a_n$。由归纳法，便可得 A 中互不相同的元素组成的子集：
$$A_1 = \{a_1, a_2, \cdots, a_n, \cdots\},$$

显然 $A_1 \sim \mathbf{N}$。

利用例 1 的结论, 还可证明以下结论:

定理 3 任一无穷集均能与其某真子集对等。

证明 设 A 为无穷集, 则由例 1 知, 存在 $A_1 = \{a_1, a_2, \cdots, a_n, \cdots\} \subset A$。取 $A_2 = \{a_2, a_3, \cdots, a_n, \cdots\}$。记 $B_1 = A \backslash \{a_1\}$, 则 B_1 是 A 的真子集, 并有:

$$A = (A \backslash A_1) \bigcup A_1,$$
$$B_1 = (A \backslash A_1) \bigcup A_2,$$

从 $A \backslash A_1 \sim A \backslash A_1$, $A_1 \sim A_2$ 和 $(A \backslash A_1) \bigcap A_1 = \varnothing$, $(A \backslash A_1) \bigcap A_2 = \varnothing$ 知, $A \sim B_1$。

定理 3 的结论对有限集不成立。因此, 能与真子集对等是无穷集特有的性质。有的书上正是以此作为无穷集定义的。

由上可知, 一个无穷集合 A, 若有 $A \sim \mathbf{N}$, 则它是可列集, 若 A 不对等于 $\mathbf{N}$, 则由例 1, 存在可列子集 $A_1 \sim \mathbf{N}$, 再结合定义 3 便知: $\overline{\overline{A}} > \aleph_0$, 从这个意义上来说, 可列集是无穷集中元素 "最少" 的集合。

下面我们要证明实数轴与任一线段的元素 "一样多"。为此, 先给出一个证明两个集合对等的有力工具。

定理 4 (伯恩斯坦) 设有集合 A, B, 以及 $A_1 \subset A$, $B_1 \subset B$。如果 $A \sim B_1$, 并且 $B \sim A_1$, 那么 $A \sim B$。

证明可参看 [1]。

易知有 $(-1, 1) \sim (-\infty, +\infty)$ $(f(x) = \dfrac{x}{1-x^2}$ 是它们之间的一个一一映射), 以及 $(a, b) \sim (-1, 1)$, $a \neq b$ $(f(x) = \dfrac{2(x-a)}{b-a} - 1$ 是它们之间的一个一一映射)。所以 $(-\infty, +\infty)$ 与任一开区间对等。

此外, 利用定理 4, 可以证明任一闭区间 $[a, b] \sim (-\infty, +\infty)$。事实上, 记 $A = [a, b]$, $B = (-\infty, +\infty)$, $A_1 = (a, b)$, $B_1 = [a, b]$。那么有 $A \sim B_1 \subset B$, 并且 $B \sim$

$A_1 \subset A$，所以由定理 4 知，$A \sim B$，即 $[a, b] \sim (-\infty, +\infty)$。

类似的方法可证 $(a, b) \sim (-\infty, +\infty)$，$[a, b) \sim (-\infty, +\infty)$。

还可证明任意两种区间也都对等。

综上可知，一个较长的线段并不比较短的线段含有"更多"的点，包括实数轴。

下面，我们来证明无理数集 B 的势大于有理数集 $\mathbf{Q}$ 的势。即无理数比有理数"多"。

例 2 $\overline{\overline{B}} > \overline{\overline{\mathbf{Q}}}$。

证明 由前面的内容知道 $\overline{\overline{\mathbf{Q}}} = \aleph_0$，$\overline{\overline{\mathbf{R}}} = \overline{\overline{[0, 1]}} = \aleph$。所以我们将问题转化为证明 $B \sim \mathbf{R}$。从而得：

$$\overline{\overline{B}} = \overline{\overline{\mathbf{R}}} = \aleph > \aleph_0 = \overline{\overline{\mathbf{Q}}}。$$

由例 1 知，存在可列集 $B_1 \subset B$。不妨记 $B_1 = \{b_1, b_2, \cdots, b_n, \cdots\}$，$\mathbf{Q} = \{r_1, r_2, \cdots, r_n, \cdots\}$。则有

$$\mathbf{Q} \bigcup B = \{r_1, b_1, r_2, b_2, \cdots, r_n, b_n, \cdots\} \bigcup (B \setminus B_1)$$
$$B = B_1 \bigcup (B \setminus B_1)。$$

记 $A = \{r_1, b_1, r_2, b_2, \cdots, r_n, b_n, \cdots\}$。则

$$\mathbf{Q} \bigcup B = A \bigcup (B \setminus B_1)。$$

显然有

$$A \bigcap (B \setminus B_1) = \varnothing, \quad B_1 \bigcap (B - B_1) = \varnothing,$$
$$A \sim B_1, \quad B \setminus B_1 \sim B \setminus B_1,$$

所以

$$\mathbf{R} = A \bigcup (B \setminus B_1) \sim B_1 \bigcup (B \setminus B_1) = B。$$

证毕。

我们还可以证明代数数组成的集是可列集，超越数集是不可列的，作为练习，请读者自己完成。

最后，我们要指出的是：势没有最大者，因为可以证明如下定理：

定理 5 设集 A 的势为 μ，即 $\overline{\overline{A}} = \mu$，将 A 的一切子集

组成的集合记为 $P(A)$，则有 $\overline{\overline{P(A)}} > \mu$。

证明可参看 [1]。

还可证明：势具有三歧性，即对于两个势 α，β，以下关系

$$\alpha < \beta, \quad \alpha = \beta, \quad \alpha > \beta$$

有且仅有一个成立。

关于势的理论十分丰富，文中的内容是最初步的知识，但这些内容是一个中学教师必须了解的，切不可得出"偶数比自然数的个数少""有理数比自然数的个数多"等错误结论。

参考文献

［1］钱珮玲，柳藩. 实变函数论. 北京：北京师范大学出版社，1991.

［2］黄耀枢. 数学基础引论. 北京：北京大学出版社，1988.

钱珮玲数学教育文选

■关于空间的话题 [*]

一、空间在数学中有着双重意义

　　关于空间的观念和空间的几何，自古希腊时代以来，经历了显著的变化。对于古希腊人来说，只有一个欧氏空间，与之相联系，几何中的基本关系是全等或叠合的关系，随着 17 世纪解析几何的发展，空间才被想象成点的集合。19 世纪非欧几何的创立，数学家们才承认有多于一种几何，但是空间仍被看作图形能在其中彼此比较的轨迹，几何被看作是对点的构形的某种性质的研究。1872 年，克莱因在爱尔兰根纲领中指出一种几何可定义为一个变换群下的不变量理论，为几何学提供了一种非常简洁的分类方法，推广了几何学的所有早期概念，是数学史上的一个里程碑。

　　到 19 世纪末，形成了这样的思想：一个数学分支是由一组公理演绎出的一套定理，而一种几何是数学的一个特殊分支。1906 年，弗雷歇开创了抽象空间的研究，是数学史上的又一个里程碑，他把一些对象（通常称为点），连同这些点被蕴含于其中的一组关系的集合叫做空间，简言之，空间是用公理确定了其元素和元素间关系的集合。例如线性空间是具有加法和数乘运算，并且满足相应算律的一个集合，这里，加法和数乘运算，以及算律都由公理给出。元素（或点）受限制的这套公理确定了空间的结构，不同的结构得到不同的空间，每一种空间都有自己的性质，自己的"几何"。

---

　　[*] 本文原载于《数学通报》，1996（6）：40-43.

由上可知，在数学中广为使用的"空间"一词有着双重意义：一方面是现实空间，即物质存在的形式；另一方面是抽象空间，指用公理确定了元素关系的集合，它反映了一定的现实形式，但这些形式不一定与通常意义下的空间形式一致，需要在更广的意义下去理解。

随着科学技术和数学本身理论的不断发展，人类对现实空间认识的深入，促进了抽象空间理论的发展。反之，抽象空间理论的发展，使人们更深刻地认识现实空间的本质，给出已知现象的解释和新现象的预言，指出人类实践活动的方向，数学正是在这样的过程中不断地发展、创新而永葆其青春！

二、现实空间与空间想象能力

现实的空间形式与关系，诸如："直线""平面""球""这里""那里""在……之间""在……之上"等，以其具体的、生动的表象而深刻地保持在人的记忆中，使得立足于直观表象之上的几何语言、几何概念和几何思想方法，在培养学生的创造性思维和构建良好的认知结构中起着重要的作用，这也正是数学家和数学教育家关心和注重培养"空间想象能力"和"几何直观能力"的原因，苏联著名数学家、教育家 A. H. 柯莫果洛夫就曾说过："在只要有可能的地方，数学家总是力求把他们研究的问题尽量地变成可借用的几何直观问题……几何想象，或如同平常人们所说的'几何直觉'，对于几乎所有数学分科的研究工作，甚至对于最抽象的工作，都有着重大的意义。"

因此，在数学教学中，必须注重和加强"空间想象能力"的培养，尤其在中学阶段。因为空间想象能力的强弱，不仅对于中学数学的学习，而且对于以后阶段的学习都将起到十分重要的作用。数学符号、数学语言、数学内容是

钱珮玲数学教育文选

对客观现实多次抽象的结果，比较难懂，而几何术语、几何方法比较形象、直观，这就有助于我们通过类比的思想方法借助几何直观去理解和掌握所学知识。不仅如此，几何直观在一定条件下还能激发创造性的思想火花，张素诚教授就曾说过：灵感往往来自几何。怎样培养学生的空间想象能力？不少有关数学教育的著作中都有相应的论述，本文想就从空间知觉—空间观念—空间想象力的过程，形成空间想象能力所遇到的诸多问题中，从以下三方面论述形成该能力的主要障碍和对策。

其一，是长期以来传统的教材内容和教师的教学观念中，过于偏重纯形式所带来的障碍，这主要表现在不注重现实世界的物质形式，脱离实际，忽视了"中小学阶段几何观念的形成是扎根于现实空间的，从某种意义上来说，是重复实验几何中概念、性质的发展过程"。克服这一障碍的第一步是在安排教学活动时，应充分开展为促进学生对现实空间的理解而设计的各种活动，例如在小学和初中阶段，可进行折叠、剪贴、画图、测量、拼接等具体活动，充分利用录像、计算机辅助教学等现代化教学手段，利用学生自身的经验，并通过使其手脑并用的活动去促进其思维，使其在头脑中较自然地形成某个对象的发生式定义，实现再创造，以避免"贴标签式"的形式化定义。

其二，是在将现实空间数学化，在反映空间客观事物的特征、性质时，由于使用的直观语言，感性经验的局限性、片面性带来的障碍。学生从直观语言和感性经验中获得的一些主观印象往往会造成在内容与形式上的混乱，影响其对事物本质特征的理解和掌握。例如，由于经常采用"标准图形"画图，学生就有可能把非本质属性，如图形的位置、大小等当作本质属性，从而缩小了概念的外延，导致不正确的理解，在下面几组对比图中，由于经常采用左

一、数学思想方法及其教学研究

边的"标准图形",因此误认为右边的图形就不是有关概念的对象：

(1) 直线

(2) 对顶角

(3) 直角三角形

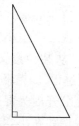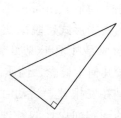

　　再如在高等数学中学习抽象距离空间时，由于受通常意义下空间形式的影响，学生会认为以点 a 为中心，以 r 为半径的球都是圆的。事实上，在抽象距离空间中，我们只是借用了通常的几何语言和几何思想方法，把距离空间 (X, d) 中的点集 $\{x \in X: d(x, a) < r\}$ 叫做以 a 为中心，以 r 为半径的（开）球。所以，即使在我们所熟悉的平面 $\mathbf{R}^2$ 上，如果两点间的距离不是通常的欧氏距离

$$\rho(P, Q) = \sqrt{(x_1 - x_2)^2 + (y_1 - y_2)^2}$$

$(P(x_1, y_1), Q(x_2, y_2))$，而是引进另一种距离

$$d_1(P, Q) = \max(|x_1 - x_2|, |y_1 - y_2|),$$

那么以原点 O 为中心，与原点距离小于 1 的点集

$$B(O, 1) = \{P(x, y) \in \mathbf{R}^2: d_1(P, O) < 1\}$$

的图形如下：

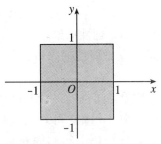

　　为此，教师必须运用对象的变式规律，即根据对象的本质特点，在运用几何直观的过程中，注意变换直观对象的事例，以丰富学生的感性知识；变更对象的非本质要素，突出对象的本质要素，使所述事例最大限度地反映得全面、真实，尽量避免和防止因直观和感知所带来的障碍。

　　其三，来自学生自身智力上的障碍，诸如缺乏想象力，缺乏在较低层次上的准备和基础等等。对此，教师可从基本图形入手，通过加强识图和画图的训练，尤其要注意发展学生形象思维和逻辑思维交替作用的思维活动，因为这种交替作用的思维对培养学生的空间想象力是十分有益的，此外还可通过数形结合的训练，具体与抽象、感知与思维的结合等途径，培养学生的想象力。

三、抽象空间

　　抽象空间是指某种对象（现象、状况、函数、图形等）的任何集合，在对象之间有着类似于普通空间中的某些关系，如：连续性、距离等。这时把对象的已知集合看作空间，对象本身看作空间的点，"图形"是该空间中某些点的集合，而关系决定空间的结构。

　　在我们所接触的诸多空间中，关于空间的抽象过程大体上是这样的：

　　（1）中学几何中的空间 $\mathbf{R}$，$\mathbf{R}^2$，$\mathbf{R}^3$ 是以现实生活中的空间形式为基础的表征性抽象。

（2）数域 P 上的 n 维空间（当 $P=\mathbf{R}$ 时，就是 $\mathbf{R}^n$）是以表征性抽象为基础的原理性抽象。

（3）一般空间是以原理性抽象或已经建立的概念为基础的理想化抽象。

因此，即使是抽象空间也仍有着十分现实的客观基础。

在上述发展过程中，n 维空间 P^n 的创立是几何思想发展中的重要一步，而理想化空间的创立是现代数学发展的必然，空间的性质一般涉及代数结构和拓扑结构（一种可以描述连续，收敛的结构），这是很自然的事情，因为当我们将具体问题数学化，用数学思想方法去处理问题时，总离不开运算、存在性、逼近等基本问题，而研究这些基本问题需要的基本数学结构正是代数结构和拓扑结构。

例如，定义在 $[0，1]$ 上的连续函数全体记为 $C[0，1]$，再规定对任意 $f，g\in C[0，1]$，

$$d(f，g)=\max_{0\leqslant x\leqslant 1}|f(x)-g(x)|，$$

则 $C[0，1]$ 成为一个距离空间。有了距离结构，就可以谈论连续、收敛问题，所以它具有拓扑结构，因此 $C[0，1]$ 也是一个拓扑空间。以自然方式定义 $C[0，1]$ 中任意两个元素的加法和数乘：$\forall f，g\in C[0，1]$，$\alpha\in\mathbf{R}$，规定

$$(f+g)(x)=f(x)+g(x)，$$
$$(\alpha f)(x)=\alpha f(x)，$$

则 $C[0，1]$ 便有了代数结构。

抽象空间的概念在现代数学中有着十分广泛的应用，这是因为它使我们可以借用几何概念和几何方法去研究、处理有关问题，尽管在抽象的几何理论中，具体的直观性一般来说不再具有，但是仍保留着按照类比的直观想法，仍可通过立足于直观表象之上的普通空间中的形式、关系，去看待抽象空间中的有关问题，这对理解、掌握抽象空间理论，无疑是十分有效的。

例如，在 $\mathbf{R}^2$ 和 $\mathbf{R}^3$ 中，向量的长度，两向量的夹角都有直观的几何意义，并且它们可通过内积表示。

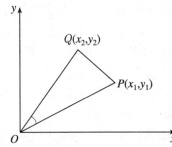

设 $P(x_1, y_1)$，$Q(x_2, y_2) \in \mathbf{R}^2$，则 $\overrightarrow{OP}$ 与 $\overrightarrow{OQ}$ 的内积可定义为：$(\overrightarrow{OP}, \overrightarrow{OQ}) = x_1 x_2 + y_1 y_2$，显然有 $(\overrightarrow{OP}, \overrightarrow{OP})^{\frac{1}{2}} = \sqrt{x_1^2 + y_1^2}$，因此 $|\overrightarrow{OP}| = (\overrightarrow{OP}, \overrightarrow{OP})^{\frac{1}{2}}$。另外，由余弦定理可知

$$\cos(\overrightarrow{OP}, \overrightarrow{OQ}) = \frac{|\overrightarrow{OP}|^2 + |\overrightarrow{OQ}|^2 - |\overrightarrow{PQ}|^2}{2|\overrightarrow{OP}| \cdot |\overrightarrow{OQ}|}$$

$$= \frac{x_1 x_2 + y_1 y_2}{|\overrightarrow{OP}| \cdot |\overrightarrow{OQ}|}$$

$$= \frac{(\overrightarrow{OP}, \overrightarrow{OQ})}{|\overrightarrow{OP}| \cdot |\overrightarrow{OQ}|}。$$

因此 $\cos(\overrightarrow{OP}, \overrightarrow{OQ}) = \dfrac{(\overrightarrow{OP}, \overrightarrow{OQ})}{|\overrightarrow{OP}| \cdot |\overrightarrow{OQ}|}$。

通过类比，在 $\mathbf{R}^n$ 中，设 $P(x_1, x_2, \cdots, x_n)$，$Q(y_1, y_2, \cdots, y_n) \in \mathbf{R}^n$，我们可以把 $\sum\limits_{i=1}^{n} x_i y_i$ 定义为 $\overrightarrow{OP}$ 和 $\overrightarrow{OQ}$ 的内积，那么向量的长度和两向量的夹角仍可规定为

$$|\overrightarrow{OP}| = (\overrightarrow{OP}, \overrightarrow{OP})^{\frac{1}{2}},$$

$$\cos(\overrightarrow{OP}, \overrightarrow{OQ}) = \frac{(\overrightarrow{OP}, \overrightarrow{OQ})}{|\overrightarrow{OP}| \cdot |\overrightarrow{OQ}|}。$$

进而，抽象出内积的本质特征后，还可对一般线性空间赋予内积，成为抽象的欧氏空间，并同样可用内积来表示向

一、数学思想方法及其教学研究

量的长度和两向量的交角，进而给出两向量垂直的概念：称向量 x 和 y 互相垂直，当且仅当它们的内积为 0。在线性代数中，正是利用子空间、正交补等推广的几何术语及有关理论，去阐述齐次线性方程组和非齐次线性方程组解的构造，使复杂的代数问题变得简单而清楚。

关于空间的话题是十分广泛的，布尔巴基学派曾把代数结构、序结构、拓扑结构作为母结构，它们的不同组合便组成不同的空间，这也不无道理，但是数学科学的发展，以及在物理等其他学科中广为使用的抽象空间的概念，已经超出了布尔巴基学派对抽象空间的描述，并且随着人们对抽象空间认识的不断深入，抽象空间的理论及相应抽象几何的理论都在不断深入、不断发展。尽管如此，从一定意义上来说，它们仍然是以普通空间中的几何概念、几何思想方法为依托的，因此我们在中学数学教学中必须注重和加强"空间想象能力"和"几何直观能力"的培养，教师自身必须提高这方面的数学修养。

钱珮玲数学教育文选

参考文献

[1] 亚历山大洛夫，等. 数学——它的内容、意义和方法. 北京：科学出版社，1984.

[2] 弗赖登塔尔. 作为教育任务的数学. 陈昌平，等译. 上海：上海教育出版社，1995.

[3] 曹才翰. 中学数学教学概念. 北京：北京师范大学出版社，1990.

[4] Robert Morris. 几何教学. 人民教育出版社数学室，译。北京：人民教育出版社，1988.

[5] 陈省身，等. 微分几何讲义. 北京：北京大学出版社，1989.

[6] H. 伊夫斯. 数学史上的里程碑. 欧阳绛，等译. 北京：北京科学技术出版社，1990.

■拓广方法与微分映射的教学 [*]

近几年来，我们在给数学教育专业开设的"数学方法论"课程中，尝试着结合高等数学的有关内容，从"纵"（各课程之间）、"横"（每门课程）两个方面去考察、挖掘有关的数学思想方法，目的是使学生将具体的知识上升到数学思想方法的高度，抓住实质、探索规律，使所学知识系统化、整体化，以形成良好的认知结构。同时，我们也希望通过"纵""横"两个方面的综合，使学生更好地、更全面地认识和把握数学对象的本质属性，最终达到提高数学素养的目的。

例如，关于现代数学中经常使用的"空间"概念，我们结合史料和所学的数学知识，从来自现实生活空间的逐级抽象过程（从现实空间—$\mathbf{R}$，$\mathbf{R}^2$，$\mathbf{R}^3$—一般的多维空间—理想空间），联系几何、代数、分析的有关内容，让学生从中体会数学科学高度抽象的特征，体会不同层次抽象的基础、意义和作用。

再如，对于数学和其他学科，包括工程技术中普遍使用的"积分"这一工具，我们从经典分析中的黎曼积分，联系现代分析中广为使用的勒贝格积分，乃至一般抽象积分，以及泛函分析中的有关内容让学生体会拓广方法在发展数学、建立新的数学理论中的意义和作用。

此外，对微分、连续、收敛，以及 Stokes 公式等内容，也分别作了相应数学思想方法的提炼和挖掘，收到了较好

＊ 本文原载于《高等师范教育研究》，1996（6）：31-35.

115

一、数学思想方法及其教学研究

的效果。在教学过程中，我们感受到：在大学数学教学中，更应注重数学思想方法的教学。这是因为，高等数学的研究对象较之初等数学的研究对象来说，所反映的客观规律更为深刻、更为丰富，不经提炼和挖掘，一般学生不易认识数学知识中所蕴含的丰富的内涵和较知识更为深层次的数学思想方法，这就容易使学生的学习流于表面的、形式化的理解，也就不利于学生对数学对象本质的理解、掌握和运用。

本文想就在微分学部分内容的教学中，如何进行数学思想方法的教学谈一点看法。

为叙述简便起见，以下我们用 D 表示相应空间中的开子集，用 $\|P-P_0\|$ 表示向量 $\overrightarrow{PP_0}$ 的模（长度），$\|\gamma(P, P_0)\|$ 表示 $\gamma(P, P_0) \in \mathbf{R}^n$ $(n \geqslant 1)$ 的模（长度）。

熟知，对于一元实值函数的导数与微分，有以下

定义 1 设 $f: D \subset \mathbf{R} \to \mathbf{R}$，$f$ 在 $x_0 \in D$ 可导，当且仅当 $\lim\limits_{x \to x_0} \dfrac{f(x)-f(x_0)}{x-x_0}$ 存在，且记 $f'(x_0) = \lim\limits_{x \to x_0} \dfrac{f(x)-f(x_0)}{x-x_0}$，称 $f'(x_0)$ 为 f 在 x_0 点的导数。

f 在 $x_0 \in D$ 可微，当且仅当存在只依赖于 x_0 的常数 $A(x_0)$，使 $\forall x \in D$，有

$$\Delta f = f(x) - f(x_0) = A(x_0)(x-x_0) + \gamma(x, x_0), \quad (1)$$

其中 $\gamma(x, x_0)$ 满足

$$\lim_{x \to x_0} \frac{\gamma(x, x_0)}{x-x_0} = 0。$$

f 在 x_0 点的微分 $\mathrm{d}f = A(x_0)(x-x_0)$ 或 $\mathrm{d}f = A(x_0)\mathrm{d}x$。事实上，当 f 在 x_0 点可微时有 $A(x_0) = f'(x_0)$，并且 f 在 x_0 点可微与 f 在 x_0 点可导等价。

对于二元实值函数，有以下

定义 2 设 $f: D \subset \mathbf{R}^2 \to \mathbf{R}$，$f$ 在 $P_0(x_0, y_0) \in D$ 可微，当且仅当存在只与点 P_0 有关的常数 $A(P_0)$ 和 $B(P_0)$，使

$\forall P(x, y) \in D$,有

$$\Delta f = A(P_0)(x-x_0) + B(P_0)(y-y_0) +$$
$$o(\sqrt{(x-x_0)^2 + (y-y_0)^2}), \qquad (2)$$

称 $A(P_0)(x-x_0) + B(P_0)(y-y_0)$ 为 f 在点 P_0 的全微分,记作 $\mathrm{d}f = A(P_0)\mathrm{d}x + B(P_0)\mathrm{d}y$(当 f 在 P_0 点可微时,有 $A(P_0) = \dfrac{\partial f}{\partial x}\Big|_{P_0}$,$B(P_0) = \dfrac{\partial f}{\partial y}\Big|_{P_0}$)。

类似地,有 n 元实值函数在点 P_0 可微的定义(从略)。

教师在讲述一元实值函数的微分概念时,一般都是对 (1) 式和 $\mathrm{d}f = f'(x_0)\mathrm{d}x$ 作比较,并结合图形,给出微分的几何意义,强调 $\mathrm{d}f$ 是 Δf 的线性主部,$\mathrm{d}f$ 是 $\mathrm{d}x$ 的线性函数,用 $\mathrm{d}f$ 代替 Δf 时,相差的是一个较 $\mathrm{d}x = \|x-x_0\|$ 高阶的无穷小量,从而简化了有关问题的研究,例如可得到许多近似计算公式等。

在讲述二元实值函数的全微分概念时,同样也是指出用 $\mathrm{d}f$ 代替 Δf 时,相差的是一个较 $\sqrt{\Delta x^2 + \Delta y^2}$ 高阶的无穷小量,但因碍于微分的表示形式,一般不便指出 $\mathrm{d}f$ 的本质究竟是什么。事实上,无论是一元实值函数,还是二元实值函数,乃至一般的 n 元实值函数,微分概念所蕴含的基本思想是一致的,都是一种简化的思想,是对 Δf 的线性近似。为了揭示这一本质特征,我们把一行一列的矩阵与实数等同看待,即把 (1) 式中的 $A(x_0)$ 看作一个 1×1 的矩阵,那么它是一个从 $\mathbf{R}$ 到 $\mathbf{R}$ 的线性映射,于是,(2) 或可改写为

$$\Delta f = [A(P_0)B(P_0)]\binom{x-x_0}{y-y_0} + o(\sqrt{\Delta x^2 + \Delta y^2}), \quad (2)'$$

若记

$$[A(P_0)B(P_0)] = LP_0,$$

易知,LP_0 这个 1×2 阶矩阵是从 $\mathbf{R}^2 \to \mathbf{R}$ 的一个线性映射,

与一元实值函数的导数概念作类比，称 LP_0 为 f 在 P_0 点的全导数，记作

$$f'(P_0) = LP_0 \quad (\text{或 } Df(P_0) = LP_0)。$$

那么定义 2 可改写为

定义 2′ 设 $f: D \subset \mathbf{R}^2 \to \mathbf{R}$。$f$ 在 $P_0(x_0, y_0) \in D$ 可微，当且仅当存在一个只依赖于 P_0 的 1×2 阶矩阵 LP_0，使 $\forall P(x, y) \in D$，有

$$\Delta f = LP_0(P - P_0) + \gamma(P, P_0)$$
$$= LP_0 \begin{pmatrix} x - x_0 \\ y - y_0 \end{pmatrix} + \gamma(P, P_0), \qquad (2)''$$

其中 $\gamma(P, P_0) \in \mathbf{R}$，满足

$$\lim_{P \to P_0} \frac{\|\gamma(P, P_0)\|}{\|P - P_0\|} = 0,$$

$$\|P - P_0\| = (\sqrt{(x - x_0)^2 + (y - y_0)^2})。$$

此时，称 $LP_0(P - P_0)$ 为 f 在 P_0 点的全微分，记作 $df = LP_0(P - P_0)$。称 LP_0 为 f 在 P_0 点的全导数，记作 $f'(P_0) = LP_0$ （或 $Df(P_0) = LP_0$）。

对一般的 n 元实值函数，可用类似于 (2)′ 的形式，给出可微概念，f 在 P_0 点的全微分 $LP_0(P - P_0)$，其中 LP_0 是一个 $1 \times n$ 阶矩阵，是从 $\mathbf{R}^n$ 到 $\mathbf{R}$ 的一个线性映射。df 对 Δf 的这种线性近似方法，无论在理论上，还是应用上，都是十分有意义的，并且便于推广到向量值函数和其他更广泛的情况，我们有以下

定义 3 设 $f: D \subset \mathbf{R}^n \to \mathbf{R}^m$，$f$ 在 $P_0(x_1^{(0)}, \cdots, x_n^{(0)}) \in D$ 可微，当且仅当存在一个只依赖于 P_0 的 $m \times n$ 阶矩阵 LP_0，使 $\forall P \in D$，有

$$\Delta f = LP_0(P - P_0) + \gamma(P, P_0) = LP_0 \begin{pmatrix} x_1^{(0)} \\ \vdots \\ x_n^{(0)} \end{pmatrix} + \gamma(P, P_0),$$

钱珮玲数学教育文选

其中 $\gamma(P, P_0) \in \mathbf{R}^m$，满足
$$\lim_{P \to P_0} \frac{\|\gamma(P, P_0)\|}{\|P - P_0\|} = 0 。$$

此时，称 $LP_0(P - P_0)$ 为 f 在 P_0 点的全微分，记作 $\mathrm{d}f = LP_0(P - P_0)$。称 LP_0 为 f 在 P_0 点的全导数，记作 $f'(P_0) = LP_0$（或 $\mathrm{D}f(P_0) = LP_0$）。

若 f 在 D 的每一点都可微，称 f 为可微映射。

微分概念可拓广到无穷维空间：

定义 4 设 $(X, \|\cdot\|_1)$ 和 $(Y, \|\cdot\|_2)$ 为 Banach 空间，$A \subset X$ 为开集，$f: X \to Y$ 为连续映射，称 f 在 $P_0 \in A$ 可微，当且仅当存在只依赖于 P_0 的线性映射 $LP_0: X \to Y$，使 $\forall P \in A$，有

$\Delta f = LP_0(P - P_0) + \gamma(P, P_0)$，其中 $\gamma(P, P_0)$ 满足
$$\lim_{P \to P_0} \frac{\|\gamma(P, P_0)\|}{\|P - P_0\|} = 0 ,$$

此时，称 $LP_0(P - P_0)$ 为 f 在 P_0 点的全微分，记作 $\mathrm{d}f = LP_0(P - P_0)$，称 LP_0 为 f 在 P_0 点的全导数，记作 $f'(P_0) = LP_0$（或 $\mathrm{D}f(P_0) = LP_0$）。

注意到微分概念是一种局部性质。即只涉及到 f 在点 P_0 某个邻域的性质，因此利用定义 3，还可将微分概念拓广到较欧氏空间更广的一类空间——微分流形上去。

流形是欧氏空间的拓广，粗略地说，在流形上每一点的近旁，都和欧氏空间的一个开集同胚，因此在每一点近旁可引入局部坐标系。从直观上，更形象地，流形是由一块块"欧氏空间"粘起来的结果，精确地，我们有以下

定义 5 设 M 是 T_2 型拓扑空间，若对每一点 $P \in M$，存在 M 中的一个含有 P 点的邻域 U（记作 $U(P)$），$U(P)$ 同胚于 $\mathbf{R}^n$ 中的一个开集，则称 M 为一个 n 维流形。

即对每一点 $P \in M$，$\exists U \subset M$（$P \in U$）和同胚映射 $\varphi_n: U \to \varphi_n(U) \subset \mathbf{R}^n$，且 $\varphi_n(U)$ 为 $\mathbf{R}^n$ 中的开集，此时，称 (U, φ_n)

为 M 的一个坐标卡（或局部坐标系），$\forall P \in M$，将 $\varphi_n(P)=$
$(x^1, x^2, \cdots, x^n)$ 的坐标定义为 P 的局部坐标（如图 1），
于是，对流形有关问题的研究，在一定条件下，便可通过
同胚映射，转化到欧氏空间中，利用欧氏空间中的有关理
论，进行相应问题的讨论。例如对微分有关理论的研究，
只要再对流形赋予一种结构，即所谓微分流形，便可将 $\mathbf{R}^n$
中有关微分的理论，拓广到 n 维微分流形上去，并且拓广的
思想是十分自然的：

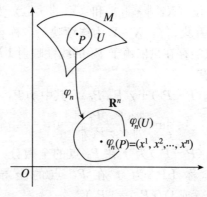

图 1

设 M 为 n 维微分流形，N 为 m 维微分流形，$f: M \to N$，
$P \in M$，$f(P) \in N$，(U, φ)，(V, Ψ) 分别为 P 和 $f(P)$ 在
M 和 N 中的坐标卡，且有 $f(U) \subset V$，则复合映射 $f' = \Psi \cdot$
$f \cdot \varphi^{-1}$ 是从 $\varphi(U) \subset \mathbf{R}^n$ 到 $\Psi(V) \subset \mathbf{R}^m$ 的映射，称之为 f 关
于卡 (U, φ) 和 (V, Ψ) 的局部表示（有时为简单起见，
仍记 f 为 f），如图 2 所示，我们有以下

定义 6 映射 $f: M \to N$ 称为在 $P \in M$ 是 C^k ($k \geqslant 1$) 可
微的，如果对于 P 和 $f(P)$，存在如上所述的坐标卡 $(U,$
$\varphi)$ 和 (V, Ψ)，使 f 的局部表示 f 是 C^k 可微的（即 $f =$
$\Psi \cdot f \cdot \varphi^{-1} = (f_1, \cdots, f_m)$，每一 f 为 n 元实值函数且有 k
阶连续偏导数）。

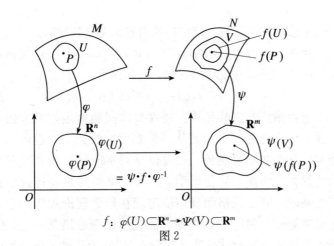

$$f: \varphi(U) \subset \mathbf{R}^n \rightarrow \Psi(V) \subset \mathbf{R}^m$$

图 2

定义的合理性由微分流形的结构所保证，随之可将微分的相应理论，用类比的方法拓广到微分流形上去。

因此，在我们的教学中，如能纵观全局，把握概念和有关理论的本质和知识间的有机联系，并从思想方法的高度去组织、安排教学，注意数学思想方法的提炼和挖掘，在适当时候留有"接口"，如在讲述一元实值函数微分概念时，不仅突出一元函数微分 $\mathrm{d}f$ 对函数增量 Δf 线性近似的简化思想，并在形式上作适当变化，就可为以后揭示多元实值函数、向量值函数微分的本质作必要的铺垫。这样的处理，不仅能给学生以系统完整的知识，有助于他们对新知识的理解、掌握和记忆，有助于新、旧知识的有机联系，更重要的是有助于培养他们从数学思想方法这一更高的层次上去认识数学对象，把握数学对象的本质，提高数学能力和数学素养。

对于程度较高的学生，还可在教学中打开"窗口"，例如可在适当的时候告诉他们微分概念还可拓广到无穷维空洞，拓广到微分流形等，以引导他们更快地接触现代数学的有关内容。

下面我们讨论微分学中的重要理论之一——拉格朗日

一、数学思想方法及其教学研究

中值定理的拓广问题，该定理的内容是大家熟知的。

定理 设 f：$[a, b] \subset \mathbf{R} \to \mathbf{R}$ 在 $[a, b]$ 上连续，在 (a, b) 内可导，则存在 $\xi \in (a, b)$，满足

$$f(b) - f(a) = f'(\xi)(b-a)。 \qquad (3)$$

能否拓广？怎样拓广？要视具体问题而定，因为拓广的含义是广泛的，可以是从一维到多维的拓广，也可以是指减弱条件或加强结论，还可以是对本质特征和主要应用功能的拓广，甚至简化证明，等等。重要的是要把握住拓广的基础。回忆拉格朗日中值定理在数学理论和应用中的主要功能——利用 f' 的性质，通过估计函数增量的上、下界，去研究 f 的整体性质。我们以（3）为基础，作必要的变化，从下面不等式的形式去考虑拓广问题：

$$f(b) - f(a) \leqslant |f(b) - f(a)| \leqslant |f'(\xi)||b-a|， \qquad (4)$$

此时，虽然不是对原式（3）的拓广，但考虑到实际问题中的应用，有（4）式往往已够用了，好处是减弱了可微条件，我们有

定理 1 设 f 和 g 为 $[a, b] \subset \mathbf{R}$ 上的连续实值函数，且在 $(a, b) - D$ 上可导，其中 $D \subset [a, b]$ 为至多可数集，g 在 $[a, b]$ 上单调增，$f'(t) \leqslant g'(t)$，$\forall t \in (a, b) - D$。则有

$$f(b) - f(a) \leqslant g(b) - g(a)。$$

证明可参见 [4]。

推论 设 f 在 $[a, b]$ 上连续，在 $(a, b) - D$ 上可导，并且 $|f'(t)| \leqslant M$，$\forall t \in (a, b) - D$。则有

$$f(b) - f(a) \leqslant M(b-a)。 \qquad (5)$$

证明 取 $g(t) = M(t-a)$，则 g 满足定理 1 的条件，故有

$$f(b) - f(a) \leqslant g(b) - g(a) = M(b-a)。$$

由推论可知，对 $f(x) = |x|$，当 $a = -1$，$b = 1$ 时，

(5) 式成立（$M=1$），但从拉格朗日定理推不出来。

进一步，利用勒贝格测度和勒贝格积分的理论，我们有

定理 2　设 f 和 g 为 $[a, b] \subset \mathbf{R}$ 上的实值函数，$D \subset [a, b]$，并且满足：

(1) f 在 $[a, b]$ 连续，在 $[a, b]-D$ 可微；

(2) $m(f(D))=0$（集合 $f(D)$ 的勒贝格测度为 0）；

(3) g 在 $[a, b]-D$ 可微，且 g' 非负；

(4) $f'(t) \leqslant g'(t)$，$\forall t \in (a, b)-D$，

则有

$$f(b)-f(a) \leqslant (L) \int_{[a,b]-D} g' \mathrm{d}m \text{（右端为勒贝格积分）}.$$

证明可参见 [4]。

显然，定理 1 是定理 2 的特殊情况，因为 D 至多可数时，必有 $m(f(D))=0$；当 g 单调增时，必几乎处处存在有限导数 g'。且 g' 非负，勒贝格可积，并有估计式

$$\int_{[a,b]-D} g' \mathrm{d}m = \int_{[a,b]} g' \mathrm{d}m \leqslant g(b)-g(a).$$

从而得到　　$f(b)-f(a)=\displaystyle\int_{[a,b]-D} g' \mathrm{d}m \leqslant g(b)-g(a).$

于是我们有以下

推论　设 f 在 $[a, b]$ 上连续，在 $[a, b]-D(D \subset [a, b])$ 上可微，$m(f(D))=0$，且 $|f(t)| \leqslant M$。$\forall t \in (a, b)-D$。则有

$$f(b)-f(a) \leqslant M(b-a).$$

我们还可把不等式（4）拓广到无穷维空间中。这时，按通常的做法，在线性赋范空间中，把连接空间中点 a, b 的线段定义为：$a+\xi(b-a)(0 \leqslant \xi \leqslant 1)$，则有以下

定理 3　设 $(X, \|\cdot\|_1)$ 和 $(Y, \|\cdot\|_2)$ 为 Banach 空间，S 为连接 X 中两点 x_0 与 x_0+t 的线段，f 是从 S 的某

个邻域 $U \subset X$ 到 Y 中的连续映射，如果 f 在 S 可微，那么有

$$\|f(x_0 + t) - f(x_0)\|_2 \leqslant \|t\|_1 \underset{0 \leqslant \xi \leqslant 1}{\mathrm{Sup}} \|f'(x_0 + \xi t)\|_2,$$

其中 $\|f'(x_0 + \xi t)\|_2$ 是指线性映射 $f'(x_0 + \xi t)$，即 $x_0 + \xi t$ 点全导数的范数。

总之，在安排、组织教学时，可留有"接口"和打开"窗口"，为以后的学习作铺垫，并引导学生了解、接触现代数学。

以上，我们只是结合微分概念和拉格朗日中值定理，论述了拓广方法在发展数学、提高学生数学能力中的作用和意义。其实，在高等数学中随处都蕴藏着丰富的辩证法和科学的思想方法，因此，在高等数学中注重数学思想方法的提炼和挖掘，进行数学思想方法的教学是十分必要的，是培养创造性思维、形成数学能力的重要途径。应作为高校进行教学改革，全面提高教育质量的具体措施之一。

参考文献

［1］陈省身，等. 微分几何讲义. 北京：北京大学出版社，1989.

［2］J. 迪厄多内. 现代分析基础（第 1 卷）. 郭瑞之，等译. 北京：科学出版社，1987.

［3］钱珮玲，柳藩. 实变函数论. 北京：北京师范大学出版社，1991.

［4］И. В. Орлов. 今日数学. 1987.

［5］弗赖登塔尔. 作为教育任务的数学，陈昌平，等译. 上海：上海教育出版社，1995.

■该怎么"做数学"
——《函数与图形》一书内容介绍 *

1989 年，美国全国数学教师联合会颁布的《学校数学课程与评估标准》，成为 20 世纪 90 年代美国数学教育改革的出发点。时隔 5 年，关心数学教育改革的数学家提出了新的见解（详见 [1]）。伍鸿熙教授推荐了 I. M. Gelfand 等人著的三本书，并在对《函数与图形》《坐标方法》的评论中指出："中学生（或教师）通过阅读这两本书，能学到大量漂亮的数学内容，更重要的是他们能领略到该怎么'做数学'"，"特别地，在这些书中详细展现的思考过程能让读者跟作者一起来发现在每一步中给出的新东西"，"它们最显著的特征是用了大量篇幅去阐明和揭示数学内部的运算和推理"。下面我们摘译部分内容，以飨读者。

我们来作函数

$$y = \frac{1}{1+x^2} \qquad ①$$

的图象。

选择自变量 x 的某几个值，求出相应的函数值，并将它们列表（如表 1）。作出以 $(0, 1)$，$\left(1, \frac{1}{2}\right)$，$\left(2, \frac{1}{5}\right)$ 和 $\left(3, \frac{1}{10}\right)$ 为坐标的点，并用虚线连接这些点（如图 1）。

一、数学思想方法及其教学研究

* 本文原载于《数学通报》，1998（10）：43-47.

表 1

x	y
1	$\dfrac{1}{2}$
2	$\dfrac{1}{5}$
3	$\dfrac{1}{10}$

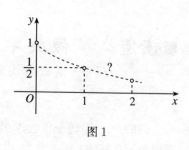

图 1

检验图 1 中点与点之间画出的曲线是否正确。取一些位于点与点之间自变量的值，如 $x=\dfrac{3}{2}$，算出相应的函数值 $y=\dfrac{4}{13}$，得到相应的点 $\left(\dfrac{3}{2},\dfrac{4}{13}\right)$，该点正好在曲线上（如图 2），所以这一段曲线画得是准确的。

表 2

x	y
$1\dfrac{1}{2}$	$\dfrac{4}{13}$
$\dfrac{1}{2}$	$\dfrac{4}{5}$

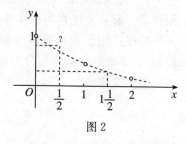

图 2

再取 $x=\dfrac{1}{2}$，则 $y=\dfrac{4}{5}$，相应的点 $\left(\dfrac{1}{2},\dfrac{4}{5}\right)$ 在我们所画曲线的上方（如图 2），这说明在 $x=0$ 与 $x=1$ 之间的函数图象并不像我们所画的那样。在这两点之间再取两个值 $x=\dfrac{1}{4}$ 和 $x=\dfrac{3}{4}$，连接点 $\left(\dfrac{1}{4},\dfrac{16}{17}\right)$，$\left(\dfrac{3}{4},\dfrac{16}{25}\right)$，得到一条更为准确的曲线（如图 3），点 $\left(\dfrac{1}{3},\dfrac{9}{10}\right)$ 和 $\left(\dfrac{2}{3},\dfrac{9}{13}\right)$ 都在这条曲线上（如图 4）。

钱珮玲数学教育文选

表 3

x	y
$\dfrac{1}{4}$	$\dfrac{16}{17}=1$
$\dfrac{3}{4}$	$\dfrac{16}{25}=0.6$

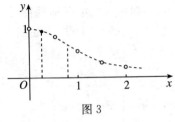

图 3

表 4

x	y
$\dfrac{1}{3}$	$\dfrac{9}{10}$
$\dfrac{2}{3}$	$\dfrac{9}{13}$

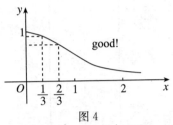

good!

图 4

为了作出图象的左半部分，可以像上面那样，列一个自变量取负值时的表，这也是容易做到的。例如：对 $x=2$，$y=\dfrac{1}{5}$，对 $x=-2$，$y=\dfrac{1}{5}$。这表示点 $\left(-2,\dfrac{1}{5}\right)$ 与点 $\left(2,\dfrac{1}{5}\right)$ 一样，也在图象上，且与点 $\left(2,\dfrac{1}{5}\right)$ 关于 y 轴对称（如图 5）。一般地，若点 (a,b) 在图象的右半部分上，那么图象的左半部分也包括 (a,b) 关于 y 轴对称的点 $(-a,b)$（如图 6（1））。因此，为了得到函数①当 x 取负值时的图象，可以将其右半部分的图象沿 y 轴反射过来。图 6（1）是整个函数的图象。

127

一、数学思想方法及其教学研究

表 5

x	y
1	$\dfrac{1}{2}$
2	$\dfrac{1}{5}$
3	$\dfrac{1}{10}$
$\vdots$	$\vdots$

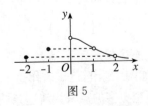

图 5

如果我们草率地像图1、图2那样作图，那么在 $x=0$ 处将有一个"尖点"（如图6（2）），然而精确的图象是没有这个"尖点"的，应是一个光滑的"圆顶"。

表6

x	y
-1	$\dfrac{1}{2}$
-2	$\dfrac{1}{5}$
-3	$\dfrac{1}{10}$
$\vdots$	$\vdots$

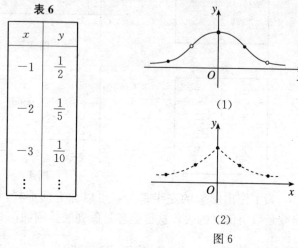

（1）

（2）

图 6

原文在这一段后面安排了两个练习，其中之一是作函数

$$y=\frac{1}{3x^2+1} \qquad ②$$

的图象。

现在来作函数

$$y=\frac{1}{3x^2-1} \qquad ③$$

的图象。在形式上，③与②差别不大，但是当我们用描点法来作该函数的图象时，马上就遇到了麻烦。让我们再作一个表（如表2），并在坐标平面上标出这些点：$(0，-1)$，$\left(1，\dfrac{1}{2}\right)$，$\left(2，\dfrac{1}{11}\right)$，$\left(-1，\dfrac{1}{2}\right)$，$\left(-2，\dfrac{1}{11}\right)$。如何将这些点连接起来还不清楚，点 $(0，-1)$ 看起来不太"协调"（如图7）。自己试着作这个函数的图象，如果你必须找出比预想更多的点来弄清这条曲线的形状，也不要灰心。

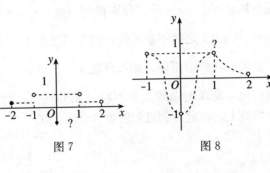

表7

x	y
0	-1
1	$\frac{1}{2}$
2	$\frac{1}{11}$
-1	$\frac{1}{2}$
-2	$\frac{1}{11}$

图7   图8

现在回头再来看函数③的图象，分别标出当 $x=-1$，0，1，2 时图象上对应的点，并将它们连成一条曲线（如图8）。再取 $x=\frac{1}{2}$，则 $y=-4$，点$\left(\frac{1}{2}，-4\right)$远远低于刚才得到的曲线，可见在 $x=0$ 与 $x=1$ 之间的图象并不是图8中那样的形状。

图9所示的函数图象在 $x>1$ 时的走向较为准确，当 $x=\frac{3}{2}$，$x=\frac{5}{2}$ 时对应的点正好落在曲线上。

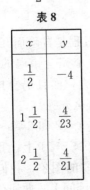

表8

x	y
$\frac{1}{2}$	-4
$1\frac{1}{2}$	$\frac{4}{23}$
$2\frac{1}{2}$	$\frac{4}{21}$

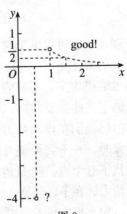

图9

一、数学思想方法及其教学研究

那么，在 $x=0$ 与 $x=1$ 之间的曲线又应是什么样子的呢？取 $x=\frac{1}{4}$，$x=\frac{3}{4}$，分别得到 $y\approx-\frac{5}{4}$，$y\approx\frac{3}{2}$。于是，$x=0$ 与 $x=1$ 之间图象的走向似乎清楚些了（如图 10）。但图象的形状依旧模糊。如果再取 $x=\frac{1}{2}$ 和 $x=\frac{3}{4}$ 之间的几个值，便可发现相应的点并不在一条曲线上，而是在两条光滑曲线上，由此得到近似图象（见图 11）。

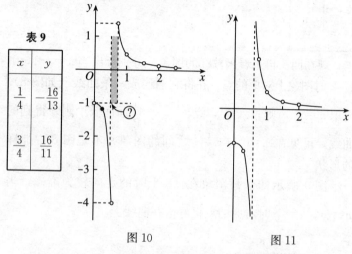

表 9

x	y
$\dfrac{1}{4}$	$-\dfrac{16}{13}$
$\dfrac{3}{4}$	$\dfrac{16}{11}$

图 10   图 11

钱珮玲数学教育文选

现在读者可以感受到描点作图的过程是冒险而冗长的。如果取的点不够多，也许就会得到一个完全错误的图象；而如果取得太多，那将花费过多的精力，而且仍会担心是否忽略了一些重要的点。那么到底该怎么办呢？

回忆我们在作函数①位于区间 $1<x<2$ 和 $2<x<3$ 上的图象时，并不需要额外的点，而在 $0<x<1$ 上，我们必须又找了五个点。类似地，关于函数③的图象，我们将更多的精力放在了区间 $0<x<1$，在这个区间上，曲线分成了两支，那么事先可不可以找出这些"危险"的区域呢？

让我们再一次回到函数③的图象。由函数的表达式，

显然在 $x = \pm\sqrt{\dfrac{1}{3}} \approx \pm 0.58$ 时，分母为 0，它们中有一个位于 $\dfrac{1}{2} < x < \dfrac{3}{4}$ 上，这正是函数出现异常、图象不再光滑的地方。事实上，当 $x = \pm\sqrt{\dfrac{1}{3}}$ 时，函数没有定义，因此在图象上没有以这两个值为横坐标的点——图象与直线 $x = \sqrt{\dfrac{1}{3}}$ 和直线 $x = -\sqrt{\dfrac{1}{3}}$ 不相交，所以③的图象被分为三个分支。当 x 接近其中之一的"禁止"值时，比如 $x = \sqrt{\dfrac{1}{3}}$，分数 $\dfrac{1}{3x^2-1}$ 的绝对值将无限增大，图象的两支分别无限接近直线 $x = \sqrt{\dfrac{1}{3}}$，在 $x = -\sqrt{\dfrac{1}{3}}$ 处也有类似的情况。函数③的图象如图 12 所示。

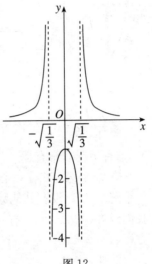

图 12

现在我们明白了，当函数由分式定义时，应将注意力放在使分母为 0 的那些自变量的值上。

运用函数 $y = x^2 + px + q$ 的图象，我们来分析二次方程 $x^2 + px + q = 0$ 解的情况。这个方程的根是函数值等于 0 时 x 的值。在图象上，这些点的纵坐标为 0，即方程的根位于 x 轴上。

从二次三项式 $y = x^2 + px + q$ 的图象，我们立即可得：二次方程 $x^2 + px + q = 0$，当 $\dfrac{p^2}{4} - q > 0$ 时，有两个根；当

$\dfrac{p^2}{4}-q<0$ 时，没有根（回忆当 $q-\dfrac{p^2}{4}<0$ 时将抛物线 $y=x^2$ 下移和当 $q-\dfrac{p^2}{4}>0$ 时将 $y=x^2$ 上移的图象，如图 13 所示）。

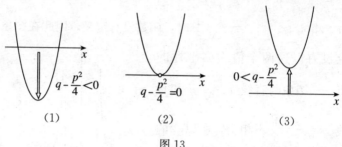

（1）　　　　　　（2）　　　　　　（3）

图 13

若 $\dfrac{p^2}{4}-q=0$，二次方程 $x^2+px+q=0$ 变为 $\left(x+\dfrac{p}{2}\right)^2=0$，这种情况非常有趣，让我们仔细讨论之。

方程 $x-2=0$ 有一个解 $x=2$。方程 $(x-2)^2=0$ 也只有一个解 $x=2$，没有其他数满足这个方程。但对第一种情况，我们说方程 $x-2=0$ 有一个根；而在第二种情况，我们说方程 $(x-2)^2=0$ 有一个二重根，或者说有两个相等的根 $x_1=2$ 和 $x_2=2$。

如何解释这种差别？可以有几种不同的方式，我们给出其中之一，对第一个方程稍作改变：将方程右边的项用一个很小的数代替 0，比如 $x-2=0.01$，当然，根会改变，但仍是唯一的，只有一个数 2.01 满足方程。

用同样的方式改变第二个方程得 $(x-2)^2=0.01$，则此方程有两个根 $x_1=2.01$ 和 $x_2=1.9$。并且可以发现，只要用一个不等于 0 的越来越小的正数代替 $(x-2)^2=0$ 的右边的项，方程就会有两个不同的根，并且随着右边数的逐渐减少，两个根就逐渐接近，即两根之差越来越小，最后当右边等于 0 时，两个根"叠合"——两根彼此相等。因此方程 $(x-2)^2=0$ 有合并成一个的二重根。

钱珮玲数学教育文选

幂函数是形如 $y=x^n$ 的函数。我们已经作出了当 $n=1$ 和 $n=2$ 时的图象：当 $n=1$ 时，$y=x$ 的图象是一条直线；当 $n=2$ 时，$y=x^2$ 的图象是一条抛物线。现研究 $y=x^3$ 的图象。

$y=x^3$ 的图象也是一条抛物线——三次抛物线或立方抛物线。当 x 取正值时，类似于二次抛物线 $y=x^2$。事实上，当 $x=0$ 时，$y=x^3$ 的函数值也等于 0，两个图象都通过原点。当 $x=1$ 时，x^2 和 x^3 的值都等于 1，两个图象都过 $(1，1)$ 点，当 x 增加时，$y=x^3$ 的值也像 $y=x^2$ 那样逐渐增加；当 x 取负值时，曲线 $y=x^3$ 不同于 $y=x^2$，此时，x^3 也是负值，所以曲线向下伸展，因此从整体来看，三次抛物线是不同于二次抛物线的。

现在让我们看 x 取正值时，它们的图象又有何不同。为此，我们把 x^3 表为 $x^2 \cdot x$，于是 $y=x^3$ 的图象由 $y=x^2$ 的图象"乘" $y=x$ 的图象而得。上面已说过，两个图象都过 $(1，1)$ 点。再看 $x=1$ 左、右两边的情况，在点 $(1，1)$

的右边，$y=x^3$ 的值由 $y=x^2$ 的值乘大于 1 的数而得，所以当 $x>1$ 时，x^3 的值比 x^2 的值大，三次抛物线的图象在二次抛物线图象的上方。当 x 的值从 1 趋向于 0 时，x^3 的值是从 x^2 的值乘小于 1 的正数而得，所以在点 $(1，1)$ 的左方，三次抛物线在二次抛物线的下方，在原点附近，x^3 比 x^2 更快地靠近 x 轴（如图 14）。

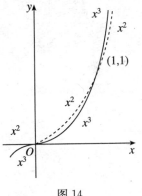

图 14

现在让我们用图象来描述 $y=x^3$ 和 $y=x^2$ 函数值之间的差别。为此，我们作函数 $y=x^3-x^2$ 的图象。

函数 $y=x^3-x^2$ 的纵坐标可以从 $y=x^3$ 的纵坐标减去

一、数学思想方法及其教学研究

$y=x^2$ 的纵坐标而得。当 $x=0$ 时，两者都为 0，所以 $y=x^3-x^2$ 的图象过原点，在原点左边，是从负的 x^3 减去正的 x^2，差 x^3-x^2 为负值，图象在 x 轴的下方，且低于 $y=x^3$ 的图象（如图 15）。原点右边的情况比较复杂，两个函数值都是正的，结果如何要看哪个绝对值大。易知，先是 x^2 比 x^3 大，所以图象在原点附近位于 x 轴的下方（如图 16）。然后，x^3 开始增加得越来越快，所以在 $x=0$ 和 $x=1$ 之间的某个值，曲线开始上升，在 $x=1$ 时，x^3 追上 x^2 的值，$y=x^3-x^2$ 的图象与 x 轴相交（如图 17）。在 $x=1$ 以后，函数 $y=x^3-x^2$ 的值不断增加，图形向上伸展，x 的值越大，x^2 比 x^3 小得越多，图形的形状几乎与 $y=x^3$ 不可区别（如图 18）。

钱珮玲数学教育文选

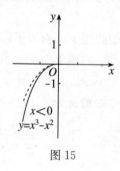

图 15

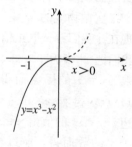

图 16

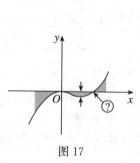

图 17

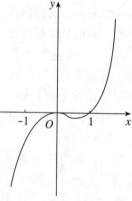

图 18

为了进一步比较三次抛物线与二次抛物线的图象，我们研究 $y=x^3$ 与 $y=cx^2$（$c>0$）的性态，并作出 $y=x^3-cx^2$ 的图象。（略去原文中 $y=x^3-0.3x^2$ 的作图过程，以及练习：作 $y=x^3-0.01x^2$ 和 $y=x^3-1\,000x^2$ 的图象）

由上可知，对于任何 $c>0$，$y=x^3-cx^2$ 有同样的特征、同样的形态：在原点左边，曲线向下；在原点与 x 轴相切；在原点右边，先向下，然后上升，在 $x=0$ 与 $x=c$ 之间，曲线有一个下凸，随着 c 的增大，曲线的下凸越明显（如图 19），如果逐渐减小 c 的值，则下凸逐渐平缓，当 $c=0$ 时，下凸消失，曲线变成通常的三次抛物线 $y=x^3$（如图 20）。

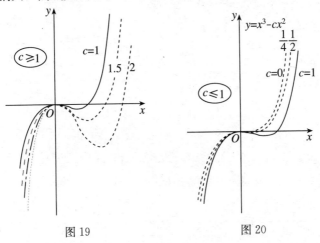

图 19   图 20

现在我们可以得出一般结论：当 x 大于 0 趋向于 0 时，即使 c 很小，$y=x^3$ 也会比 cx^2 小；而当 x 取较大值时，即使 c 很大，$y=x^3$ 也会比 cx^2 大。换句话说，三次抛物线在原点靠近 x 轴是如此之快，以至于不仅直线，而且无论 c 多小的二次抛物线 $y=cx^2$ 都不能"通过"。另一方面，当 x 取值较大时，无论 c 多大，立方抛物线都会超过二次抛物线 $y=cx^2$。

总之，《函数与图形》一书通过几类基本函数的作图过

一、数学思想方法及其教学研究

程，使读者在对各类函数进行观察、分析、操作、感知的认知活动中领略该怎样去"做数学"。在详细展现思维的过程中跟随作者一起去发现每一步中给出的新东西，领悟数形结合等多种思想方法，在揭示数学内部的运算和推理的内容中学到数学的真谛。

参考文献

［1］伍鸿熙. 评 I. M. Gelfand 专著三部书兼论美国中学数学教学改革. 数学通报，1997（5）：27-29；（6）：38-42.

［2］I. M. Gelfand，等. Functions and Graphs. Birkhausur，1990.

钱珮玲数学教育文选

■学会如何思考和学习*

——I. M. Gelfand 等著三本书的简介和评析

美国全国数学教师联合会（NCTM）于 1989 年颁布的《学校数学课程与评估标准》是 90 年代美国数学教育改革的纲领性文件。此后，在美国展开了面向 21 世纪数学教育改革的积极探索。

国际教育成就评价协会（IEA）于 1994 年发起并组织了大规模（全世界有 45 个国家和地区的 50 多万学生参加，使用 31 种语言）的综合性国际比较教育研究（TIMSS），并于 1996 年 11 月发表了七、八年级的综合评价报告，于 1997 年 6 月、1998 年 2 月分别发表了四、五年级和十二年级的综合评价报告。从 TIMSS 的测试结果和大量现实材料中，美国数学教育界从整体上对美国数学教育进行了反思，在美国科学进步协会 1998 年年会上，美国 TIMSS 研究中心主任威廉·施密茨教授以"标准是关键"为题，指出了美国数学教育在课程和教学方面存在的主要问题：

（1）数学课程以及相应的教材包含的话题太多，重点不突出，且内容浅，其形象比喻是："一英里宽，一英寸深。"

（2）缺乏挑战性，对学生的要求偏低。

（3）不同年级的课程内容梯度太小，重复内容过多。

（4）教师在课堂教学过程中通常是：教师讲解—解题示范—学生练习，对基本概念、解题过程的理解未能给予

一、数学思想方法及其教学研究

＊ 本文原载于《数学教育学报》，1998（10）：98-102.

足够的重视。

由上情况，笔者联想到伍鸿熙教授推荐的 I. M. Gelfand 等著的三本书：《函数与图形》《坐标方法》《代数》。这三本书是 Gelfand 等人为中学生写的一套书系的前三本，这三本书的写作风格和选材很有特色，不仅对于美国的课程改革，而且对于我国的课程改革和教材编写，都有很多启迪。它们有以下几个突出的特点：一是重视问题的提出和情境的设置；二是充分暴露思维过程，教会学生如何思考问题；三是让学生在"做数学"的活动中亲自感受数学再创造的过程，去探索和发现数学的法则、概念、公式和定理；四是注重数学思想方法的渗透。

《函数与图形》一书在引导学生如何作图的过程中，同时教给学生观察问题、分析问题的方法。此外，该书无论在选材还是论述上，都充分体现了"数形结合""化归"这两种基本的数学思想方法。

该书首先通过地震仪追踪地震时反映地壳波动的曲线（图 1）、心电图、电路图等实例，以及从表达式看起来很相似的两个函数 $y_1 = \dfrac{1}{x^2 - 2x + 3}$，$y_2 = \dfrac{1}{x^2 + 2x - 3}$ 的不同图象（图 2），阐明了作图的意义和作用："作出函数的图象是将公式和数据转化为几何形式的过程。"因此，作图是"看见"相应的公式和函数，观察该函数变化的途径之一。"当有必要说明一个函数的整体情况及其特性时，函数以其直观性，有着别的工具不能替代的作用，正是因为如此，工程师或科学家一旦遇到他们感兴趣的函数时，他们通常总要作出函数的图象，看它们是如何变化的，是什么形状"。

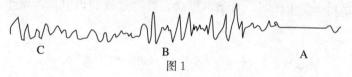

C   B   A

图 1

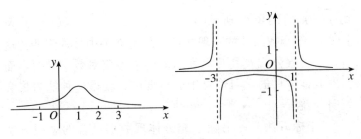

图 2

作者通过三个不同函数：$y=\dfrac{1}{1+x^2}$、$y=\dfrac{1}{3x^2-1}$、$y=x^4-2x^3-x^2+2x$ 的作图过程，让学生在"做数学"中得到训练，学习作图的一般方法，学习观察分析问题的思考方法，让学生在尝试作图的过程中，亲自感受到："逐点描图的过程是冒险而冗长的，如果点取得不够多，也许就会得到一个完全错误的图象，如果取得太多，那将花费过多的精力，而且仍会担心是否忽略了一些重要的点。"到底该怎么办？作者通过进一步分析，启发学生思考有关问题后指出："当研究某一函数的性态及如何作出该函数的图象时，自变量的取值不都是同样重要的，在许多情况下，作图的主要工作在于找到对函数有重要意义的自变量的值，并考察函数在这些值附近的变化情况。"

在对函数作图的全貌有了大致了解后，引导读者较系统地学习一些基本函数的作图，并通过变换，把有关函数的作图化归为已经熟悉的情况，从而去掌握一类函数作图的思想方法，这样的选材和论述不仅有助于理解，而且拓宽了内容，加强了知识间的有机联系，这对于构建良好的认知结构是十分有益的。

例如，作者从作 $y=|x|$ 的图象入手，研究了与之有关的 $y=|x|\pm1$，$y=|x\pm1|$，$y=|x+1|+|x-1|$，$y=|3x-2|$ 和 $y=\dfrac{1}{x^2-2|x|+2}$ 等函数的图象；进而又概括出

由 $f(x)$ 的图象得到 $f(x)+a$，$f(x+a)$，$f(|x|)$ 及 $|f(x)|$ 等函数图象的一般方法。作者在书中多次强调"这种同时考察公式及其几何表示的能力不仅对数学学习，而且对其他学科的学习都是十分重要的，获得这种能力将会终身受益"。

《坐标方法》一书除了充分体现数形结合的思想方法外，还充分展示了类比、拓广方法在发展数学中的重要意义和作用。通过熟知的一、二、三维欧氏空间中的形，用类比方法，给出了一个引进四维空间必要性的例子，并用类比、拓广方法展示了从一、二、三维欧氏空间到 n（$n \geqslant 4$）维空间转换的一种合理、顺畅而又有趣的方式——用数表示看得见的形，拓广至用数表示看不见的形——一种建立在现实空间基础上的形象思维的深化和拓广，这是培养几何直觉能力的重要途径之一，因此是一种基本的数学思考方式，作者指出："这是一种每个中学生和教师都应接触的思想。"

该书从问题"求平面上满足不等式 $x^2+y^2 \leqslant n$（$n \in \mathbf{N}$）的整数解 (x, y) 的个数"入手，借助于几何直观图形，把求整数解的个数问题转化为以原点为中心，n 为半径的圆内单位正方形顶点的个数，它约等于圆面积。对于三维空间，可提出类似的问题："在空间中有多少个满足不等式的整数解 (x, y, z)？"用类似的方法，可得整数解的个数约等于以原点为中心，n 为半径的球的体积。对于有 4 个未知数的不等式，如果拓广上述方法，那么四元有序数组 (x, y, z, u) 须看作是四维空间的一个点，满足不等式的点 (x, y, z, u) 在以原点为中心的四维球体内，并要把四维空间分成四维小方块，要计算四维体的体积，等等，总之，要发展四维几何。

为此，作者首先建立坐标系——用数去表示看不见的四维空间，反复类比原先用数表示看得见的形（一、二、三维空间的情况）的方法，拓广到四维空间，得出：四维空间的点是四元有序数组。四维空间有 4 条坐标轴，它们是某一个坐标可任意取值而其余坐标取 0 的点集，如 x 轴是形如（x，0，0，0）的点集；有 6 个二维坐标平面，它们是某两个坐标可以任意取值，其余两个坐标取 0 的点集，例如 xy 平面是形如（x，y，0，0）的点集；与一、二、三维不同的是，它还有 4 个三维坐标平面，它们是某一个坐标为0，而其余三个坐标可任意取值的点集。例如 xyz 平面是形如（x，y，z，0）的点集。在此基础上，该书对四维空间中最简单的图形之一——四维立方体的结构作了讨论，通过仔细观察一、二、三维空间中单位立方体（一维空间中是单位线段，二维空间中是单位正方形）的结构——其边界的组成情况，借助于几何直观给出的信息，用几何和分析的方法，数（shǔ）它们的顶点数、边数和面数，并用坐标表示它们（用数表示看得见的形）。在此基础上，用类比方法，就可毫不费力地对看不见的四维单位立方体，去数（shǔ）出它的顶点、边和面（用数表示看不见的形）：四维单位立方体的边界由 2^4 个顶点、$C_4^1 \cdot 2^3 = 32$ 条边、$C_4^2 \cdot 2^2 = 24$ 个二维面和 $C_4^3 \cdot 2 = 8$ 个三维面组成，于是四维单位立方体可想象成图 3 的形状。这种方法还可运用于一般的 n 维空间。

图 3

《代数》一书同样蕴含着丰富的数学思想方法，使学生在学习知识的同时，学到观察、分析问题的方法，尝试归纳、猜测、证明的发现过程，在既重过程又重结果的学习中始终处于主动参与的地位，从接近于学生的认知水平或容易产生疑惑的情境开始，逐渐深入，拓宽内容，变换形式，揭示本质特征，从而不再让人感到数学是一堆教条、死板的规则，而是"诞生于良好意识和合理传统之上的科

一、数学思想方法及其教学研究

学"。

　　例如关于有理数乘法法则的论述，该书有一节"负数的乘法"，专门解释并证明了为什么负数乘负数是正数，先是用以下例子作解释：

表 1　示例

$3 \cdot 5 = 15$	每次得 5 美元，三次共得 15 美元
$3 \cdot (-5) = -15$	每次交 5 美元罚金，三次共交 15 美元罚金
$(-3) \cdot 5 = -15$	每次得 5 美元，可已有三次没得到，共没得 15 美元
$(-3) \cdot (-5) = 15$	每次交 5 美元罚金，三次没交，相当于得 15 美元

　　然后又用了另一种解释法：先写一些数：

$$1, 2, 3, 4, 5。$$

　　再将每个数被 3 乘，得：

$$3, 6, 9, 12, 15。$$

　　这些数都是上面那些数的 3 倍，以相反的顺序写出它们（如从 5 和 15 开始）：

$$5, 4, 3, 2, 1,$$
$$15, 12, 9, 6, 3。$$

　　再继续写下去：

$$5, 4, 3, 2, 1, 0, -1, -2, -3, -4, -5, \cdots$$
$$15, 12, 9, 6, 3, 0, -3, -6, -9, -12, -15, \cdots$$

　　-15 在 -5 下面，因此 $3 \cdot (-5) = -15$，即正数乘负数等于负数，为了使积与因子的顺序无关，还必须承认 $(-5) \cdot 3 = -15$，即负数乘正数等于负数。

　　现在用 (-3) 乘 1，2，3，4，5，并重复上述步骤：

$$1, 2, 3, 4, 5。$$
$$-3, -6, -9, -12, -15。$$

下面各数分别是上面各数的 (-3) 倍，再以相反的顺序写出它们，并继续写下去：

5，4，3，2，1，0，−1，−2，−3，−4，−5，…

−15，−12，−9，−6，−3，0，3，6，9，12，15，…

15 在 −5 的下面，所以 $(-3)\cdot(-5)=15$，即负数乘负数为正数。

书中还有不少类似内容，都能使人更好地理解数学的本质，不仅知其然，而且知其所以然。再如，作者通过一个有趣的故事，讲述了公式 $(a+b)^2$ 为什么不是 a^2+b^2 这个学生容易糊涂的问题，揭示了公式的本质特征。书中是这样叙述的：

一个和蔼的魔术师喜欢和孩子们谈话并送给他们礼物，他特别喜欢许多孩子一起来，这时，他给每个孩子的糖果与来的孩子的个数一样多（因此，你若自己一人来，你就得到一块糖果，如果你带一个朋友来，便可每人得到两块糖果）。

有一天，有 a 个男孩一起来了，每个男孩都得到了 a 块糖果，他们共得到 a^2 块糖，他们走了以后，有 b 个女孩一起来了，每个女孩得到 b 块糖，她们一共得到 b^2 块糖，因此，这一天男孩子们和女孩子们一共得到了 a^2+b^2 块糖。

第二天，a 个男孩和 b 个女孩决定一起来，这次每个人得到 $a+b$ 块糖，他们一共得到 $(a+b)^2$ 块糖，他们比昨天共得到的糖果多了还是少了？差别有多大？

为了回答这个问题，可以进行以下讨论：第二天每个男孩多得 b 块糖（因为有 b 个女孩一起来），所有男孩一共多得 ab 块糖。每个女孩多得 a 块糖（因为有 a 个男孩一起来），所有女孩一共多得 ba 块糖，因此男孩和女孩第二天一共多得 $ab+ba=2ab$ 块糖。所以 $(a+b)^2$ 比 a^2+b^2 大 $2ab$，即 $(a+b)^2=a^2+b^2+2ab$。

每个初一的学生对于这个小故事一定会发生兴趣，会认真地去思考有关问题，在这样一种既重过程又重结果的学习中，无论是对深入理解公式，还是有效地记忆，都将是大有帮助的。

总之，这三本书以其独特的写作风格和选材，随时都在激发思考的灵感并教给学生如何去学习和思考，以其所蕴含的丰富的数学思想方法给人以启迪，引导和吸引读者更好地理解数学，进行有意义的学习，在既重过程又重结果的训练下，培养学生深入探究的意识，获得各种数学能力，达到较高的智力水平。

参考文献

［1］伍鸿熙. 评 I. M. Gelfand 等著三部书兼论美国中学数学教学改革. 数学译林. 1996.

［2］I. M. Gelfand，等. Functions and Graphs, The Method of Coordinates, Algebra. Birkhausur，1990，1990，1993.

［3］李建华. 第三次国际数学和科学研究成果与国际数学和科学教育的发展趋势. 数学通报，1999（1）：0-4.

钱珮玲数学教育文选

■联想 *

看了本刊 1998 年第 5 期董开福老师的撰文"函数 $f(x)=ax+\dfrac{b}{x}$（$a>0$，$b>0$）的性质及应用"、1999 年第 3 期沈建平、糜冠兴老师的撰文"三类最小值问题的统一解法及一般结果"（该文中的个别问题已在本刊 1999 年第 5 期中更正）后，颇受启发，他们运用初等数学的知识去解决有关问题，各有特点，这也是中学数学研究常用的方法，因为要让中学生用中学数学知识去处理问题，就要以中学数学知识为基础。

与此同时，联想微积分中求最值的思想方法，文"三类最小值问题的统一解法及一般结果"中所提到的三类最值问题所用的方法是相同的。下面我们以

$$y=x^2+\frac{p}{x}\quad(x>0,\ p>0)$$

为例说明之。

$$y'=2x-\frac{p}{x^2}。$$

$$y'=0\Leftrightarrow x=\sqrt[3]{\frac{p}{2}}。$$

$$y'>0\Leftrightarrow x>\sqrt[3]{\frac{p}{2}}，\text{此时，}y\text{单调增。}$$

$$y'<0\Leftrightarrow x<\sqrt[3]{\frac{p}{2}}，\text{此时，}y\text{单调减。}$$

145

一、数学思想方法及其教学研究

---

* 本文原载于《数学通报》，1999（11）：38，40.

$x=\sqrt[3]{\dfrac{p}{2}}$ 是驻点（稳定点），当我们进一步给出自变量的范围时便可求出函数的最值和值域。

例如，文"三类最小值问题的统一解法及一般结果"中，当 $0<x\leqslant b$，$p\geqslant 2b^3$ 时，意味着 x 的取值范围在驻点的左边（可能 b 为驻点），函数单调减，最小值为 $b^2+\dfrac{p}{b}$；当 $0<a\leqslant x$，$0<p\leqslant 2a^3$ 时，意味着 x 的取值范围在驻点的右边（可能 a 为驻点），函数单调增，因此最小值为 $a^2+\dfrac{p}{a}$。

按自变量的变化范围，求 $f(x)=x^2+\dfrac{p}{x}$ 的最值问题可

分为三种情况讨论，因为驻点是 $x=\sqrt[3]{\dfrac{p}{2}}$，所以有：

1. x 的取值范围在 $\sqrt[3]{\dfrac{p}{2}}$ 的左边

（1）$0<x\leqslant b<\sqrt[3]{\dfrac{p}{2}}$，最小值为 $f(b)$，值域为 $[f(b),+\infty]$。

（2）$0<a\leqslant x\leqslant b<\sqrt[3]{\dfrac{p}{2}}$，最小值、最大值分别为 $f(b)$，$f(a)$，值域为 $[f(b),f(a)]$。

2. x 的取值范围在 $\sqrt[3]{\dfrac{p}{2}}$ 的右边

（1）$\sqrt[3]{\dfrac{p}{2}}<a\leqslant x<+\infty$，最小值为 $f(a)$，值域为 $[f(a),+\infty]$。

（2）$\sqrt[3]{\dfrac{p}{2}}<a\leqslant x\leqslant b$，最小值、最大值分别为 $f(a)$，$f(b)$，值域为 $[f(a),f(b)]$。

3. x 的取值范围含驻点 $x=\sqrt[3]{\dfrac{p}{2}}$

(1) $0<x\leqslant b$，且 $\sqrt[3]{\dfrac{p}{2}}\leqslant b$，最小值为 $f\left(\sqrt[3]{\dfrac{p}{2}}\right)$，值域为 $\left[f\left(\sqrt[3]{\dfrac{p}{2}}\right),\ +\infty\right)$。

(2) $0<a\leqslant x\leqslant b$，$a\leqslant \sqrt[3]{\dfrac{p}{2}}\leqslant b$，最小值为 $f\left(\sqrt[3]{\dfrac{p}{2}}\right)$，值域为 $\left[f\left(\sqrt[3]{\dfrac{p}{2}}\right),\ A\right]$，其中，$A=\max\{f(a),\ f(b)\}$。

(3) $0<a\leqslant x<+\infty$，且 $a\leqslant \sqrt[3]{\dfrac{p}{2}}$，最小值为 $f\left(\sqrt[3]{\dfrac{p}{2}}\right)$，值域为 $\left[f\left(\sqrt[3]{\dfrac{p}{2}}\right),\ +\infty\right)$。

(4) $0<x<+\infty$，最小值为 $f\left(\sqrt[3]{\dfrac{p}{2}}\right)$，值域为 $\left[f\left(\sqrt[3]{\dfrac{p}{2}}\right),\ +\infty\right)$。

其余两类 $\left(y=x+\dfrac{p}{x},\ y=x+\dfrac{p}{x^2}\right)$ 最值问题和其他推广情况如：$y=x^n+\dfrac{p}{x}$，$y=x+\dfrac{p}{x^n}$（$n\in\mathbf{N}$，$p>0$，$x>0$）也可利用上述方法类似地展开讨论。上述方法还可用于包括上述三类函数的更一般的函数。

$$y=Ax^\alpha+\dfrac{p}{Bx^\beta}\ (A,\ B\ \text{均不为}\ 0\ \text{且同号}，\alpha>0，\beta>0，p>0，x>0)。$$

这里我们还需指出的是，一般来说，不能凭借直观得出结论，"直观"的主要作用是启迪思维、发现和提出猜想。尤其是当我们还不知道函数的整体性质、关键点（对于一般函数来说，这些用中学数学知识不易解决）时，并不能准确地作出函数的图象，此时谈论用图形直观去解决问题就缺乏基础了，并容易发生因果颠倒的错误。因此，我们在进行中学数学研究时，如果能从不同角度，能融合初、高等数学的有关知识来考虑问题，用高等数学的有关知识作指导，思路也许会更清晰些；理解也许会更深刻些；表述也就会更有条理、更简洁明了，并且是准确的。

钱珮玲数学教育文选

■以知识为载体突出联系展现思想方法 [*]

——对"方程的根与函数零点"教学的思考

如何能够在课堂教学中较为自如地面对不断变革的数学教育，提高课堂教学效益，涉及到多方面的因素。但是对于教师来说，我们认为，最重要的是要从数学上把握好教学内容的整体性和联系性。因此，笔者希望在这方面与同行一起做些探讨，为本刊撰写了"课堂教学需要从数学上把握好教学内容的整体性和联系性之一——对古典概型教学的思考"和"课堂教学需要从数学上把握好教学内容的整体性和联系性之二——对函数单调性教学的思考"两篇短文，文中也简要地阐述了为什么课堂教学要从数学上把握好教学内容的整体性和联系性。为了简便起见，也为了结合具体内容点题，从本文开始，在标题中不再冠以"课堂教学需要从数学上把握好教学内容的整体性和联系性之几"的前缀。

函数与方程是《课标》教材新增内容，其中包括方程的根与函数零点的联系以及二分法。必修1中关于函数的内容还增加了函数模型及其应用（笔者体会，这里的应用应该指的是初步应用），目的是希望通过与方程根的联系以及与实际应用的联系，加强对函数概念、函数思想及函数这一主线在高中数学中的地位、作用及其实际应用的认识和

149

一、数学思想方法及其教学研究

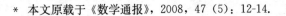

* 本文原载于《数学通报》，2008，47（5）：12-14.

理解，事实上，对于函数的真正认识和理解是不容易的，在人教社中学数学室的一项对843名高中教师的调查中，有这样一个问题：

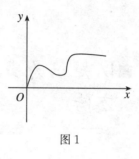

图1

图1中的曲线表示函数吗？

有751名教师（89%）认为不能表示函数，原因是"其中的对应关系不确定"。①

函数思想以及方程的根与函数零点之间的联系在《大纲》教材中也备受关注，但没有明确列出这方面的内容，《课标》教材明确列出这一内容，并通过用二分法求方程近似根将函数思想以及方程的根与函数零点之间的联系具体化了。增加二分法的主要原因有三个：二分法是求相应方程近似根的常用方法；能很好地体现函数思想；为算法内容作相应的准备。因此，"方程的根与函数零点"这一内容的重点应该是以函数零点及其判定为载体，揭示方程的根与函数零点之间的内在联系，展现转化归结，即化归这一数学思想方法。

化归方法是大家所熟知的方法，反思我们处理数学问题的过程和经验不难发现，化归方法是被人们广泛使用着的一种用来研究数学问题、解决各种各样问题的基本方法。从方法论的角度看，化归方法是使原问题转化归结为我们所熟悉的或简单的、容易的问题；从认识论的角度看，化归思想方法是用一种联系、发展、运动变化的观点来认识问题，通过对原问题的转换使之成为另一问题加以认识。方程的根与函数零点这一内容就是用一种联系、运动变化

① 人教社中学数学室. 中学数学核心概念结构体系及教学设计研究与实践.

钱珮玲数学教育文选

的观点来认识方程根的求解问题，把方程的根与函数零点联系起来，使之转化为函数的零点及其判定问题加以认识并解决相应问题。

因此，在确定这一内容的教学重点时，虽然在知识上可以只把具体知识——函数零点的概念及其存在性的判定方法作为重点，但是在整体上，在我们教师自己的心目中一定还需要有一个明确的目标——用一种联系、运动变化的观点来思考和认识问题，揭示方程的根与函数零点之间的内在联系，知识是一个载体！对于学生来说，在学了这一知识后应能理解函数的零点的定义；初步掌握函数零点存在的判定方法，了解方程根与函数零点的联系。如何才能较好地实现这一目标？实现这一目标的关键在哪里？我们认为，关键就在于教师要用一种联系、运动变化的观点来认识和处理"方程的根与函数零点"这一内容。教学实践表明，有这样的认识与没有这样的认识在进行教学设计和课堂教学时的处理会是不同的，相应的教学效果也会有差别。下面我们对这一内容的教学设计谈一点自己的认识。

与其他新授课一样，首先要解决的问题是如何激发学生的求知欲，即如何设计恰当的问题，使学生感受到学习本内容的必要性。其次是从内容本身及其特点考虑如何体现函数思想，引导学生从函数零点的角度探究方程的根与函数零点的联系，形成函数零点的概念；以及函数零点存在的判定及其应注意的问题。

如何激发学生的求知欲，即如何设计恰当的问题，使学生感受到学习本内容的必要性，现有教材一般采用的方法是从二次或三次方程入手引出本课题。考虑到本课题的内容是"函数与方程"这一新增内容的起始课，因此，除了考虑到本课题的内容外，还应有一个整体的安排。为此，不妨可以开门见山，给出一个不能用已学方法求解的方程，

151

一、数学思想方法及其教学研究

如 $\ln x + 2x - 6 = 0$，或者一个四次以上的代数方程，同时给出相应的函数图象来引出"函数与方程"这一新增内容和本课题，也为学习下面的二分法作铺垫。

如何引导？

关于函数零点这一概念的教学，原则上需要把握好两点：

一是从观察学生已熟知的一元二次方程及其相应的二次函数的图象入手，从特殊到一般，从具体到抽象，突出方程的根与函数零点的联系。具体来说，在给出方程后，可以提出问题：如何求方程的根？学生会作出各种不同的回答，教师可针对课堂实际情况，通过实例，引导学生用运动变化的观点来认识方程的根；帮助学生去认识方程的实数根就是相应函数在函数值变为 0 时的实数 x，进而认识求方程根的问题可转化为求函数零点的问题去解决，从函数图象上来看，函数的零点也就是函数图象与 x 轴的交点。使学生能较为主动积极地投入到本课题的学习中，教师还可以不失时机地帮助学生在学习知识的同时感悟知识中蕴含的化归的思想方法。

二是先直观后抽象，充分利用函数表示法中的图象法，根据教学对象，多设计几个不同情况的用图象给出的函数，展示函数的零点（也为函数零点判定的学习作相应的铺垫），即先从几何直观上感觉和认识函数的零点，进而形成函数零点的概念：对于函数 $y = f(x)$，把使 $f(x) = 0$ 成立的实数 x 叫做函数 $y = f(x)$ 的零点。可以说，对于多数中学生的数学学习，先直观后抽象是数学的高度抽象性和中学生的认知水平对数学教学的一个基本要求。此外，在本课题的学习中尽可能地用函数图象展示函数的零点也是加深对函数概念认识和理解的一个好机会。前面我们已提到，对于函数概念的真正认识和理解是不容易的。事实上，对

于函数的三种主要表示法的掌握应该不仅仅是从形式上，更重要的是遇到实际问题时能恰当地选择相应的方法来处理问题，这就需要不断地在有关内容中有意识地加以运用。

关于函数零点存在的判定，更要把握好从几何直观入手，即通过函数图象来帮助学生探究发现函数零点存在的判定方法（因为我们不能给出连续的定义）。（1）教师可以先画几个学生熟悉的函数图象，如：二次函数、指数函数、对数函数等在某个闭区间上的图象。重点是引导学生进行有目的的观察——观察函数图象与 x 轴有交点时函数图象的特征和区间端点函数值的特征。（2）帮助学生通过自己的比较、分析去发现"连续""异号"的特征与函数零点的联系。可提出问题：什么条件下函数在闭区间内存在零点？师生一起完善并得出判定方法，并理解："函数 $y = f(x)$ 在闭区间 $[a, b]$ 上的图象是连续不断的一条曲线"和"函数 $y = f(x)$ 在区间端点的值异号"，即"连续"和"异号"这两个条件保证了函数 $y = f(x)$ 在区间内至少有一个零点。进而可以让学生自己举出例子来验证这个判定方法。（3）再通过有关问题，如：我们应怎样进一步理解判定方法？即判定方法中说的"连续"和"异号"这两个条件于函数 $y = f(x)$ 在闭区间内有零点的关系？引导学生说出"这两个条件保证了函数 $y = f(x)$ 在闭区间内有零点，如果其中一个条件不成立，甚至两个条件都不成立，函数在闭区间内也有可能有零点，但也可能没有零点"。并通过相应的反例，如师生一起用函数图象给出几个在某闭区间上有两个不同零点的二次函数（不满足"异号"的条件），用函数图象给出几个在某闭区间上有零点的分段函数或其他更一般的函数（不满足"连续的条件或"两个条件都不满足），也可再与学生一起（或留课下作业）给出没有零点的反例。因此，"连续"和"异号"这两个条件是函数在闭区间内有零点的充

分条件!

在教学中应注意的问题是：

（1）观察分析、抽象概括是学习数学的基本的思维方式。观察是一种有计划、有目的的特殊形态的知觉，是按照客观事物本身存在的自然状态，在自然条件下，去研究和确定事物的特征和联系，为思维活动提供直观背景和基础。决定观察质量的主要条件是事先必须有明确的任务和目的，必要的知识。学生如果对于目的性不清楚，也就不知道如何观察、观察什么。因此，教师必须首先要给学生明确观察的目的和任务，即前面提出的，重点是引导学生观察函数在闭区间内有零点，即函数图象与 x 轴有交点时函数图象的特征和区间端点函数值的特征。

（2）从几何直观入手为思维活动提供直观背景对于数学概念的形成和法则定理的获得是有积极意义的，尤其是本课题的内容。为此，在教学设计时，需要精心设计好有关内容的函数图象。

（3）关于函数零点的概念，不必刻意地去强调"函数的零点不是一个点而是一个数"，因为对于尚未真正理解"实数与实数轴上的点是同一对象的两种表现形式"的学生来说，并不是在课堂上刻意强调就能解决问题的，只能是与其他类似的问题那样，先让学生知道函数零点指的是什么，再通过以下内容的学习和练习再去"读懂"它的含义。

总之，在本课题的教学中，要帮助学生认识求方程根的问题可转化为求相应函数零点的问题来解决，激发学生的求知欲。以具体内容为载体，突出联系，用运动变化的观点看待方程的根与函数零点的联系，即函数 $y=f(x)$ 的零点就是使函数 $y=f(x)$ 的值变为 0 时的实数，也就是方程 $f(x)=0$ 的实数根。而对于函数零点存在性判定方法的获得和理解需把握好函数图象的设计和整体安排。

二、数学教育的现代发展与教师专业素养研究

数学教育的现代发展要求教师形成科学的数学观、数学教育观和数学教学观。因为数学教师的数学观、数学教育观和数学教学观在很大程度上决定了他将以什么样的方式去从事教育、教学活动。

我的认识是：要用动态的、多元的观点来认识数学。其中，最基本的是：（1）认识数学的两个侧面，即数学的两重性——数学内容的形式性和数学发现的经验性，正如波利亚（G. Polya）指出的：数学有两个侧面，一方面它是欧几里得式的严谨科学，从这方面看，数学像是一门系统的演绎科学，但另一方面，创造过程中的数学，看起来像是一门试验性的归纳科学。（2）要认识数学的基本要素，这就是柯朗（R. Courant）所说的——逻辑和直觉、分析和构造、一般性和个别性。（3）要认识数学是一门动态的、发展的科学，正如美国国家研究委员会所著的"人人关心数学教育的未来"中指出的"数学是一门有待探索的、动态的、进化的思维训练，而不是僵化的、绝对的、封闭的规则体系；数学是一种科学，而不是一堆原则，数学是关于模式的科学，而不仅仅是关于数的科学"。

数学教育的终极目的是基于数学科学的特点培育人、发展社会。因此，在教学和科研中，以及对于教师的专业素养的发展，都应强调：打下扎实的数学基础，不断提高数学水平；结合数学的特点去学习和研究学生的学习和认知心理，学习和研究教学设计。

现代教育理论和教学思想对数学教学的启示主要体现在：数学学习心理方面，应当注重从"学"的角度来设计教学，教师的"教"本质上是为了促进学生的"学"。因

此，认知学习理论是教学论的基础。关于教什么？不能只停留在显性的数学知识上，还要认识到"作为教育任务的数学"——充分挖掘其中的教育价值；要给学生以学法指导，使学生学会学习，辩证地看待内因、外因在学生学习中的作用，以及教师在课堂教学中的作用，努力做到教师的主导性与学生的自主性有机结合。数学思想方法的教学要减少盲目性、随意性，增强自觉性，有目的、有计划、有步骤地进行。

课堂教学首先要从数学上把握好教学内容的整体性和联系性。这是数学学科特点的要求，数学科学的严谨性和系统性要求数学教学必须要从整体上把握中学数学的内容，只有从整体上把握了中学数学的内容，才能对每一章节、每一堂课内容的地位、作用有深入的分析，对重、难点有恰当的定位，也才能有效地突出重点、突破难点，合理地分配时间。强调整体性和联系性，也是数学学习的需要，是学生认知的需要，学生有意义的学习不是一个被动接受知识、单纯地强化储存的过程，而是用原有的知识处理各项新的学习任务，通过同化、顺应等心理活动和变化，不断地构建和完善认知结构的过程，把客观的数学知识内化为自己认知结构中的成分。强调整体性和联系性正是顺应了学生这一认知的需要，可以帮助学生将零散的知识点形成有内在联系的知识网络，而形成网络结构的知识不仅对于当前的学习，而且对于学生认识和理解数学都是十分有益的。当然，还需把握好科学性，包括对教学内容中数学思想方法的提炼。

《人人关心数学教育的未来》一书中指出："不断的变革是数学教育自然的、本质的特征。"这是因为：数学教育发展的动力来自社会的发展、数学的发展和教育的发展。社会、数学、教育的现代发展推动着数学教育的发展和变

革。面对不断变革的数学教育，最有效的举措是不断提高教师的专业素养，尤其是双专业（数学和教育）素养，这也是提高教学质量和教学效益的关键。

因此，数学教育研究的基本出发点是如何基于数学的特点培育人、发展社会；还必须遵循继承、借鉴、发展、创新的原则。20世纪80年代，美国学者提出教师专业素养的发展模式是"经验＋反思"，我的观点是：数学教育的现代发展要求教师专业素养的发展模式不仅仅是"经验＋反思"，还必须要学习研究、要开拓创新，即教师专业素养发展的模式是：经验＋反思＋学习研究＋开拓创新。

二、数学教育的现代发展与教师专业素养研究

■关于中学数学课程改革的探讨 *

数学教育作为教育的重要组成部分，以数学的特点及其优良品质（积极的思维态度、科学的思维方式）决定了它不仅在技术方面，而且在教育人、陶冶人、启迪人等全面发展人的素质方面起着十分重要的作用。与此同时，社会在前进，科学在发展，人的素质在提高，这就决定了数学教育必须适应这些发展变化，必需进行不断的变革。正如《人人关心数学教育的未来》（美国国家研究委员会）中所说："不断的变革是数学教育自然的、本质的特征。"在人类即将进入 21 世纪的时候，人们都在考虑 20 世纪的数学教育给了我们什么经验教训？哪些需要继承发扬，哪些需要改革？怎么改？对此，各方面的专家学者、一线教师和数学教育工作者都发表了各种很多很好的意见。然而，数学教育受社会、教材、学校、考试等诸多因素的限制，其改革的复杂性和难度是很大的。改革涉及方方面面的因素，改革涵盖的面也很广泛。其中，数学课程的改革是核心问题，其次是如何提高课堂教学的效益，使更多的学生喜欢数学、懂得数学、运用数学。本文主要围绕数学课程的改革谈一点想法，与同行探讨。

一、数学观和数学教育观

数学教育的改革取决于教育思想，而教育思想又取决于对数学和数学教育的看法，即数学观和数学教育观。不

158

钱珮玲数学教育文选

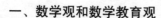

* 本文原载于《课程·教材·教法》，1999(12)：1-5。

同的人有不同的数学观和数学教育观。有人认为，数学是神秘的，高不可攀、难以理解的；有人认为，数学是人造的符号体系，是严谨的、枯燥无味的；有人认为，数学是现实的，充满智慧的，思考数学是很有乐趣的，尝试用数学去解决问题是明智的；等等。不同的数学观和数学教育观，必然导致不同的学习和教学行为。如果一个学生产生了数学艰深难懂、枯燥无味、高不可攀的念头，就会导致回避数学、害怕数学、不愿接触数学的自闭行为。如果一个教师认为数学就是概念、定理、公式、法则、记忆、练习，那么他的课堂教学行为很可能就是注入式的知识灌输。这里我们不准备展开太多的论述。主要想指出的是：数学具有两重性——数学内容的形式性和数学发现的经验性。"数学是一种有待探索的、动态的、进化的思维训练，而不是僵化的、绝对的、封闭的规则体系；数学是一门科学，而不是一堆原则。"

波利亚曾精辟地指出：数学有两个侧面，一方面它是欧几里得式的严谨科学，从这方面看，数学像是一门系统的演绎科学。但另一方面，创造过程中的数学，看起来像是一门试验性的归纳科学。

柯朗在其名著《数学是什么》一书中深刻而又简明地回答了"What is Mathematics"这一问题："数学，作为人类思维的表达形式，反映了人们积极进取的意志，缜密周详的推理，以及对完美境界的追求。它的基本要素是逻辑和直观、分析和构造、一般性和个别性，虽然不同的传统可以强调不同的侧面，然而正是这些互相对立的力量的互相作用，以及它们综合起来的努力才构成了数学科学的生命、用途和它的崇高价值。"

如前所述，数学以其学科特点和优良品质决定了它在教育人、陶冶人、启迪人等全面发展人的素质方面起着十分重要的作用。王梓坤在《今日数学及其应用》一文中高度概括了数学（教育）的价值方向和终极目的：对整个科学技术（尤其是高新技术）的推进与提高；对科技人才的培养和滋润；对经济建设的繁荣；对全体人民科学思维的提高与文化素质的哺育。

因此，数学教育既要正确地体现数学的本质，使学生认识从事数学的一般过程；又要充分体现数学教育的社会目标，并且要符合教育规律。无论是课程标准、教材的编写，还是教学设计、教学方法的选取等，都要考虑这两个方面的要求，追求这两个方面的最优结合是我们改革的目标。而推动数学教育改革的基本动力是数学的发展和社会、经济、技术的进步和发展。

二、80 年代以来数学课程的特点和发展趋势

80 年代以来数学教育领域的研究空前活跃，数学课程的研究不断深入，各国都在总结经验教训的基础上提出了新的课程发展思想，制定新的教学大纲或课程标准。它们的共同点和主要发展趋势表现为以下几方面。

（一）课程的设计、课程的评价和课程实施之间的联系更为紧密。例如，美、英的课程标准与课程评价总是同时制订的。此外，对课程实施的策略研究也取得了不断的进展，如情境教学、过程教学等方面的理论研究。这就使得课程的改革更加制度化和科学化。

（二）课程设计的指导思想是建立在核心的中学数学的基础上，面向全体学生。课程目标的成分较为合理。例如，注意知识的结果与过程并重；不仅强调知识、技能的掌握，而且注重能力的培养和发展；注重非智力因素的培养和发展；注重应用，包括问题解决和数学建模能力的培养；注意计算器和计算机的应用；注重算法、估算和近似计算；

钱珮玲数学教育文选

等等。

（三）在课程体制上体现了统一性和灵活性相结合、统一化和区别化相结合。西方国家从原先过多的"自由化"逐步走向统一，建立国家统一的课程标准，最明显的是美国90年代的"课程标准运动"。中国、日本、苏联（俄）等国家则由以往统得过死开始注重一定的灵活性，如我国义务教育中的"一纲多本""必修加选修"等形式及目前正在制订中的国家课程标准，目的都是为了尽最大可能取得高水平的数学教育。

（四）在课程实施上注重学生的活动，尤其是探究活动；注重数学学习的过程，不仅仅是结果；注重非智力因素在数学学习和发展个性品质中的作用；注重课程评价手段的多样化，并且向形成性评价和与终结性评价相结合的方向发展；等等。其目的旨在寻求提高课堂效益的策略，更好地实现课程目标。

三、我国新数学课程设计和教材编写应遵循的基本原则

关于课程设计和教材编写的原则，各种文献都有相应的论述。分析思考有关内容，我们提出以下基本原则。

（一）反映数学的两个侧面，培养科学的思维态度和科学的思维方式。充分体现"观察实验—比较分析—抽象概括—猜想发现—证明或反驳（证明的结论还需经受实践的检验）"这一数学学习的一般活动过程，以数学特有的思维方式：直觉—表征性抽象—原理性抽象—理想化抽象—证明或反驳，培养科学的（理性的）思维和精神，使人思维敏捷、表达清楚、工作有条理；使人实事求是、锲而不舍；使人有敏锐的洞察力、广泛的适应性。

（二）反映数学教育的两种功能——数学的技术功能和

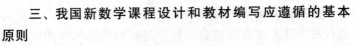

数学的文化教育功能。这是因为，数学科学在本世纪的发展不仅表现在基础理论研究的广泛深入、论文数量剧增，更表现在数学内部各学科之间，数学和其他科学之间相互渗透的空前加强。数学在自然科学、社会科学、行为科学等方面的广泛应用，使得现代科学的任何部分几乎都已带上了抹不掉的数学印记。不仅形成了一大批新的应用数学学科，而且在与计算机的结合过程中，形成了数学技术，成为现代社会中一种不可替代的技术，成为一个国家综合实力的重要组成部分。此外，数学科学的两个侧面以及数学活动的一般过程，决定了它在培养科学思维和创新能力等方面起着十分基本的作用。

（三）体现先进性、科学性、适应性和系统性。上面我们已说过，推动数学教育改革的基本动力是数学的发展和社会的需求。因此，先进性的要求是必须的。笔者认为，先进性主要是指两个方面：一是要体现现代数学的基本思想方法，观点要高，但内容的呈现方式又必须适合不同年龄学生的认知规律，适应社会发展对人才的需求；二是与现代教育技术的有机结合，其中包括对传统内容的改革和对使用计算器、计算机的设计和安排。应该注意的是，在充分发挥现代教育技术的同时，必须始终不能忘记数学的特点（严谨性、抽象性、广泛的应用性和结论的明确性）以及通过学习数学要让学生学到的东西。对此，美国有一种颇有代表性的观点："不想让现代教育技术在数学课上泛滥，但也不希望它们远离学生。"这值得我们思考。关于系统性的问题，要指出的是，一个好的设计，一本好的教材，必须考虑各部分内容在该学科中的地位、作用，考虑它在整个数学中的地位和作用，也只有这样，才能有恰当的定位，才能合理地精选相应的内容。至于科学性则不必多言。

四、值得探讨的几个问题

纵观我国数学课程的发展过程，古代数学课程中表现出明显的技术实用性，强调实用，注重结果，注重简洁统一的算法形式。最典型的是秦汉时期我国最早使用的数学课程"九章算术"，直至宋、元时期，仍然表现出以程序化算法为核心的数学体系。鸦片战争以后，从清朝政府"废科举、兴学堂"开始，逐步建立了近代的教育制度和课程结构，在"中学为体，西学为用"的思想指导下，数学课程虽然保留了算学内容，但无论是从内容上还是从目的、方法上，与古代数学课程相比，都有很大的差异。1904年颁布实施了第一个学制（癸卯学制），相应地制定数学课程标准；1912年公布的《中学校令施行细则》以及1916年的《国民学校令施行细则》中有关数学的要目；1940年公布的《中学数学课程标准》；等等。其积极意义是使我国的数学课程纳入了制度化、正规化的道路，也跳出了强调实用的狭隘性，趋向于更合理的结构和内容。但是，在封建的和半封建半殖民地的统治下，也不可能结合我国国情真正学到西方先进的科学、文化、教育以及管理方法。

解放后，我国开始走上了独立自主的道路，到目前为止，先后颁布了十几个中小学数学教学大纲和标准，从全面学习苏联，到1958年的教育大革命，以及1963年的调整、巩固、充实、提高，乃至80年代以来的一系列改革。其中1986年《中华人民共和国义务教育法》的颁布、义务教育教学大纲的制定、"一纲多本"的政策，具有里程碑的意义，无论是在课程的目标、内容，还是在课程的体制上，都进行了实质性的改革。90年代初提出的素质教育是科学主义和人文主义相结合的现代教育目的观的具体表现。最近，教育部正在组织编制新的数学课程标准，以更好地适应迅速发展的数学和科学技术，以及社会的需要。历史表明，我国的数学教育有自己的长处，但也存在着不足，有人用"三分缺点七分优点"来评价我们的数学教育，这是较为客观的。我们的课程内容比较系统，重视数学理论，我们的学生基础知识掌握得比较扎实，常规计算等基本技能比较熟练，这是联系实际、培养能力的重要基础。但我们的教材在反映现代数学的思想和方法以及与现实生活的联系方面还做得不够，教学方法和手段较为单一，有时又不甚得法，加上高考"指挥棒"的左右等，都是造成学生与日常事务、日常生活联系的应用意识差，动手能力弱，依赖性较强，以及创造性能力（其中包括提出问题、解决问题、独立思考等能力）弱的原因所在。此外，还与我们的教学条件较差、我国的教育投入较少有关。例如，我们的教学班学生人数多，教学条件差，教师负担过重，这对于开展必要的有关数学活动，培养联系日常事务、日常生活的应用意识，增强动手能力都是有影响的。最后要特别指出的是，必须注意现有教师素质的提高，必须重视高等学校数学系对未来数学教师培养方式与课程内容的改革。

总之，我们有自己的优良传统，又学习了苏联和西方发达国家的先进思想和做法。但是，任何国家的改革也都不是最完善的，加上各国国情不同，因此，重要的是要探索适合我国国情的改革方案。关于课程的改革，特别值得探讨的是以下几个问题。

（一）关于数学推理的要求

一般来说，数学推理包括合情推理和演绎推理两个方面，也正是因为这两个方面，使得数学教育在培养人的科学思维（理性思维）方面有着别的学科不可替代的作用。但是，在以往的教材和教学中，对于合情推理往往注意不够。自80年代末以来，这一问题日益受到数学教育者的重视，"情境教学""过程教学"等教学研究的广泛开展和不

钱珮玲数学教育文选

断深入都与此有关。1992年正式颁布的我国初中数学教学大纲和使用的教材也都有较好的体现。在这期间，还展开了"淡化形式，注重内容"等有益探讨。

而对于演绎推理（这是逻辑证明的主要部分）的要求和处理，更集中地反映在对平面几何中的演绎推理，应如何要求和处理，这个问题一直是人们讨论的热点问题。有一种观点是把几何分为实验几何与推理几何，初中搞实验几何（可以在初三介绍欧氏几何及几何原本，让学生体会一下证明的思想），到高中再搞论证推理，这些都是值得探讨的问题。从几何学科内容的表现形式来看，有实验和推理的区别，但是在学习过程中，这两者是不能截然分开的，正是因为几何学科有着这两种明显不同的表现形式，才使得它在培养人的形象思维、直觉思维、逻辑思维、创造性思维等方面有着其独特的作用，有人说，灵感来自几何，也正是体现了它的这种独特作用。柯朗所说的数学的基本要素"逻辑和直观、分析和构造、一般性和个别性"，在几何学科中也体现得最为突出。因此，改革的目标是如何使这两者有机地结合起来，既符合学生的认知水平和社会发展的需要，又使学生真正学到数学，而不要人为地把这两者割裂开来。

从我国的教材编排来看，已经注意到了这两个方面的有机结合，尤其是正在使用的义务教育教材。当然，也还有许多需要探讨的问题，例如，关于公理化体系的处理问题，公理的增加和加强到底该如何处理？哪些命题是应该证明的？归纳出来而还没证明的正确结论还要不要作些交代？还需要增加哪些数学活动的内容和课题？等等。一般来说，这些问题的解决取决于对几何学科教育功能的看法，通过几何课程的学习，要让学生学到什么？笔者认为，应让学生学到数学的基本要素：逻辑和直观、分析和构造、一般性和个别性；培养学生的科学思维方式，并使学生懂得推理和证明的主要功能是导致理解和洞悉；重视数学语言的精确性，而不是形式；要让学生懂得过分欣赏经验的作用和思维中的猜测作用会影响对数学的全面理解，甚至会出现科学性错误。教师在教学中要认真区分已经证明和没有证明的事实，而问题情境的创设、教具的运用，以及计算机辅助教学等教育技术的使用，目的都是为了更好地实现教育目标。还需要指出的是，运算也是推理，因为运算也是从一个或几个已知判断（已知的数或式）得到（通过运用公式、法则等）一个新判断（数或式）的思维形式，如果我们能从这一角度来看待运算的教和学，对于培养运算能力和推理能力都是有益的。

（二）关于数学理论与数学应用的关系问题

数学的发展要求中学数学体现近现代数学思想和相应的理论，科技的发展要求中学数学有相关的基础，信息社会则要求人们能够理解领会许多数学概念，例如，机会、逻辑、图象、评价等。数学学科本身又有着自己的科学体系，因此，如何处理好数学理论与数学应用的问题，也一直是改革中的热点问题之一。在有的发达国家（如英国）中有以问题为中心来组织教材内容的实验，这种设想和做法在我国尚未听到，这也从一个侧面反映了我国的观点。笔者认为，他们的这种做法弊大于利，是不可取的。中学数学还是要有自己的体系，要有一定的理论性。我国的传统教材重视理论，也比较系统，我国数学教育的长处不能说与此无关。其不足的是缺乏背景材料，缺乏与现实社会生活的联系，缺乏与其他学科的联系；有些内容过于繁琐，对于证明的教育功能体现不够，形式化的成分较多，加上教学中学生的参与活动较少，以至学生感受不到数学的价值，更体会不到数学的魅力，看到的只是枯燥乏味的形式

钱珮玲数学教育文选

化的数学语言和推理形式。教师教得累，学生学得苦。多数学生虽然能得到好的成绩，但也不一定就学到了数学的要素和本质。因此，重要的是对原有理论体系的现代化改革，使之体现现代数学的思想方法，至于"在教材中增加联系现实社会生活的背景材料，增加适当的应用例子，以及编制活动课程的内容"已逐渐形成了共识。对于"应用"的含义（可包括：日常事务和日常生活的、与其他学科有关的以及数学本身等各个方面）也基本上有了共识。

从我国的现状来看，这方面的改革主要有三方面问题。一是如何渗透现代数学思想方法？如何把握好理论性、科学性和学科体系的"度"？如何增删内容？需要数学家、数学教育家、一线数学教师共同研究。二是如何选择和组织联系现实社会生活的背景材料，尚需作调查研究（既要符合教学目标的要求，又要适应学生的认知水平），在这方面我们也有过成功和失败的经验教训，到底该怎样安排才较为恰当？目前开展的数学知识应用、数学活动课程这些有利于培养智力和综合能力的活动与学科课程的关系应怎样看待？在教材中怎样处理？同样需要三方面力量的研究探索、协同作战。三是教师原来所受的教育使他们无论在观念上还是能力上都有一定的局限性，这自然就涉及必须改革高等学校的课程内容和教学方法。此外，各级领导部门要特别注意在改善教学条件的同时，必须制定出一套制度，以提供和保证教师有再学习、再提高的机会，这是课程改革能够顺利实施的重要保证。

167

（三）继承、借鉴与发展的关系

这是一个永恒的主题，处理好这三者的关系是改革得以健康进行，教育事业蓬勃发展的重要保证。如上所述，"中学为体，西学为用"的思想和50年代全面学习苏联在当时是起到了积极作用的。经历了近五十年的变革，我们积

二、数学教育的现代发展与教师专业素养研究

累了经验和教训，也付出了代价，在继承和借鉴的过程中，有时往往会发生偏差。比如，不是客观地评价存在的问题，而是盲目地仿效国外的一些做法，等等。尤其在当今的信息社会，各种信息颇多，更需要我们认真分析、冷静思考。从西方发达国家尤其是美国的改革中，我们能得到不少启示。例如，美国国家研究委员会在调查了美国从幼儿园到研究生各个阶段的数学教育状况后，所写的一份关于数学教育现状与前景的报告——《人人关心数学教育的未来》，涉及从人口统计分析到数学研究，从教育改革到教学法理论等非常广泛的问题，虽然这是近十年前所写的报告，但书中讨论的问题仍然是数学教育中需要研究和探讨的重要问题。再如，美国 TIMSS（the Third International Mathematics and Science Study）研究中心主任、密西根州立大学 William Schmidt 教授在美国科学进步协会 1998 年会上，以"标准是关键"为题，从课程和数学两个方面分析了美国在数学教育上存在的主要问题，都是值得我们思考和借鉴的。

课程改革要在原有的基础上进行，要客观地分析成绩和不足。应当认识到，数学课程要有情感目标，对数学的理解和数学要素的获得要有必要的背景和应用的例子，但也离不开必要的理论和学科的体系。此外，思想和能力的获得，应用意识的培养，都离不开基本知识和基本技能，学生的学习应该有适当的压力和困难（尤其是在高中学习阶段），一味地通过删减课程内容来减轻负担是不妥的。内容的增删要适应我国的具体情况，我们要学习国外的先进思想和做法，但要接受他们的教训，尤其是人家已经走过的弯路我们不要重蹈覆辙。

为配合我国新数学课程标准的制定和新教材的编写，建议可以着手做一些具体的工作，比如，各级教研部门可以组织调查、研讨关于"如何创设问题情境、如何提供背景材料、如何选择恰当的应用例子、如何确定单元课题、如何组织数学活动课程内容"等问题，在此基础上编写有关的参考材料或参考书。这是一项十分重要的基础工作，不仅是编写教材的基础，而且是培训教师的一个方面，使教师在实践中提高自己的素质。

课程改革是教育改革的核心，是一项长期的工作，也是有关培养人的百年大计，不仅要有各级领导把握方向，而且要有各方面人士的关心和积极参与，作为一名从事数学教育的教师，在学习和思考后，提出上述看法，与同行探讨。

参考文献

[1] 伍鸿熙. 数学教育改革：为什么你要关心改革？你能做些什么？数学译林，1999，18（2）：153-160.

[2] 吴晓红. "1997加州数学战争"一瞥. 数学教育学报，1999，8（2）：88-93.

[3] 綦春霞. 数学课程理论探索. 博士学位论文，1999.

[4] 数学课程标准研制小组. 关于我国数学课程标准研制的初步设想. 课程·教材·教法，1999（5）：17-21.

[5] 李建华. 第三次国际数学和科学研究与国际数学教育的发展趋势. 数学通报，1999（1）：0-4.

[6] 丁尔陞. 面向新世纪的中学数学课程改革问题. 高中数学新教材讲习班材料，1999.

二、数学教育的现代发展与教师专业素养研究

■对我国数学课程发展的认识 [*]

一、简单的历史回顾

纵观我国数学课程的发展过程,古代数学课程中表现出的是技术实用性,强调实用,注重结果,注重统一的算法形式。最典型的是秦汉时期我国最早使用的数学课程"九章算术",直至宋、元时期,仍然表现出以程序化算法为核心的数学体系。鸦片战争以后,从清朝政府"废科举、兴学堂"开始,逐步建立了近代的教育制度和课程结构,在"中学为体,西学为用"的思想指导下,数学课程虽然保留了算学内容,但无论是从内容上还是目的、方法上,与古代数学课程相比,都有很大差异。1904年颁布实施了第一个学制(癸卯学制),相应地制定数学课程标准;1912年公布的《中学校令施行细则》以及1916年的《国民学校令施行细则》中都有有关数学的要目;1940年公布的《中学数学课程标准》等。其积极意义是使我国的数学课程纳入了制度化、正规化的道路,也跳出了强调实用的狭隘性,趋向于更合理的结构和内容。但是,在封建的和半封建半殖民地的统治下,还不可能结合我国国情真正学到西方先进的科学、文化、教育以及管理方法。

解放后,我国开始走上了独立自主的道路,到目前为止,先后颁布了十几个中小学数学教学大纲和标准,从全面学习苏联,到1958年的教育大革命,以及1963年的调

钱珮玲数学教育文选

---

* 本文摘自《普通高中数学课程标准(实验)解读》第四章. 江苏教育出版社,2004.

整、巩固、充实、提高，乃至 80 年代以来的一系列改革，经历了多次重大变革。

新中国成立不久，就着手制定全国统一的中学数学教学大纲，1950 年，教育部颁发了《供普通中学教学参考适用数学精简纲要（草案）》，出版了一套供全国用的教材。

接着，在全面学习苏联的方针下，于 1952 年制定了《中学数学教学大纲（草案）》，并在 1954 年、1956 年分别作了修订。在学习苏联的过程中，使我国的数学教学明确了为社会主义服务的方向，加强了数学基础知识、基本技能的教学和思想品德教育。但是也存在着盲目照搬的缺点，不必要地延长了算术课的教学时间，而且取消了高中平面解析几何课，降低了我国中学数学教学的水平。

在我国的大跃进和全球数学教育改革的背景下，兴起了 1958 年的教育大革命，对数学教育的目的、任务、大纲和教材、数学课程现代化等问题展开了热烈的讨论，提出了各种改革方案，进行了各种数学教学改革的试验。这次改革有其积极的一面，例如，指出了教材中存在的内容贫乏、陈旧落后、脱离实际、繁琐重复等问题；主张数学教育要为现代化生产和科学技术服务，因此中学数学应学习某些现代数学知识；数学教材须有严谨的理论体系，同时，这个体系应体现理论联系实际的原则；数学教材应符合学生的学习水平和认识能力，概念应尽量从实际引入，由具体到抽象，由浅入深；等等。改革中的一些好的经验、成功的成果，如强调函数，在中学数学中增加了解析几何的内容，把方程与函数和图象联系起来等，都在以后的教材中采用了。但是，也有要求提得过高、对传统的教学内容否定过多（尤其是几何）、新增内容过多等问题。随后，在我国"调整、巩固、充实、提高"八字方针下，认真总结了全面学习苏联和教育大革命的经验教训，对我国的教育

内容也进行了调整。

1963 年制定的《全日制数学教学大纲（草案）》在我国数学教育史上首次全面提出要培养学生的"三大能力"（计算能力、逻辑思维能力、空间想象能力）。根据这个大纲编写了 12 年制中小学数学教材。当时普遍认为这是建国以来编写得最好的一套教材。增加的内容比较适合我国的国情，使我国中学数学教育质量得到稳步提高。

在 1978 年制定的《全日制十年制学校中学数学教学大纲（试行草案）》中，首次提出了"逐步培养学生分析问题和解决问题的能力"，这是数学课程目标的又一进步，这也体现了国际数学教育中不断发展对解决数学问题的认识和实践的趋势。

1982 年制定的《全日制六年制重点中学数学教学大纲（征求意见稿）》开始注意知识、技能与能力的关系。指出：学生的能力是通过知识、技能的掌握而形成和发展起来的，这些能力一经具备，又有助于学生更好地去获取知识和运用知识，更明确地提出了"逐步形成运用数学来分析和解决实际问题的能力"的目的。

1986 年，国家教委按照"适当降低难度、减轻学生负担、教学要求尽量明确具体"的三项原则制定了《全日制中学数学教学大纲》，正式把"双基"和"三大能力"作为中学数学教学目标的核心内容。

1988 年，国家教委制定了《九年制义务教育全日制初级中学数学教学大纲（初审稿）》，以及 1992 年颁布了《九年义务教育全日制初级中学数学教学大纲（试用）》。这个大纲与旧大纲相比，有一个根本性的转变，这就是由应试教育转变为公民的素质教育。这是教育性质、任务和目标的大转变，反映了数学课程改革的正确方向，是科学主义和人文主义相结合的现代教育目的观的具体表现。与此同

钱珮玲数学教育文选

时，国家教委还组织编写了适合不同学制、不同地区的六套数学教材，实现了"一纲多本"。这些变化都具有里程碑的意义。无论是在课程的目标、内容，还是在课程的体制上都进行了实质性的改革。

1996年，教育部颁布《全日制普通高级中学数学教学大纲（供试验用）》，经过一轮试验，于2000年颁布《全日制普通高级中学数学教学大纲（试用修订版）》，2002年又颁布《全日制普通高级中学数学教学大纲》。这个大纲的一个变化是将"逻辑思维能力"改为"思维能力"，应该说这是对数学的教育功能认识的又一提升，事实上，数学给予我们的不只是逻辑思维的能力，它对于人们说理的、求真求实的态度和精神，质疑的、批判的态度和探索、创新意识和能力的形成，一句话，对于人的理性思维、理性精神的培育都有着别的学科不能替代的作用。

随着社会发展对人才培养的需求、数学发展对课程的要求，以及教育发展对教育本质和学习本质的深刻揭示，在20世纪90年代中期，我国又启动了新一轮的课程改革，对课程的理念、目标、内容的选择，课程的实施等问题，进行了深入的调研和思考、比较和分析，于2001年颁布了《全日制义务教育数学课程标准（实验稿）》，于2003年颁布了《普通高中数学课程标准（实验）》。可以说，这是一次力度较大的改革，它较为清晰地回答了我国的数学课程要改革什么、提倡什么和需要做什么等问题，突出了人的发展，突出了数学教育育人的本质。提出了知识与技能、过程与方法、情感态度价值观有机结合的基本理念，以及"提高作为未来公民基本数学素养，以满足个人发展与社会进步的需要"的课程总目标，把人的发展与社会的发展紧密地联系在一起，深刻地揭示了数学教育的本质。

从上述对我国数学课程发展的大致脉络的回顾和认识，

二、数学教育的现代发展与教师专业素养研究

我们会感受到新一轮课程改革是社会发展、数学发展、教育发展的必然，这对于我们数学教育工作者是一个机遇，更是一种责任，我们要继承我国的优秀传统，要借鉴国外先进的观念和科学的理论和实践，更要在此基础上发展和创新，大家通力合作，来推动新一轮的课程改革。

二、对我国数学课程现状的认识

客观地认识和分析数学课程中的优点、不足和问题，是使课程改革健康发展的前提。

（一）我国数学课程的优点

从我国课程的现状来看，我们的数学课程内容比较系统，重视数学理论，学生基础知识掌握得比较扎实，常规计算等基本技能比较熟练，这是联系实际、培养能力的重要基础；学生在常规测试中能获得高分，我们的留学生与其他学生相比，考试成绩也大多是优秀的。我们的教师在课程的实施中敬业精神强，基于大纲的要求，教学中对于数学思想方法的教学与其他国家相比，也较为关注，对"三大能力"的培养也有我们自己的认识和做法。此外，我们设有各级教研机构，指导、规范教师的教学和教学研究活动，从整体上保证了我国的数学教育有一个较为整齐的水平。

（二）我国数学课程的不足与问题

分析我国数学课程的不足和问题，主要表现在以下几个方面：

1. 课程的单一性

无论是课程的设置、目标、内容，还是评价方式，都较为单一。

首先是课程设置单一，缺乏选择性，除了有文、理科内容的区分外，几乎所有学生都学同样的内容。这就造成一部分学生感到所学内容难以接受；而对另一部分优秀学生，或者对数学感兴趣的学生来说，与许多国家相比，又感到内容偏少、知识面窄。这既不利于人才的培养和成长，也不符合现代社会对不同层次人才需要的客观规律。

其次是课程目标的单一，更多的关注了基本知识和基本技能的掌握。而忽视了学生的感悟和思考过程；忽视了对数学的科学价值、应用价值和文化价值的揭示；忽视了对学生学习兴趣、信心的激发和培育。这是造成我们的学生对数学学习不感兴趣，或者越学越没兴趣，觉得数学就是做题，学了数学没用，或者认为只在考试时有用；以及学生创新意识、创造能力（其中包括提出问题、解决问题、独立思考等能力）弱的重要原因之一。

再次，单一性还表现在课程内容方面。课程内容缺少与学生的生活经验、社会实际的联系，缺少数学各学科之间、数学与其他学科之间的联系，没有很好地体现数学的背景和应用，没有很好地体现时代发展和科技进步与数学之间的自然联系，这种"掐头去尾烧中段"的内容安排，使学生看不到数学有什么用，也感受不到学了数学有什么用。这也是造成学生对数学学习不感兴趣，认为学了数学没用的原因之一。此外，也是造成我国学生只善于做常规题，与日常事务、日常生活联系的应用意识差，动手能力弱的原因所在。

再有，就是评价的单一性，无论是评价主体、评价目标、还是评价方式，都较为单一。通常只是教师或学校对学生的评价，关注的往往只是结果，方式是以笔试为主，在很多情况下，甚至可以说是唯一决定学生命运的依据。忽视了对学生发展的全面考察，包括学生在数学教学活动中表现出来的兴趣和态度的变化、学习数学的信心、独立思考的习惯、合作交流的意识、认知水平的发展等。总之，

二、数学教育的现代发展与教师专业素养研究

对评价的激励和发展功能重视不够，忽视了对学生发展的全面考察，这既不利于学生潜力的发挥，也不利于人才的培养。

2. 忽视数学课程的教育价值

数学课程改革是数学教育改革的核心，数学教育的目的主要是通过课程来实现的。数学教育是教育的重要组成部分，它利用数学的特点，在发展和完善人的教育活动中，在形成人们认识世界的态度和思想方面、在推动社会进步和发展的进程中，起着别的学科不能替代的作用。同时，数学教育在学校教育中占有特殊的地位，它不仅使学生掌握数学的基础知识、基本技能、基本思想，而且使学生具有表达清晰、思考有条理等理性思维的方式，使学生具有求真求实的态度、锲而不舍的精神。但是，在以往的课程中，我们对数学课程的上述教育价值重视不够，更多关注的是知识和技能的学习和掌握，而对于通过以知识和技能为载体，对人的理性思维、理性精神的培育缺乏认识和实践。

此外，在课程中也忽视了对于学生独立思考能力和创新意识的培养，教学活动中被动接受、死记硬背的现象较为突出，不利于学生的发展和创新人才的培养。

3. 忽视对数学本质的认识和理解，存在过分形式化的倾向

固然，我们有重视基础知识、基本技能的优良传统，而且，这也是培养学生的数学能力、发展应用意识、形成数学观念等方面的重要基础。但是，哪些知识是基础的？如何把握基础知识的教学？应该进行哪些基本技能的训练？如何训练？等等。仍然存在着需要探讨的问题。例如，在函数概念的教学中，对函数概念三要素的认识确实是高中数学课程中函数概念学习的一个重要方面，但是，在以往

对函数定义域和值域的训练中，人为设置的繁难训练的成分过多，而对函数本质的探索、认识、理解和应用就显得不够。再如，在几何课程中，关注更多的是形式化的演绎证明的步骤，而忽视了几何证明的实质、几何证明的教育功能。在代数课程中，无论是运算，还是证明，也存在着类似的问题。此外，在统计课程中，更多的是计算统计量，而忽视了从样本（局部）估计总体（整体）的统计的基本思想方法，忽视了让学生经历收集数据、整理数据、分析数据、从数据中获取信息作出判断的过程，从而培养数据分析能力，等等。

因此，在我们的课程中，在进行基础知识的教学和基本技能的训练中，要把握好数学的本质，要处理好"从数学形态到教育形态"的转换。

4. 教研活动缺乏活力

我国的各级教研机构在指导、规范教师的教学和教学研究活动中，确实起到了从整体上保证我国的数学教育有一个较为整齐的水平的作用。但是，也还存在着一些必须改进的问题。中心问题是如何进行继续教育和教研活动（即教师培训的方式），以及继续教育的内容。

要结合教师的实际、课程改革的实际，从切实提高教师的数学素养、教育素养这一目标出发，来设计和确定培训和教研活动的内容和方式，而不能简单地作为一种制度来安排教师的继续教育和教研活动，不能简单地对教师作种种要求和限制。为此，我们的各级教研机构首先要较为客观地把握本地区教师对继续教育和教研活动的需求，很重要的是培训和教研活动的方式，必须要以教师为主体，采用多种方式。例如，可以是"个案＋反思"式的研讨；也可以是对公开课（但应避免以前那种带有"表演式"的公开课）的研讨；可以是围绕某个数学专题的研讨；也可

二、数学教育的现代发展与教师专业素养研究

以是对某种教学方式、教学理论或学习理论如何体现在具体数学内容中的研讨；等等。研究的问题应体现课程改革中具有一定共性的问题，例如：对"双基"的认识以及如何进行"双基"的教学？如何在模块与专题的课程结构下进行体现《课标》理念的有效的教学？如何更有效地更新教师的知识？等等。这样才能使培训和教研活动充满活力，切实提高教师的全面素养，保证课程改革的顺利进展。

钱珮玲数学教育文选

■对数学教育研究的几点思考^{*}

从近几年招收教育硕士以及举办的两届"中学数学骨干教师国家级培训"工作中，与一线中学数学教师有了较为广泛、直接的接触和交流，他们在一线教学工作中具有丰富的经验，是我国基础教育事业的一批中坚力量。然而，有些教师对数学教育研究感到茫无头绪，联想到现代社会对数学教育的要求，本文对数学教育研究中的几个方面提出以下思考，和同行一起探讨。

一、数学教育研究的基本出发点和基本观点

关于对教育、教学的研究，要有一个基本出发点，还要有一个基本观点、基本方法。因为科学的观点，正确的方法，是我们的研究取得成效的基本保证。对数学教育的研究当然也是这样。什么是数学教育（本文所指的是中小学数学教育）研究的基本出发点？我们认为，应该是利用数学科学的特点，提高受教育者的素质，为受教育者步入社会、终身学习和终身发展打下良好的基础。什么是数学教育研究的基本观点？加涅在他的著作《学习的条件和教学论》《教学设计原理》中体现的观点值得借鉴。例如：

把心理学与教育实践相结合进行研究。在研究学习理论时，把认知观和行为观相结合；在研究认知观中，既吸收建构观中有用的东西，也吸取信息加工心理学中有用的

179

二、数学教育的现代发展与教师专业素养研究

---

* 本文原载于《数学通报》，2001（7）：1-2，转载于《现代教学研究》（香港新闻出版社），2002（1）：101-102.

东西；在研究学习过程时，既把学习看作是过程，也把学习看作是结果；在研究学习条件时，既指出其内部条件，又指出其外部条件。总之，要充分利用相关研究中积累起来的有用的东西去处理教育、教学中的问题，继承、借鉴、发展和创新，是我们研究数学教育的基本观点。

二、关于数学教育的研究方法

从目前的情况来看，一般来说，主要有两种方法来研究数学教育，一种是把数学教育作为教育、心理理论的应用，大部分采用的都是这种方法；另一种就是从数学本身的特点出发来研究数学教育，例如波利亚（G. Polya）、弗赖登塔尔（H. Freudenthal）等人的研究方法。也有综合两者的研究方法。事实上，因为数学教育是一门综合性的学科，所以，它的研究方法一般来说也是综合性的。我们认为，在基本出发点这一前提下，研究的思路可以开阔一些，可以从不同的方面、站在不同的角度、采用不同的方法、对各种感兴趣的问题去研究数学教与学的规律性，吸收各家的成果，运用并发展之，进而创建具有我国特色的数学教育理论。

例如，对数学教学原则的研究，由于教学原则是"人们根据一定的教学目的和对教学过程规律性的认识，制定出来以指导教学实际工作的基本要求"。因此，随着研究的不断深入，研究者提出了种种不完全相同的数学教学原则，其中有十三院校提出的：理论与实践相结合、具体与抽象相结合、严谨与量力相结合、巩固与发展相结合原则；波利亚提出的：主动学习、最佳动机、阶段序进原则；弗赖登塔尔提出的："再创造""数学化""数学现实""严谨性"原则；张奠宙提出的：现实背景与形式模型相统一、解题技巧与程序训练相结合、学生年龄特点与数学语言表达相

钱珮玲数学教育文选

适应原则等。

　　既然教学原则是人们根据一定的教学目的和对教学过程规律性的认识，制定出来以指导教学实际工作的基本要求，它就是教学必须遵循的"基本要求与准则"，是指导教学实际工作的"基本原理"，当然也是课堂教学设计的"出发点和指导思想"。因此，教学原则的条目宜少而精。

　　根据数学教育的目的和数学学科的特点，同时考虑到学生的学与教师教的规律性，是否可以提出以下教学原则：**归纳与演绎并重的原则、"再创造"与过程教学原则、教师的主导性与学生的主体性相结合的原则**。理由如下：（1）我们知道，数学教学目的中包含了以下四方面的基本要求：使学生切实掌握数学的基本知识，包括数学思想方法；形成基本的数学技能；发展数学能力；培养良好的个性品质。要做到这些，首先要对数学有一个基本的认识，即什么是数学？当然，这个问题不是几句话能概括清楚的。但是，数学有两个侧面，这一基本点是必须清楚的，波利亚曾经指出：数学有两个侧面，一方面它是欧几里得式的严谨科学，从这方面看，数学像是一门系统的演绎科学。但另一方面，创造过程中的数学，看起来像是一门试验性的归纳科学。计算机创始人之一——冯诺伊曼（J. von Neumann）也把这两重性看作是数学的本来面貌。因此，为实现数学教学目的，作为指导数学教学实际工作必须遵循的基本要求与准则，我们提出**归纳与演绎并重的原则**。（2）根据数学科学的特点，尤其是其高度抽象的、形式化的特点，决定了学生在学习数学的过程中，要真正地理解数学，掌握数学，进而领悟数学中的精神和思想方法，必须要经历一个"再创造"的过程，由学生自己把要学的东西去发现（即"再创造"）出来，因此，教师的任务是在教学中营造一个学习情境，引导学生主动参与到认识事物的实践过程中去，使

二、数学教育的现代发展与教师专业素养研究

学生在对问题进行分析、综合、归纳、类比、抽象、概括等思维活动过程中自行得出抽象的数学结论，解题的思路和方法。而不是一味地由教师给出结论，由教师给出解题的步骤和技巧，让学生在练习和记忆、求解和计算中被动地学习。实践证明，后者不利于调动学生学习的积极性，不利于学生真正理解数学、掌握数学。因此，我们提出**"再创造"与过程教学原则**。（3）我们知道，课堂教学是学校教育的"主战场"。"教学"二字代表了在课堂教学活动中，师生双方"如何教""如何学"的相互作用的心理过程，为此，首先要摆正教师的地位和学生的地位。按照现代建构主义的观点：学习在本质上是学习者主动建构心理表征的过程，学习不是把外部知识直接输入到心理中的过程，而是主体以已有的经验为基础，通过与外部世界的相互作用而主动建构新的理解、新的心理表征的过程，强调学生是认知的主体、是意义的主动建构者；教师和学生分别以自己的方式建构对客观世界的理解，教学过程是教师和学生对客观世界的意义进行合作性建构的过程，数学教学过程也就是教师和学生对数学的意义和价值进行合作性建构的过程。我们知道，建构主义的学习环境由情境、协作、交流、意义建构四个要素组成，其中，情境是意义建构的基本条件，教师与学生之间、学生与学生之间的协作和交流是意义建构的具体过程，意义建构则是建构主义学习的目的；建构主义的教学策略是以学习者为中心，其目的是最大限度地促进学习者与情境的交互作用，主动地进行意义建构，教师在这个过程中起着设计者、组织者、引导者、帮助者和促进者的作用。基于上述对于学习本质和教学过程中师生地位、作用的分析，我们提出**教师的主导性与学生的主体性相结合的原则**。

要实施教师的主导性与学生的主体性相结合的原则，

钱珮玲数学教育文选

保证和提高学生的主体参与性，自然要从学生的实际出发来设计和组织教学，也就必然要遵循严谨性与量力性相结合的原则、巩固与发展性相结合的原则；而实施归纳和演绎并重的原则、"再创造"与过程教学的原则，也必然会体现"数学化"原则、具体与抽象相结合的原则、理论与实际相结合的原则，等等。总之，如前所述，根据数学教学的目的和数学科学的特点，同时考虑到学习的实质、学生的学与教师教的规律性，以及教学原则的条目宜少而精为好的出发点，我们提出以上三条教学原则，与同行探讨。

三、是否可从"如何切实、有效地促进和改进学生的学习"入手，研究数学教育改革，提高数学教学质量

随着教学改革的不断深入，人们越来越清楚地认识到提高教学质量、进行教学改革的关键是提高教师的素质，中心问题是切实、有效地促进和改进学生的学习。

一个富有时代特点的数学教师要有科学的数学观和数学教育观，要有良好的数学素养和职业素养。比如，应认识数学科学归纳和演绎的两重性，按数学的本来面貌进行数学教学；应区分"题海"和练习，明确什么样的练习是有价值的；要有终身学习不断进取的观念，不断更新知识结构；应关心教学改革，并联系自己的教学、教育实际，从事教科研研究，不断改进和完善教学实践，提高教学质量。

可喜的是，近几年来在一线教师中开展了各种各样的课题研究，并取得了良好的效果。例如，数学课堂教学中"分层递进教学""主体参与型教学""加强过程教学""非智力因素与数学学习""建构观下教学方式"等研究，目的都是为了切实、有效地促进和改进学生的学习，提高数学课堂效益和数学教学质量。但是，由于种种原因，我们的

研究还缺乏指导性、规模性、持久性，还有待于深入。研究方法和手段也还有待于更加科学化、规范化。研究的问题还需要进一步细化。

总之，从"如何切实、有效地促进和改进学生的学习"入手，是研究数学教育改革，提高教学质量的一条重要途径。

参考文献

［1］张华. 课程与教学论. 上海：上海教育出版社. 2000.

［2］郑毓信，等. 数学学习心理学的现代研究. 上海：上海教育出版社. 1998.

［3］顾泠沅. 有效地改进学生的学习. 数学通报. 2000（1）：1-3；（2）：32-33.

■关于高师数学教育专业学生数学素质的思考[*]

一、引言

教育的功能是发展和完善人（个体），从而发展社会。数学教育作为教育的重要组成部分，其本质和根本目的是育人，而且由其学科的特点和优良品质，决定了它在哺育人、陶冶人、启迪人等全面发展人的素质方面起着别的学科不能比拟的重要作用。

20 世纪 90 年代对基础教育提出的"数学素质教育"，正是为适应当今时代的现状和发展趋势而提出来的数学教育的目标，它符合时代发展的教育价值观，是科学主义和人文主义相融合的现代教育目的观的一种体现。因此，作为培养基础教育人才的高师院校数学教育专业的学生，应该具有哪些基本数学素质，这一问题是进行"数学素质教育"的基本问题之一。

本文在简述数学科学新进展和教育技术的发展对数学教育的影响和要求的基础上，从三个方面提出了数学教育专业学生应有的基本数学素质，以及课程设置和课程内容中应特别注意的问题。

185

二、数学教育的现代发展与教师专业素养研究

---

* 本文原载于《数学教育学报》，1997，6（3）：10-14.

二、20世纪数学的新进展和教育技术的发展对数学教育的影响和要求

数学科学在20世纪得到了空前的发展,不仅表现在基础理论研究的广泛深入,论文数量爆炸,更表现在数学的各个学科之间、数学与其他学科之间的互相渗透,数学的广泛应用不仅形成了一大批新的应用数学学科,而且在与计算机相结合的过程中,形成了数学技术。因此,数学科学不仅自然发挥着基础理论和基本应用的巨大作用,而且已成为现代社会中一种不可替代的技术,成为一个国家综合实力的重要组成部分。"国家的繁荣昌盛关键在于高新技术的发展和经济管理的高效率,高新技术的基础是应用科学,而应用科学的基础是数学"这一观点已在世界范围内日益成为有识之士的共识。美国科学院院士 J. G. Glimm 曾风趣地说过:20世纪40年代中国有句话:"枪杆子里面出政权",而从90年代起,在全球应是"科学技术里面出政权",而科学技术本质上是一种数学技术。还有人说,第一次世界大战是化学战(火药),第二次世界大战是物理战(原子弹),而20世纪90年代的海湾战争是数学战(经过数学模拟、计算后进行决策、指挥、调动)。王梓坤院士全面地指出了数学教育的价值方向和终极目的:数学的贡献在于对整个科学技术(尤其是高新技术)水平的推进与提高,对科技人才的培养和滋润,对经济建设的繁荣,对全体人民科学思维的提高与文化素质的哺育,这四个方面的作用是巨大的。因此,高师数学教育专业学生的数学素质设计必须考虑这一终极目标。

另一方面,应该特别指出的是,高新技术的发展,推动了教育技术的发展,也就必然影响到数学教育的现代化改革和对人才规格的要求。从当前世界范围内的教育技术改革来看,有以下特点:一是整体性,即不是单一的技术

革命，而是除计算机外，电视、录像、光纤通讯、卫星传播技术，以及教育学、心理学、认知理论等多方面的发展，都对这场改革起到了重要的作用，使得教育者的观念、学习者的学习、思考方式等，发生着日益深刻的变化。而且，必然引发对数学内容、方式和组织形式的变革。第二个特点是语言含义的变化。例如"学习"一词，19 世纪的"学习"与 20 世纪 90 年代的"学习"就很不一样，现代的学习，除了包括传统的通过文字进行学习外，还可通过大量的电子技术进行学习，数学学习也不再是一支笔一张纸的学习了，它可以通过计算机等电子技术装置进行计算、模拟、探索、猜测、证明等学习，不仅提高了学习效率，而且对于人们的思维训练、技能训练、应用意识和应用能力的培养，都起到了传统学习不能比拟的作用。随之，"成绩"一词在现代社会也已不单是指传统学习中的"成绩"，而应是包括通过电子技术等手段获得的那些能力。再有，"教育学"一词也无法包容"计算机文化教育""电视教育""智能环境""电子学习"等新的教育词汇的含义了。

　　总之，传统教育中强调的读、写、算教育已不再是唯一的基础，这种仅局限于语言、数字的传递形式已无法包容现代教育技术中通过电子技术进行图像传递、模拟传递等形式，这就使得人们除了依靠生物学意义的调节来适应环境转变的传统学习之外，还增加了通过多种现代教育技术手段进行学习，包括预期性与参与性的学习，并且从中寻求最优化的学习效果，这就大大加深了对学习本质的理解。

　　综上所述，我们必须从数学发展的主流、从教育理论和教育技术的发展趋势、从社会发展对数学的全方位、多层次的需求去思考高师数学教育专业学生的基本数学素质。

三、高师数学教育专业学生应有的基本数学素质

基于以上分析，我们认为，高师数学教育专业学生主要应具有以下三个方面的数学素质。

（1）具有科学的数学观和数学教育观，这是一个未来从事数学教育的教师必须具备的条件。他们必须真正懂得数学、懂得数学的价值；他们必须明确数学教育的终极目的。

随着人类社会的发展，数学的语言、知识和思想方法，几乎渗透到人类文化的各个角落，尤其是数学技术，标志着数学的应用发展到了一个新的阶段。实践证明，数学已不仅是一门科学，而且是一门普通适用的技术，是高新技术的基础。

钱珮玲数学教育文选

此外，应该充分认识到数学不仅是理论研究成果构成的大厦，而且更是一种活动过程，包括提出问题、进行探索和猜测、反驳和证明、检验与完善的复杂的活动过程。美国国家研究委员会在《人人关心数学教育的未来》这一报告中指出："数学是一门有待探索的、动态的、进化的思维训练，而不是僵化的、绝对的、封闭的规则体系；数学是一种科学而不是一堆原则；数学是关于模式的科学，而不仅仅是关于数的科学。"

再者，数学能提供给人们良好的思维方式，包括建立模型、抽象化、最优化、逻辑分析、从数据进行推断，以及运用符号等方面，这就使得数学科学不仅给我们提供日常生活、未来就业，以及升学的基本知识和基本技能，而且由知识、技能、思维发展逐渐形成的智力和各种能力，它使我们能批判地阅读、能识别谬误、能探察偏见、能估计风险、能进行预测、能提出多种变通的办法等。

总之，未来的教师必须具有正确的、科学的数学观，全面地认识数学的价值，懂得数学在人类文化中的地位和

社会中的作用。

关于什么是正确的、科学的数学教育观念，我们作如下分析："数学素质教育"是数学教育观的科学概括，王梓坤院士在上面指出的关于数学对社会进步的贡献可以说是数学教育观的终极目标和价值方向。因此，我们认为，正确的、科学的数学教育观念应该是通过数学科学的特点和内在力量，在数学学科的学习过程中，不断发展和完善个体的品质——文化素质、思维素质、行为素质、思想素质，以及培养和发展个体的各种能力，去促成个体对世界和人生的看法，形成科学的世界观和正确的人生观，培育高尚的情操和抱负，使数学教育与培养人的活动与社会的进步和发展统一起来。

这里所说的文化素质，不仅是知识的积累，更重要的是指要形成良好的认知结构，形成有序的、起基础作用的并有着生长点和开放面的知识与智力结构，能为今后的工作、学习，为相应的实践活动打下初步的基础。思维素质是指思维的态度、方式、方法、品质等。思想素质是指政治思想和道德价值观，以及用于观察问题的思想、观念、责任心、使命感等。行为素质包括良好的工作和学习态度，习惯，实事求是的作风等。

数学科学严密的逻辑性、高度的抽象性和广泛的应用性，使得数学活动具有积极的思维态度和科学的思维方式。它从不满足、不停留于观察、实验和直观活动，而总是在此基础上，进一步通过分析、比较，去揭示事物的本质，进行逐级抽象，并不断探索用新的数学思想方法去处理问题。它从不满足于特殊情况的结果，而总是通过归纳、类比等方法去探索、研究对象的本质特征，揭示一类事物的一般性质或规律，给出解决问题的一般数学思想方法；它从不满足于局部范围的统一，而总是透过局部范围统一的奇异现象去寻找更大范围的统一，拓广原来的概念和理论，构建新的理论。如此种种的矛盾、统一交替出现，充分体现了数学活动对于培养学生积极的思维态度，精确、伦理的思维品质，科学的思维方式，不断进取的精神，坚韧不拔的毅力和实事求是的作风等方面所起的重要作用。

此外，人的初步认识，一般均先借助于合情推理、自然语言和模糊概念，因此这种认识往往是具体的、非逻辑的和缺乏系统的，这与数学科学的逻辑性、抽象性和系统性就产生了认识上的矛盾和冲突。例如：直觉判断与分析思维的矛盾，观测误差与计算结果的矛盾，合情推理与逻辑的矛盾，思维定势与科学结论的矛盾，日常语言与科学概念的矛盾等。这些认识上的种种矛盾冲突正是产生强烈内驱力的渊源，它使得学生从数学学科内部获得学习的驱动力，激发学生的学习兴趣和求知欲望。

总之，数学科学的特点及其内在力量和教育功能决定了数学教育的根本目的是育人，它在培育人的全面素质方面有着别的学科不能比拟的重要作用。

应该指出的是，正确、科学的数学观念和数学教育观是一个人的数学素质在对数学的看法、认识和对数学教育的功能、目的看法的具体体现；是一个数学教育工作者必须具有的数学素质。

（2）了解数学发展主流和趋势；较好地掌握近、现代数学基础知识和典型的数学思想方法；较清楚地认识高等数学与中学数学间的内在联系，把握中学数学的理论背景和结构，并具有提炼和挖掘有关数学内容中数学思想方法的能力，理解数学的本质，能从一个较高的观点去思考、探索中学数学教育的现代化改革。

例如，高师学生应较好地认识和剖析中学数学中的所

谓"六个飞跃":从具体数字到抽象符号的飞跃;从代数到几何的飞跃;从常量到变量的飞跃;从平面几何到立体几何的飞跃;从推理几何到坐标几何的飞跃;从有限到无限的飞跃。能说明为什么"有理数比自然数多"是错误的,为什么不能用通常实数中的大小关系去证明"复数不能比较大小"的问题,还能解释为什么直线、射线,甚至有理数集都是可以"度量"的,等等。

但是,事实表明,有相当一部分学生对上述问题在不同程度上感到迷惘,原因之一是因为传统的数学教育造成了高等数学与初等数学间的割裂,缺乏有机的联系。诚然,高等数学与初等数学有着各自不同的研究对象和研究方法,但是,初等数学是高等数学的基础,高等数学是初等数学的延伸和发展,这一点是无可非议的,问题是传统高等数学的有关内容中没有充分体现和揭示这种内在关系。解决这一问题的基本途径有两条,一是在现有高等数学有关内容中充分体现和揭示高、初等数学间的内在联系;二是开设有关初等数学研究的课程。

此外,高师数学教育专业的课程设置中应增设反映数学发展主流和趋势的专题讲座,可以以三个主要方向——几何、代数、分析的发展趋势为线索组织内容。一个面向21世纪的数学教育工作者必须有这方面的了解,才能适应飞速发展的数学教育现代化改革的需要。

美国芝加哥大学中学数学课程设计(简称 UCSMP)中,高中代数第 14 章是维数和空间,其中第八节是分形,在这一节中首先通过几个具体例子来说明什么是分形,以及它的自相似结构。然后从解释海岸线的测量问题,引出分维概念,并指出分维是分形特征的一种量化度量。前后总共才用了八页,就使学生对 20 世纪 70 年代以来才发展起来的,研究大自然中广泛存在的许多复杂现象结构的新学科——"分形与分维"的内容有了一个初步的了解。

提及上述内容是希望能从中对高师数学教育专业学生数学素质培养的设计有所启发，能从中拓宽我们对我国数学教育（包括中学和大学）改革的思路，设计既适合我国国情、又能与国际接轨的改革方案。

（3）在数学被广泛应用，并已发展到一个新阶段，数学已兼有科学和技术双重性质的现代社会中，高师数学教育专业学生的数学素质显然还应包括：具有应用意识和用数学处理简单实际问题的能力，即包括抽象概括、符号化、建立模型、逻辑分析、最优化等"数学化"的能力，以及必要的计算机基础知识和操作运用能力。这在传统数学教育中是较薄弱的方面，为此，一方面要在原有课程内容中增加应用的内容，此外，还必须加强和增加数学知识应用和实践方面的课程，比如：数学建模、数据分析、离散数学、最优化、计算的复杂性等课程。

钱珮玲数学教育文选

四、结束语

数学素质教育是时代的要求，是现代教育目的观的具体体现，如何设计和进行数学素质教育已日益成为教育工作者共同关注的热点问题。然而，市场经济大潮的冲击和"高考"体制的压力又使得"数学素质教育"的进程步履艰难，困难重重。但是，只要有各级领导的支持和正确的导向，有相应的政策和措施，有数学教育界同仁的不懈努力，更新教育观念，不断提高在职教师和未来教师的全面素质，就能推进数学素质教育健康发展的进程。

参考文献

［1］严士健. 面向 21 世纪的中国数学教育改革. 数学教育学报，1996（1）.

［2］王梓坤. 今日数学及其应用. 数学通报，1994（7）：1-12.

［3］郭思乐. 数学素质教育论. 广州：广东教育出版社，1991.

［4］UCSMP. Advanced Algebra，Scolt，Foresman and Company. Glenuiew，Illinois，1990.

193

二、数学教育的现代发展与教师专业素养研究

■对改进数学教育硕士生培养方案的设想[*]

194

钱珮玲数学教育文选

研究生教育是建立在大学本科教育基础上的更高层次的教育，它以培养具有较强独立工作能力和创造能力的高级专门人才为目标。随着科学技术的迅速发展，信息时代的到来，社会对受教育者提出了全方位的要求，因此培养高学历的人才成为社会发展的必然趋势。而培养高学历的数学教育人才是提高我国基础教育质量的重要措施和必然趋势。

数学教育硕士生的培养目标在研究生培养总目标的指导下，有其自身的具体要求，这就是培养掌握数学和学科教育理论，了解学科发展背景、现状，洞悉学科发展动向和各种联系，具有从事数学教育研究的能力和开拓创新精神的优秀数学教育工作者。为此，必须有相应的合理的培养方案，才能确保培养质量。

我校数学教育硕士生的培养方案自 1979 年实施以来，已招收了 49 名硕士生（其中 34 名已毕业，15 名在校），毕业生分布在国内外各个岗位，不少人已成为业务骨干。在实施培养方案的过程中，随着数学科学、教育理论及其他学科的迅速发展，逐渐暴露出原培养方案中的一些不足之处和问题，主要是：

---

* 本文与曹才翰合作，原载于《高等师范教育研究》，1996（3）：26-27，48.

（1）数学课程的学习与研究和中学数学的内容与教学缺乏有机的联系，"两张皮"的现象尚未得到较好的解决，使得教学效益不高，即学生花费时间很多，但对数学教育研究的指导很少，盲目强调数学素质的提高。

（2）联系中学实际和社会实际不够，因此，不利于把握需求对象的脉搏，不利于有针对性地开展数学教育主流问题的研究，这就直接影响到对基础教育应起的主导作用。

（3）论文的选题虽然来自于数学教育的热点问题，但存在着题目大、理论框架大、与实际联系少等问题，这样，虽然在一定程度上检验了学生的科研能力，但在学科的总体上缺乏对现实的直接指导。

怎样调整、改进原有培养方案，为社会培养适应新世纪需要的高质量的数学教育人才，这是我们必须思考和解决的问题。本文仅就数学教育硕士生的人才规格（即应有素养）、课程设置和培养途径等主要问题谈一些设想，与同行们切磋。

我们认为，跨世纪的数学教育硕士毕业生应具有以下几方面的素质：

（1）具有良好的数学素质，其中包括三个层次的要求：了解数学发展的主流；具备学习和理解现代数学所必须的基础知识，了解近、现代数学中典型的数学思想方法，具有初步的沟通大学数学与中学数学的能力；熟悉中学数学的内容和其中的数学思想方法，并能够从数学与社会的发展趋势中把握中学课程内容改革的脉搏。前两个层次的要求是第三个要求的基础和保证，因为只有了解主流，才能明确方向，只有具备了一定的数学基础才能开展中学数学教育中有关问题的研究，才能给教师的教学活动和教学改革提供深刻的理论背景。荷兰数学教育家弗兰登塔尔就曾指出：许多初等数学的现象只有在高等数学的理论框架下

才能深刻地理解。例如，不少中学生会产生"自然数比偶数多""有理数比自然数多"等错误认识，其原因是他们不知道对于无穷集应该怎样比较元素的"多少"，他们还是从对有限集元素多少的认识去看待无穷集，只看到了现象，而不知道相应的理论背景。再如，关于"为什么复数不能比较大小"的问题，如果不从关系、顺序关系和大小关系这一深刻的理论背景去理解，就会出现种种迷茫，包括证明中出现的种种错误：把顺序关系和大小关系这两个不同的概念混为一谈；把通常实数中的大小关系作为依据去进行推理；等等。还可举出不少这样的例子。如果我们的硕士生（或中学教师）对类似的种种问题感到茫然，或不知怎么回答，就不能说他们的数学素养是良好的。

（2）懂得数学的价值以及怎样将数学应用于生活、社会和其他学科（但并不是应用数学家）。这是过去培养方案中相当薄弱的一环。传统的中学数学最严重的问题之一是忽视应用，很少引导学生将数学应用于生活，应用于社会，学科之间也缺乏应有的联系。目前教材和课堂教学中所谓的应用（例如在一般公式的参数中代以某些特定数值，或者是在相应知识后面安排一些文字应用题等），即使提到了具体问题，也都作了很多教学法的加工，而只将具体问题作为数学内容的一种"运用"，因此至多是对数学知识的一种说明。当然，为了理解和掌握知识，上述环节是必要的，但仅有这些还不能使学生真正懂得数学的价值。相反，把源于实践、有着丰富实践背景的数学与活生生的生活和社会割裂开来，使得数学学习变得十分枯燥乏味，久而久之，就会导致学生把数学学习作为一种沉重的负担而失去兴趣，甚至产生厌恶的情绪。因此，作为今后教改主力军的硕士生，必须在应用意识、应用能力上有一定的素养。为此，除了增加些应用性强的课程外，还要培养学生实际动手能

力，增加参与中学教育教学实践、社会实践的时间。此举尽管实施起来相当困难，但也要着力去做。

（3）掌握一定的教育理论和现代化教学手段，懂得怎样进行教学研究。跨世纪的数学教育硕士毕业生是"理论型"的研究人才，他们能把日常的教学、教育工作与教育过程的科学研究结合起来，能运用有关的教育理论，从一定的教育理论高度，去开展教育过程的研究，不断提高教学、教育水平；他们能用教育学、心理学的知识去发现、评价和解决教育、教学中的问题，而不是空发议论；他们能从学科教育的观点，而不是只从某一学科的观点去看待问题。与此同时，他们还必须懂得如何使用现代化的教学手段，例如：能恰当地使用投影、录像、计算机、多媒体等手段，改善教学环境，提高教学质量，提高管理水平。这些都是数学教育研究生区别于数学专业研究生的特点所在，也是培养高学历数学教育人才的归宿和目的——提高学科教育的水平，推动基础教育的改革。

依据对数学教育硕士毕业生的素质要求，针对原培养方案中的不足，我们考虑拟对原培养方案中的课程设置和内容作如下调整：

在专业基础理论课程方面，本着"广而实用"的原则，拟开设"现代数学基础"和"应用数学基础"两门课程；原"基础数学研究"课程应加强大学数学与中学数学的有机联系，加强对学生进行这方面科研能力的培养；在"数学教学论"中应增加教学的设计和开发、现代化教学手段等内容；"数学教育心理学"课拟加强在思维、学习过程中的微观实验和研究，安排到中学调查数学教育心理的有关问题和其他社会调查；原方案中 4 周的中学实践时间拟增加为 6 至 8 周。

在选修课程方面，"数学方法论"课要加强对中学数学中现代数学思想方法的研究，注重对中学数学教材的研究；"算法语言"课程拟改为"计算机基础"，以拓广计算机方面的知识面和使用能力。

在培养途径方面，在坚持教学与研究相结合、学习与创造相结合、研究生的独立研究与导师的指导相结合、理论与实践相结合的同时，拟增加"开放"成分，让学生和我们的专业更多地走出校门，了解中学，了解社会的需求，并适当考虑请有经验的中学教师参与研究生的培养工作，更好地使理论与实践相结合，面向社会，培养跨世纪的优秀数学教育人才。

以上就是我们对面向新世纪数学教育硕士生培养方案的几点思考和设想，这对于中学数学教师的继续教育在原则上也是适宜的。

钱珮玲数学教育文选

■在大学数学教学中应注重贯彻"教学与科研相结合"的原则[*]

一、问题的提出

近几年来，数学教育工作者对于在数学教育中应加强应用意识和应用能力的培养问题，有了较一致的共识。我们不仅要使受教育者有较扎实的数学基础知识，在逻辑演绎和计算能力方面有良好的训练，而且为适应新时代对数学教育的要求，必须努力提高学生运用数学知识解决问题的意识和能力，必须提高学生的应变能力，发展学生的创造性思维和创造才能。

在基础教育（即中小学教育）方面，已有不少论著探讨上述问题的解决对策，在高等教育方面，有关问题的讨论尚未广泛开展，本文想就一个侧面谈一点粗浅的看法。

高等教育与基础教育相比，有其自身的特点，但两者都是通过教育过程培养人（只是具体培养目标不同），因此，就都要受教育理论的制约，在教学活动中都应受教学理论的指导。教学原则作为教学理论的出发点，是根据教育和教学目的，反映教学规律而制定的指导教学工作的各项基本要求，是保证教学取得应有成效所必须遵守的各项基本准则。因此是教师在教学过程中为了获得良好的教学效果，达到预期目的应遵守的基本要求和指导原理。如何确定和贯彻教学原则，在高等学校同样是一个值得探讨和

199

二、数学教育的现代发展与教师专业素养研究

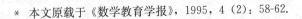

* 本文原载于《数学教育学报》，1995，4（2）：58-62.

研究的基本问题。

二、大学数学教学原则的基本内容

对于大学教学过程，从历史上就形成了这样的情况："几乎没有教学理论来约束或指导，教学理论只不过被看作是某种毫无实践意义的已定概念罢了"，"高等学校教师活动的教育依据被归结为对好的授课经验的总结"。长期以来在教师中有这样一种看法，高等学校的教学只要求以下条件：精通本学科的业务，包括理论、应用和实验；热爱本学科并能吸引学生热爱本学科；受过广泛教育，有文化修养——具有科学的视野和健全的思想，并有从事创造性活动的能力。他们的理由是，高校的教师是具有一定专长一定造诣的专业人员，高校需要的理论是研究有关学科的理论，所以在教学中所遵循的应该是某一相应专门学科的规律和方法，而不是教学论，概括地说，只要业务好，就能搞好教学，其实这仅仅说对问题的一个方面，业务只是完成教育任务的一个必要条件，教学过程还要受教育规律的制约，违背了是取不到应有的效果的。不是有这样的例子吗？一位好的数学家不一定是一位好的教育家，何况在目前的一些高校中，符合上述条件的教师所占比例不大，而且高校也不同于科研单位，它要根据教育目标培养专门人才。

高校的教学过程如果没有科学的教学理论体系加以指导和监控，只是研究有关学科的理论，遵循相应学科的规律和方法，就不可能对教学过程中出现的各种现象的实质作出客观的分析和评价；迅速发展的时代特点更不允许仅靠尚未上升为理论的经验来指导教学过程，而必须在组织、指导和预示等方面建立相应的教学（育）理论，用理论指导实践，又在实践中发展和完善理论，用各种理论观点提出和解决教学中的问题，促进各种新教学方法、教学手段的运用。事实上，在高校中，任何一位优秀的教师，无论他们在主观上是否意识到，他们在客观上随时都在为自己的最佳教学活动建立教学（育）理论体系，他们在寻求、思索、分析和概括自己教学活动的基础上，把教学过程看作是作用于学生智力、意志、情感、美感和道德的过程，并在此过程中发展学生的思维，发展学生的求知欲和创造性。因此，建立适合我国的大学教学理论，确定和贯彻教学原则，提倡和运用教学理论指导教学，是完全必要的。

　　首先，高等学校的任务是培养高级专门人才，不同于进行基础文化教育的中小学普通教育。高等教育应使受教育者具有广泛的科学素养，深厚的专业知识（包括操作和应用能力）和马列主义的世界观，这一教育目标主要是通过一系列教学活动实现的，这就使得高校的教学活动不仅仅是传授和掌握知识、培养熟练技能技巧的过程，而且是组织、指导、发展学生认识活动的复杂系统，是一个多方面造就高水平人才的过程，尤其是现代信息社会对未来劳动力的培养提出新的要求："21 世纪的劳动力将是较少体力型更多智力型的，较少机械的而更多电子的，较少稳定的而更多变化的。"信息社会需要善于吸收新思想，能适应各种变化，并善于解决各种复杂问题的能力。

　　其次，高等学校的教育对象虽然也是青少年学生，但大学生大多处于青年前期（16～18 岁）和青年中期（19～24 岁），他们的智力活动水平已达到成熟的水平，各种心理机能和品质也都已达到或接近成熟阶段，具有较好的独立自制能力。因此大学生的认识活动与中学生有很大的不同，相应地在教学过程的组织、内容的选择和授课方式上与中学也有很大的不同，教育目标和教育对象的区别决定了高校教材与中学相比具有更强的理论性、科学性、先进性等

二、数学教育的现代发展与教师专业素养研究

特点。但是，高等教育与基础教育同是教育过程，就都要受教育理论的指导和制约。基于上述原因，针对数学科学本身的特点，其发展的迅速和错综复杂的趋势，以及科学技术对数学理论和应用的要求，社会多方位（经济类科学、管理科学、人文科学等）的要求，根据教学过程的本质和任务，参考文献［2］中提出的教学原则，我们认为大学数学教学主要应贯彻以下原则：（1）科学性、系统性原则；（2）在教师主导下发挥学生自觉性、创造性和独立性的原则；（3）理论与实践相结合的原则；（4）教学与科研相结合的原则；（5）可接受性原则；（6）传授知识和发展智能相结合的原则。

原则（1）是指传授给学生的知识必须是符合先进的现代科学的要求，与发展着的新科学保持一致，应注重学习和研究学科的整体理论、规律和思想方法，并在相应学科的理论体系中去学习和掌握知识。

原则（2）是解决如何调动教与学两方面积极性的问题，以达到使学生独立地、创造性地进行学习的目的。因为大学生在生理和心理上已趋于成熟，有较好的独立自制能力，这使他们的学习认识活动与中学生有很大的不同，他们在学习时间上有更大的自由度和灵活性，在思维上更具有"开放性"，所以更加需要教师能及时、有效地启发诱导他们进行积极地思维，主动自觉地学习，同时要求教师正确对待他们的爱好，尊重他们的志趣，并提出严格的要求，以激发他们积极向上、坚韧不拔的恒心和毅力，促使他们独立地、创造性地进行学习。

原则（3）主要解决学以致用的问题。在这里，要指出的是，在中学阶段理论联系实际主要是为了更好地理解和掌握所学的知识和理论，而在大学教学中贯彻这一原则就不只是理解和掌握所学的知识和理论，还应该学习解决问

钱珮玲数学教育文选

题的手段和方法，培养综合运用所学知识解决问题的意识和能力，因此要求教师在教学中要密切联系实际，讲清基础理论，介绍本学科理论的思想方法和发展动向，引导学生掌握比较完全的现代科学知识及思想方法，最终达到使学生具有一定的综合运用所学知识解决问题的能力。

原则（4）是培养大学生探求新知识和创造能力的有效途径。这是由高等教育的特点和目标所决定的（下面还将论述）。

原则（5）在中学数学教学原则中也有此内容。只是中学教材是由国家教委组织编写的统一教材，而大学教材的种类较多，同一课程的教材，在内容的深广度上有很大的区别。这就使得贯彻教学大纲时，高校比中学的主动性要强得多。教师可根据教育对象的特点和基础，合理地、恰当地选择教材，确定内容的深浅度和难易度，使学生既有"压力"，又不被压垮，始终保持最佳的学习状态，进行主动、自觉的学习。此外，由于中学生在生理和心理上还不太成熟，所具备的知识也较少，因此在贯彻这一原则时，往往采用消极退让的方法，比如：降低难度，作一些教学法的处理，或避而不讲，简言之，在大学贯彻这一原则具有更大的主动性和积极意义，而它的难度是如何恰当地把握好尺度。

原则（6）是区分现代教学与传统教学的主要标志之一，尤其在大学，更要抓住 18～30 岁这个智力开发的黄金时期，着力培养、开发学生的智能。

当然，上述各项原则之间是相互联系的，更是相互渗透的。例如，原则（4）的贯彻有利于原则（3）（6）的贯彻，原则（1）（5）的贯彻必将有助于原则（2）的实现，而原则（2）又是使教学得以顺利有效地进行的基本保证。

三、关于"教学与科研相结合"的原则及其贯彻

高等学校担负着培养高级专门人才和发展科技文化的

重要任务，它不同于普通教育，也不同于中专，它要求受教育者具有较宽厚的理论、一定的技术和一定的综合运用知识解决问题的能力，并能了解学术前沿动态。当今时代又对高等教育提出了新任务，对专门人才的质量提出了新标准，因此对大学生也提出了新的要求：（1）知识量的迅速增长，使得知识陈旧周期缩短，更新速度加快，这就要求大学生具有不断获得新知识的能力。（2）学科的不断分化和综合使新分支不断建立，交叉边缘学科层出不穷，这就要求大学生具有扎实的基础，具有较好的适应能力和创新能力。（3）科学研究、企业管理等逐渐向集团化转化，因此要求大学生具备集体合作、预测、规划、组织协调等管理方面的能力。综上可知，高等学校的教学过程与中小学相比，有以下特点：（1）教学和科研应该紧紧联系。（2）学科间应注意横向联系，注重知识的综合运用。（3）为全面发展学生的智能创造良好的环境和条件。而数学教学除了具有上述特点外，还有其自身的特性：数学科学正逐渐深入到其他科学技术和社会生活的各个方面。因此数学的重要性不只是它与科学各分支的广泛密切联系，其自身的发展水平还直接影响着人们的思维方式，影响着人文科学的进步，因此要求我们在数学教育中必须充分认识理论数学的源泉和发展都离不开实践和应用，离不开科学研究，在数学教学中应贯彻"教学和科研相结合"的原则。

对于本科生来说，他们往往对科学研究感到神秘，多数人会认为那是研究生和教师的事情，其实科学研究并不神秘，也不是高不可攀的事情，它仍是一个认识过程，是人们认识客观规律的过程。与一般认识过程所不同的是，这是一种更具创造性的认识活动，这个认识活动的本质特征是创造性，这种创造性实际上是人的观察能力、思考能力、想象能力、预测和判断能力，以及事业心、进取心和

钱珮玲数学教育文选

顽强毅力的一种综合能力的表现。因此在贯彻"教学与科研相结合"的原则时，我们提出以下方针："培养意识，注重训练，创造气氛，提倡参与。"

具体地说，可以分两步进行，在低年级，主要是着力培养学生的观察能力、思考能力和想象能力，要求他们养成细心观察、勤动手、勤动脑的良好习惯，每个问题，每个定理，每个事实，都要经过自己的思考和推断，彻底搞懂，在此基础上进一步要求学生分析、掌握论证中的基本思路和关键步骤，并注意积累典型的方法和技巧，及时总结数学思想方法的运用实例，同时提倡讨论，在教学过程中精心设计问题的情境，准备一些好的问题，点拨和触发学生思维的火花。在数学分析、高等代数、解析几何等基础课的习题课上，对不同的解法和证明，对错误的解法和证明，进行充分的讨论，创造一种充分探讨、深入钻研的良好气氛。久而久之，便可使学生在掌握知识的同时，学会怎样思考问题，怎样提出问题，怎样解决问题，这些都是进行科学研究的必要准备。此外，创造一定的学术气氛，比如，有组织有计划地安排现代数学和应用数学、数学教育的系列讲座，举办学术报告活动等，以激发学生的求知欲和学习数学的兴趣，给他们以学术研究的熏陶和感染。总之，这一阶段的重点是培养意识、创造气氛，并进行数学基本功和数学素质的严格训练。

进入高年级以后，可以根据学生兴趣爱好和基础的不同，采取不同的方法和措施，有针对性地加以指导和培养，对于数学基础理论较好，学得扎实又对数学基础理论感兴趣的学生，可指导他们学习有关的专业基础知识，组织讨论班，较深入地学习讨论有关专业知识。个别学生还可参加研究生的讨论班，看一些有关的文献资料，引导他们学会如何查询，阅读文献资料，如何进行专题的科学研究，

二、数学教育的现代发展与教师专业素养研究

培养他们积极向上的进取心和克服困难的顽强毅力，等等。
对于一部分对应用数学和数学教育感兴趣的学生（这是学
生中的大多数），可以通过开设较为系统的选修课，学习有
关方面的知识；同样也可采用讨论班的形式，学习讨论较
为深入的专门的知识和方法；可请专家或课题组成员介绍
有关课题的科研目标、数学基础理论和思想方法的运用，
介绍进行预测、判断的手段和方法，以及怎样对待科研中
出现的种种障碍和困难，怎样在实践中学习，在实践中逐
渐培养自己的科研意识和科研能力，并尽可能地组织学生
参加部分工作。一个好的足球运动员要有射门意识，同样，
一个能适应现代社会的大学生也要有"射门"意识，这个
"门"就是高等教育目标，而在校期间对学生进行科研意识
和能力的培养，将对教育目标的实现起到积极有效的作用。

四、结束语

众所周知，进行教育改革，建立和完善教学理论的关
键是教师。要不断地提高教师的素质和业务水平，才能保
证教改的健康发展。但目前的状况不容乐观：（1）教师队
伍的知识层次需要提高。比如在一些院校中，具有硕士学
位以上的教师所占比例很小。此外，教师队伍中知识更新
的任务也很为迫切。（2）受传统教学思想和教育观念的束
缚，多数院校改革起步较晚，改革进程较缓慢，如何使改
革进程既稳妥扎实又不断前进，是摆在每个教师和领导面
前的紧迫而艰巨的任务。为此，我们认为应抓好三个方面
的工作：（1）上至教委，下至各级领导，均要按教育工作
会议的精神和要求作具体的规划和部署。应该看到，近几
年来，这方面的工作还是有成效的。从 1994 年起，国家教
委还将在八所院校试办以同等学历申请硕士学位的教师进
修班，提高教师的知识层次，培养骨干教师，这无疑是一

条较可行的途径，希望能有更多好的措施以保证教师的再学习和素质的提高。（2）教师自身要有计划地安排业务、外语、计算机使用等方面的进修。（3）必须有数学家的积极参与和指导，以保证教材和教学内容的先进性、科学性和系统性。基层领导和有关学术机构应安排他们中的部分人员与一线教师一起，从基础课入手，对现有课程、教材进行审议，商定改革方案和措施，确定试验课程。前苏联数学家、教育家格涅坚科曾精辟地指出：实际上，数学家应该研究如何教育和发展科学，如何使青年热衷科学并学会创造。这个问题 н. н. лузни 解决了；嗣后，А. н. колмогоров 也解决了。колмогоров 作为教育家的光荣就在于引导和教会了青年去创造。在我国，已有越来越多的数学家关心、支持并积极参与数学教育的研究工作，而且作出了出色的成绩。我国数学教育的前景必将是无限美好的。

衷心感谢曹才翰教授对本文初稿提出的十分有益的修改意见。

参考文献

[1] C. N. 阿尔汉格尔斯基. 高等学校的教学过程. 北京：教育科学出版社，1987.

[2] 中央教育行政学院. 高等教育原理. 北京：北京师范大学出版社，1988.

[3] 曹才翰，蔡金法. 数学教育学概论. 南京：江苏教育出版社，1989.

[4] 齐民友. 数学与文化. 长沙：湖南教育出版社，1991.

[5] А. Н. Ширяев. 致鲍里斯. 弗拉基米拉维奇. 格涅坚科 80 寿辰（访谈录）. 数学译林，1994，13（2）：129-136.

[6] 人人有份（Everybody counts）：致国家的一份关于数学教育之未来的报告. 转见：数学译林，1989，8（4）：364-369.

■数学教育的现代发展与教师培训[*]

科技的发展和社会的进步推动着数学教育改革的进程，改革的目的是最有效地培养现代社会需要的具有创新精神和实践能力的高质量人才。改革的核心问题是如何切实、有效地改进教师的教学，从而改进学生的学习，最终提高教育质量。实现这一目标的关键是教师，是教师的观念和专业修养。而观念和修养又必须体现时代的特点和发展要求。因此，从数学教育的现代发展看，思考教师培训的内容和方式是一项既有现实意义又有深远的战略意义的任务。

一、数学教育的现代发展

（一）课程方面

1. 在体制上体现了统一性和灵活性相结合，统一化和区别化相结合。西方国家从原先过多的"自由化"走向统一化，建立国家统一的课程标准。其中较明显的例子是美国 20 世纪 80 年代后期开始的"课程标准化运动"；英国的统一化与区别化相结合的体现更为明显。他们认为，统一化是取得高水平数学教育的保证，但学生的基础和认知水平又不尽相同，因而，区别化是实现高水平数学教育的途径。而中国、日本、苏联等国家则由原来统得过死开始注重一定的灵活性，如我国的"一纲多本"、地方课程、校本课程等。

2. 在课程设计的指导思想上，注重面向全体学生，人

钱珮玲数学教育文选

* 本文原载于《课程·教材·教法》，2002（5）：52-56.

人都应受到高水平的数学教育，在各自原有的基础上均能得到发展；从现代信息社会科技发展和数学科学发展对人才的要求来看，应建立核心的中学数学。这两点在数学教育界已逐渐成为共识。

3. 在课程目标上，西方比较注重过程和学生的体验，注重应用和探究活动，注重评价的多样化；而东方则比较注重结果，注重基本概念、基本训练和基本技能。而目前的发展表明了东西方互相融合的趋势——美国 2000 年发布的"新标准"与 1989 年发布的"旧标准"相比较，一个明显的变化就是在目标和内容上更重视基本训练（包括运算能力、几何推理等）的要求。我国新大纲对创新精神、实践能力的要求，探究性课题的增加，以及教学改革的实际情况也表明"既重结果又重过程"的理念已被广泛认可，并逐渐地用于教学实践中。

4. 在课程的实施上，注重学生的活动，尤其是探究活动、学习过程。随着学习理论研究的不断深入，人们越来越深刻地认识到学生的感知、体验在数学学习中的重要作用，注重学生的活动，尤其是探究活动和知识的应用，对于课程实施的重要性和必要性。教育技术的发展，又为学生的活动提供了良好的外部条件。总的来说，在这方面，西方国家比我们做得好一些，但是从 20 世纪 90 年代以来，我国也开始加强了活动课程、综合课程的研究和实施，加强了教育技术对课程实施的影响和作用的研究。

（二）教学方面

1. 教学目标。知识技能、数学能力、智力开发、情感等方面的整合，是理想的数学教学目标。各国的教学目标都在向全面整合的理想目标努力。我国传统的数学教学目标主要是知识和技能，20 世纪 80 年代以来，逐渐注意到能力的目标，而情感目标是在义务阶段国家数学课程标准中才被明确提出来。西方国家比较注重兴趣、体验、情感，而不太重视基本技能。但是，现在他们也提出要加强基本技能的训练。我们认为，情感目标的确应是教学目标的一部分，尤其是对于年龄较小的儿童更是如此，但一般来说，不是第一位的。

2. 教学内容。各国有较大的差异。例如，在美国教育部于 1999 年 2 月发布的《研究发展报告》（该报告是在对德国、日本、美国三个国家的 231 节 8 年级数学课用录像进行调查研究后，初步发现了这三个国家在教学目标、教学内容、教学方法以及教师的作用等方面的差异）中指出：比较被考察研究的参加第三次国际数学和科学研究的 41 个国家和地区后发现，美国 8 年级的数学内容相当于 7 年级的水平，日本 8 年级的数学内容相当于 9 年级的水平，德国 8 年级的数学内容与 8 年级的水平相当。美国的数学内容是"一英里宽，一英寸深"，而日本的课程内容又偏深，这在美国新的课程标准和日本新的"数学指导纲领"中都作了相应的变动，同样表现出一种融合而又各具特点的趋势。

3. 教学方法。美国数学教育改革十分注重学生的参与和合作学习，在课堂上，往往先提出一个学生感兴趣的问题，然后让学生独立或分小组活动，适当的时候，教师介入。英国也十分注重问题解决和个别化教学，甚至有完全从问题编排进行教学的。但是，从整体来看，多数教师在课堂上采用的是讲授法。例如，在 1999 年美国教育统计中心发布的研究发展报告中，调查表明，多数教师在课堂上采用的是讲授法，而且是教师先示范，通过例子来说明如何一步一步地解题，然后是学生解类似问题。德国的情况也类似，只是教师在通过例子讲如何解题时，会解释包含的概念及概念的发展。总之，讲授法仍然是一种基本的教学方法，应该注意的是要在学习理论的指导下，给讲授法

赋予新的内涵。此外，随着对学习理论的深入研究，各种新的教学方法应运而生，虽然各种方法的侧重点不同，但是目的都是为了促进和改进学生的学习。

　　教学方法的另一特点和发展趋势是注重探究式的教学方法。启发式、探究式的教学方法也是我国提倡的教学方法，尤其是前者，它的思想可追溯到孔子的教育思想。对此，一个需要共同研究的问题是关于学习的本质和教师在教学中的作用。在学习理论的研究不断深入的今天，应该研究如何使启发式、探究式的教学方法对学生的主动参与、学习过程中的意义建构以及创造能力的培养起到积极的作用。

　　4. 教学研究与设计。"教学研究和教学设计应建立在深入研究学生学习的现代科学心理学的基础上"的观念已为多数人所理解和接受。数学教学研究已不再被单纯地看作教育、心理学的应用学科，随着对教学研究和设计的不断深入，人们更多地注重对教学和教学设计过程的理解，即不仅要考虑怎样设计，更要考虑为什么要这样设计。因此，教学和教学设计开始建立在多学科的基础上，教育学、心理学、哲学、社会科学、计算机科学、系统动力学、传播学等都成为教学和教学研究的基础学科。从研究方法上看，多种研究范式并存的局面、"质的研究"和"量的研究"的结果、宏观研究与微观研究的结合将是教学研究的主要发展趋势。

　　5. 教师的作用。无论是哪种教学方法，教师在教学活动中都应是主导者，他们扮演着设计者、组织者、指导者、参与者、顾问、咨询者、辅导员等多种角色，发挥着不同作用。这应成为数学教育界的共识。

　　（三）**数学学习心理现代发展的特征和趋势**

　　数学学习心理现代发展的趋势主要有以下特点：一是

数学学习研究建立在多学科的基础上，强调用综合的、动态的观点研究个体的学习活动，注重从哲学认识论、现代认知论的高度对数学学习心理作理论分析，达到了更高的理论高度，并用理论指导教育、教学实践；二是多元化多维度、各派学习理论的互相融合，从不同的角度和侧面更深入地研究复杂的学习活动，现代建构主义的理论表现出对其他理论有更大的包容性，对学习的实质有更深刻的揭示，这是对学习研究深入发展的必然；三是从数学科学的特点出发，突出数学学习的特点，研究"高层次数学思维活动"，深入到"真正的数学活动之中"。

数学学习研究的发展还表现在对学习赋予现代意义上的新内涵：学习，作为一种认识过程、交往过程和发展过程，在现代意义上的新内涵可从以下几方面诠释。

1. 发展性。主要表现在学生学习的自主性和发展的目的性上，强调学生的自主学习，培养学生的自主意识，如能自觉地确定学习目标，选择学习内容，自我调控学习过程，等等。目的在于保证学习目标和发展目的的实现。

2. 活动性。学生的学习是一种实践性的"再创造"过程，尤其是数学的高度抽象性，使得数学学习的这种实践性的"再创造"过程更为重要。通过主动参与教学实践活动，实现主体与客体的相互作用，积累个人经验，扩展主体认识范围；通过实践活动，改造和提高主体接受和加工信息的能力。这比斯托利亚尔的"数学教学是数学思维活动的过程"更加强调实践的体验和主客观的相互作用及其在学习中的重要性。

3. 社会性。学生的学习是一种社会性学习，通过师生间、生生间、人机间的交互作用，实现社会文化经验的延续和发展，培养学生的群体意识、规划意识、归属感、责任感以及人际交往的合作技能，并在合作中发展合作交往形式。

4. 创造性。学生的学习是一种创新学习（包含"再创造"），学习的过程是一个创新的过程，是一个批判、选择与质疑的过程，而不仅仅是复制、强化、记忆，这样的理解更加体现学习的客观规律。

（四）评价方面

改革传统的评价观念和单一的评价方式，既有对行为表现的定量分析，即对结果的评价，又有对学习过程的评价，包括学生内在思维活动的定性分析和学生在学习过程中表现出来的情感和态度。目的是为了探索和全面了解学生的数学学习过程，激励学生积极主动学习和改进教师教学。因此，建立评价目标多元化、评价方法多样性的评价体系，不仅是改进教学的迫切需要，也是推进数学教育改革的需要。

（五）数学教育现代发展的其他特点

1. 数学为大众

"大众数学"这一口号是 1983 年德国数学家达米洛夫首次提出的，1984 年在澳大利亚举行的第五届国际数学教育大会设立了"为大众的数学"专题讨论组，并确认它为数学教育的主要问题之一。1986 年，国际数学教育委员会（ICMI）在科威特召开了"90 年代的学校数学"专题讨论会，对 20 世纪 90 年代的数学课程发展作了预测，又把"为大众的数学"列在首位，并出版了由豪森（Howson，A. G）等人编辑的总结报告《90 年代的学校数学》。于是，这一口号更加广为人知。

"大众数学"的提出主要基于两个原因：一是对 20 世纪60 年代"新数"运动、70 年代"回到基础"的反思，既不能只为少数尖子，也不能只照顾基础，更不能让多数人去陪少数未来的大学生只为升学而读，数学教育要适应社会发展的需要，要适应科技发展和数学本身发展的需要，但也要考虑学生的心理发展过程，要面向大众；二是数学教育的现状，一方面是社会的发展、科技的发展对数学的需求越来越多，另一方面是很多人对数学学习失去了兴趣，厌学情绪严重。要摆脱这种困境，数学教育必须考虑学生的心理过程，必须面向大众。要强调指出的是，在新的时代中要对大众数学赋予新的含义。我们认为，大众数学应该有两层意思：一是数学教育必须考虑到社会和所有人的需求，要使每个人都能从数学教育中获得尽可能多的益处，不同的人可以达到不同的水平，但要有一个人人都能达到的水平，并要更多地考虑到学生发展的需要，考虑到学生未来学习、或未来生活、就业的需要；二是应该注意，它决不是降低对数学教育的要求，而是要使人人都享受到高水平的数学教育，全面提高受教育者的素质，以适应现代社会发展和科技发展的需求。

2. 知识技能、概念理解和问题解决三者的协调配合和发展

过分强调数学抽象结构的"新数"运动只注意了数学本身的特点和结构，而没有考虑社会的需要和学生的心理过程。20世纪70年代强调掌握最低限度基本技能的"回到基础"又只照顾了基础的情况而忽视了数学本身的发展和科学技术发展的需要，也不利于优秀学生的发展。这促使人们去思考、探索关于数学教育的深层次的问题。"问题解决"的提出不仅成为20世纪80年代数学教育的口号和中心，而且直到现在，还是数学教育中研究的热点问题。

随着"问题解决"的含义、学习心理机制以及怎样进行"问题解决"教学等方面的研究和探索不断深入，人们越来越认识到知识技能是问题解决的基础，概念理解是问题解决的关键，而问题解决又是对知识技能、概念理解的

钱珮玲数学教育文选

检验和体现。关于"问题解决"的含义，我们认为，"问题解决"是数学学习和能力培养的一种途径，它必然要作为课程的重要组成部分，体现在课程设计和内容中；而体现在教学中，它是一种过程，是运用知识于新情境的过程，是过程和目的的结合；体现在学生的学习中就是一种心理活动；最终又是以学生的能力和整体素质表现出来的。因此，它的最终目的应该是提高学生的数学素质。

近几年来，人们对于"开放题"及其教学研究的关注，一方面是探索创新教育途径的需要，另一方面也可以说是"问题解决"及其教学研究的深入发展，是对问题解决赋予了新的内涵。显然，开放题和开放式教学更需要知识技能、概念理解和问题解决三者的协调配合和协调发展。

3. 数学知识应用和现代教育技术推动数学教育的改革

由于传统数学教育中"烧中段"情况造成的种种弊端，尤其是由此造成学生对数学学习缺乏兴趣、不懂得数学的价值等问题以及现代社会对数学应用的广泛要求，数学知识的应用受到人们的关注和重视。尤其是 20 世纪 80 年代提出"问题解决"的口号以来，重视数学应用已成为全球范围内推动数学教育改革的一个动力。总的来说，在这一方面，西方国家比我们做得早一些，但是从 20 世纪 90 年代初开始，我国在这方面也开始从课外活动、数学知识应用竞赛等方面开展了许多实际的工作，收到了可喜的成果，教学大纲中也体现了相应的要求。在研制中的"高中数学课程标准"中，更是注重这方面能力的培养，增加了数学建模的内容，希望能对学生懂得数学的价值，培养创新意识、创造能力和实践能力方面起到积极的推动作用。

教育技术在数学教育中的作用，已从作为"辅助教学"的手段向多方位的功能发展，不仅对教学组织形式和教学方法（例如多向交流、个别化教学方法的研究）正在产生

深刻的影响，而且对课程内容（例如在运算上更多关心的是明确算理、确定算法）、教师的作用包括对数学的认识等方面都在发生作用。

二、教师培训
（一）培训目的和方式

教师培训工作的目的应该是："转变观念、提高观点、更新知识、拓宽思路、认清方向；增强教改意识、提高教科研能力、发展潜力，使每个教师发展成为具有创新意识和现代教学教育思想的、具有独特风格的新型教师。"为了达到这一目的，适应数学教育的现代发展，同时更具实效性和针对性，培训工作同样要改变观念和以往的培训方式，让受训教师主体参与到培训活动中，并设计多种方式，以实现培训目的。

首先，要把培训工作的着眼点放在以下几个方面：（1）给受训教师提供一个进一步认识数学、认识数学教育、认识自己数学教学教育经验的机会和过程。（2）使各位受训教师形成对数学、对数学教育、对自己教学实践的反思意识和反思能力，认识、归纳、提升以往教学实践中的经验，从而能够在今后的教学实践中用不同的方式去思考和设计同一数学内容的教学，并付诸教学实践。（3）使受训教师成为培训工作的主人，在培训的实践活动中充分发挥受训者的主体作用，提高受训者对数学、数学教育、以往教学实践的认识，提高自己从事数学教育的能力，成为具有现代教学思想、良好认知结构（其特征是具备鲜明的自我认知特征）和独特风格的"自主型"的新型教师（当然，这还需要在教学实践中逐步实现）。

对此，要求受训教师对自己的已有状况作一初步的思考，内容大致可包括：

钱珮玲数学教育文选

（1）改革的意识和改革的实践。如做了些什么？还想做什么？有什么困难？

（2）专业知识和专业能力。其中包括数学知识和数学能力；对数学教学的基本问题以及对有关数学、教育理论的看法和认识。例如：什么是题海？题海与练习究竟有什么不同？为什么新大纲把"现实世界"去掉了？为什么把 0 作为自然数？等等。

（3）基本训练。包括教学的基本技能，现代化教学技术的运用，管理能力，教学研究能力等。

（4）其他。如个人面貌、协作精神等。

（二）培训内容

1. 数学观、数学教育观、数学教学观

关于培训内容，首先要在数学观、数学教育观和数学教学观方面，使受训教师有一个基本认识，因为数学教师所具有的数学观、数学教育观和数学教学观在很大程度上决定了他是以什么样的方式从事教学活动的。

要用动态的、多元的观点来认识数学，最基本的是：（1）要认识数学的两个侧面，即数学的两重性——数学内容的形式性和数学发现的经验性。（2）要认识数学的基本要素，这就是柯朗（R. Courant）所说的——逻辑和直觉、分析和构造、一般性和个别性。（3）要认识数学是一门动态的、发展的科学，正如《人人关心数学教育的未来》中指出的："数学是一门有待探索的、动态的、进化的思维训练，而不是僵化的、绝对的、封闭的规则体系；数学是一种科学，而不是一堆原则；数学是关于模式的科学，而不仅仅是关于数的科学。"

教育的目的是促进人的发展和社会的发展。数学教育是根据数学学科的特点，使人们学会用数学的知识、方法，去认识自然、认识社会，理解并解决所面临的问题，最终达到培养人、发展人，从而发展社会的目的。

　　数学以其学科的特点和优良品质决定了它在教育人、陶冶人、启迪人等全面发展人的素质方面起着十分基本的作用。王梓坤院士在《今日数学及其应用》一文中高度概括了数学教育的价值方向和终极目的：对整个科学技术（尤其是高新技术）的推进与提高；对科技人才的培养和滋润；对经济建设的繁荣；对全体人民科学思维的提高与文化素质的哺育。笔者认为，数学教育的主要功能可概括为：科学技术功能——高新技术本质上是数学技术；思维功能——数学教给人们理性的思维方式，使人们学会有条理地思考，有效地进行交流，运用数学的知识和思想方法分析问题、解决问题；社会文化功能——在数学化活动过程中，可以发展学生的主动性、责任感、自信心，尤其是后两者，是个人和社会发展的重要因素和条件。

　　关于数学教学观，一般来说，教师对数学教学的认识主要来自两个方面：一是教师自己作为学生时学习数学的经历；二是他作为教师后的教学经历。对于多数青年教师来说，恐怕前者留下的印记更为深刻些——基本上是在传统的数学教学活动中学过来的，因此，对数学教学的感性认识（怎么教）受传统的模式的影响会多一些，即按照："概念—法则（定理）—推论—例题—习题"的方式进行教学。现代教育理论和现代教学思想对数学教学的启示主要体现在两个方面：一是数学学习心理方面，越来越多的教师意识到更应当从"学"的角度来设计教学，认识到教师的"教"本质上是为了促进学生的"学"。因此，学习理论是教学论的基础。关于教什么？首先，不能只停留在显性的数学知识上，还要充分挖掘其中的教育价值；其次，要给学生以学法指导，使学生学会学习。应辩证地看待内因、外因在学生学习中的作用，以及教师在课堂教学中的作用。

为了改进学生的学习，我们的教学应努力做到：教师主导性与学生自主取向的有机结合。在课堂教学的组织形式、课堂练习的水平，尤其是课堂提问的技巧和师生语言的互动方面，多作探究。此外，还要注意：重视数学与现实生活的联系；对于数学思想方法的教与学，要减少盲目性、随意性，增强自觉性，有目的、有计划、有步骤地进行数学思想方法的教与学，提高学生的数学素养。

基于上述对数学观、数学教育观和教学观的分析，在教学中对学生学习的评价应该是：既评价学习的结果，又评价学习过程中的变化和发展，因为教育的目的是教育人、发展人，教育要为学生的终身学习和终身发展打下基础；既要评价学生学习数学的水平，又要评价学生在数学活动中表现出来的情感和态度。这一问题以前我们重视得不够，但这是学生学习能取得有效成果的重要方面。

对教师教的评价，首先要看教学思想，看对学生智力因素和非智力因素的培养，如教学设计和组织过程能否给学生提供进行数学活动（包括知识内容、思维空间、实践环节等）、进行交流的机会和空间？对学生学习心向调动如何？学生参与程度如何？是否有积极学习的心态？要特别注意培养学生自己获取数学的态度、习惯和能力，即我们常说的——会学。其次才是常规要求，包括板书、语言、教学方法、手段是否得当。

2. 对近现代数学知识的学习

对于一个数学教师来说，数学基础（数学功底）应该是教好数学的首要条件。好的数学功底会使教师准确把握数学概念、结论（定理、法则、公式等）的实质，灵活恰当地进行变式教学，促进学生的意义建构；好的数学功底使教师能面对几十位学生，有驾驭课堂教学的充分信心和能力，真正做到教师主导性与学生主体性的有机结合，实现主体性教育，落实培养创新型人才的现代教育目的。

在以往的教师培训中，关于近现代数学知识的学习主要存在的问题是所讲内容与中学数学脱节，"两张皮"的现象长期得不到较好的解决，致使受训教师觉得"用不上"，而一线教师对教改实践的不适应又反映出他们在这方面的不足。随着数学新课程标准的出台，这一矛盾会更加突出，因此，各级教育行政部门和培训部门必须下大力气，从指导思想到具体教材，都要尽快得以解决。

3. 现代数学教育、心理理论的学习与探索

张奠宙教授在他的《关于数学知识的教育形态》中说，数学教师要善于把数学知识转化为教育形态，以前我们所说的"做教学法加工"，两者的含义应有相同点，不管是"把数学知识转化为教育形态"，还是"做教学法加工"，都需要遵循学生的心理过程、认识规律和教育规律。因此，一个优秀的数学教师，必须学习数学教育、心理，乃至哲学认识论的有关知识。尽管我们的数学教育、数学学习理论还不完善，但我们的研究正在经历从"一般教育、心理理论＋数学例子"到"从数学特点出发，研究数学学习和教学，建立具有我国特色的数学学习和数学教学、教育理论"的过程。一线教师在自己丰富实践经验的基础上，对理论的学习和探索会有更深的认识。因此，这一部分内容的学习要采用讲授和个案学习、案例分析讨论相结合的方法。

4. 现代教育技术的学习

前面已经说过，教育技术在数学教育中的作用，已从作为"辅助教学"的手段，向多方位的功能发展。教育技术不仅对教学组织形式和教学方法正在产生深刻的影响，而且对课程内容、教师的作用，包括对数学的认识等方面都在发生变化，推动着数学教育各方面的改革进程，也对

我们提出了新的要求。因此，作为一个适应现代数学教育发展要求的教师，必须学会现代教育技术。学会若干教学软件的使用和在某个平台上制作中学数学教学课件，学会网页的制作，学会对计算机资源的运用，等等。这里需要指出的是，对于现代教育技术的学习和运用要注意两点：一是无论如何不能忽略教师的主导作用；二是无论如何不能忘记数学的教育功能。

5. 数学教育研究方法的学习

在前面的培训目的中我们有"……增强教改意识、提高教科研能力、发展潜力，使每个教师发展成为具有创新意识和现代教育教学思想的、具有独特风格的新型教师"的要求。事实上，一个有作为的教师一定是教学研究的好手。但是，这也需要必要的指导和相应的训练，而且从现实情况来看，一线教师为了提升自己的实践经验，也迫切需要有这方面的学习和指导。因此，安排数学教育研究方法的学习不仅是实现培训目的的需要，也是客观现实的需要。要注意的是，我们同样要采用讲授和个案学习、案例分析以及实际协作相结合的方法而不能是单一的讲授。

6. 数学发展主流，数学教育改革新动态、新思想、新理论的介绍

一个富有创新意识和现代教育教学思想的、具有独特风格的新型教师是"双专业性"的人才——既是数学方面的专家，又是数学教育方面的专家，他们需要有较好的数学和数学教育的素质。为此，教师必须了解数学发展主流，数学教育改革的新动态、新思想和新理论。因此，在培训内容中，应安排有关"数学发展主流，数学教育改革新动态、新思想、新理论"的专题介绍。

二、数学教育的现代发展与教师专业素养研究

参考文献

［1］郑毓信，等. 数学学习心理学的现代研究. 上海：上海教育出版社，1998.

［2］曹才翰，等. 数学教育心理学. 北京：北京师范大学出版社，1999.

［3］李士锜. 数学教育心理. 上海：华东师范大学出版社，2001.

［4］张华. 课程与教学. 上海：上海教育出版社，2000.

［5］张奠宙，等. 数学教育研究导引. 南京：江苏教育出版社，1994.

［6］丁尔陞. 面向新世纪的中学数学课程改革问题. 高中数学新教材讲习班材料，1999.

［7］NCTM. Curriculum and Evaluation Standards for School Mathematics，1998.

［8］NCTM. Professional Standards for Teaching Mathematics，1991.

［9］NCTM. Curriculum Standards for School Mathematics，2000.

［10］U. S. Department of Education Office of Educational Research and Improvement. National Center for Education Statistics. Research and Development Report，1999.

钱
珮
玲
数
学
教
育
文
选

■如何认识数学教学的本质[*]

《课标》已在实施建议中对数学教学提出了七条建议，为了使广大的数学教育工作者更好地理解《课标》提出的这些建议和要求，有助于教师在教学中更好地把握《课标》理念下数学课程的教学，保证新一轮课程改革的顺利进展，我们对如何正确认识数学教学的本质，以及教师在新一轮课程改革中面临的新挑战作以下的讨论。

在教学论中，对"教学"的一般界定为："教学是教师教，学生学的统一活动；在这个活动中，学生掌握一定的知识和技能，同时身心获得一定的发展，形成良好的思想品质。"教与学的关系是教学相长。

相应地，"数学教学是数学活动的教学；在这个活动中，使学生掌握一定的数学知识和技能，同时身心获得一定的发展，形成良好的思想品质"。

《课标》对数学教学的认识在原有基础上有了进一步的发展和深化，提出了新的要求。主要体现在：更加强调了师生双边的活动；强调了以发展的观点认识数学教学，例如，基本知识和基本技能内涵的与时俱进的发展，数学教学活动中师生共同的发展；数学教学不仅是知识的教学，还应该体现数学的教育价值——以知识为载体的数学素质教育，提高学生对数学的认识、对数学价值的认识，提高学生的数学素养；充分关注"情感"在数学教学中的作用；对教师在教学活动中角色的全面认识；等等。因此，《课

　　* 本文原载于《数学通报》，2003（10）：29-33．略作修改．

223

二、数学教育的现代发展与教师专业素养研究

标》课程大大提高了对教师进行数学教学的要求，教师面临着新的挑战。

一、数学教学是师生双边活动的过程

自 20 世纪以来，随着现代认知心理学的产生和发展，人们对学习的实质有了更为深入的认识：每一个学生都有自己的活动经验和知识积累，都有自己的思维方式和解决问题的策略；学生有意义的学习不是一个被动接受知识、强化储存的过程，而是用原有的知识处理各项新的学习任务，通过同化和顺应等心理活动和变化，不断地构建和完善认知结构的过程。而所有这些都必须在学习活动中进行，在教师指导或引导下的学习活动中展开，数学学习也不例外，只是由于数学科学高度抽象等特点，使得数学学习活动在学科的特点下具有自身的特殊性。

《课标》充分注意到这一特殊性，强调在高中数学教学活动中的师生互动，明确指出"必须关注学生的主体参与、师生互动"。进行在教师指导或引导下的"数学化"过程、"再创造"过程。

（一）数学教学活动应是学生经历"数学化""再创造"的活动过程

数学高度抽象性的特点，造成了数学的难懂、难教、难学，这就更需要学习者的感受、体验和思考过程，用内心的体验与创造（对学生来说，是一种创造）的方法来学习数学，只有当学生通过自己的思考建立起自己的数学理解力时，才能真正懂得数学、学好数学。而让学生经历"数学化""再创造"的活动过程，正是为学生的感受、体验和思考提供了有效的途径。让学生置身于适当的学习活动中，学生从自己的经验和认知基础出发，在教师的指导或引导下，通过观察、实验、归纳、类比、抽象概括等活动，用数学的思想与方法去组织、发现或猜测数学概念或结论，进一步去证实或否定他们的发现或猜测。通过这种"数学化""再创造"的活动过程获得的数学知识，与被动接受、强化储存获得的数学知识相比，效果是不同的。在经历"数学化""再创造"的活动过程中，学生能更好地感受、体验，理解和获得抽象的数学概念、结论，从而更好地建立起自己的数学理解力，更好地认识数学和数学的价值。

（二）数学教学活动应帮助学生构建和发展认知结构

上面我们已谈到了对学习本质的认识：每一个学生在学习过程中，都有自己的活动经验和知识积累，都有自己的思维方式和解决问题的策略；学生有意义的学习不是一个被动接受知识、强化储存的过程，而是用原有的知识处理各项新的学习任务，通过同化和顺应等心理活动和变化，不断地构建和完善认知结构的过程。

因此，为了帮助学生构建和发展认知结构，数学教学必须鼓励学生积极参与数学学习活动，包括思维参与和行为参与。这需要有学生的心理投入、身体的投入，通过思考与猜想、假设与反驳、讨论疑难问题、证明、发表不同意见等方式，通过同化和顺应等心理活动和变化，不断地构建和完善认知结构，把客观的数学知识内化为自己认知结构中的成分。

这些都是对数学教学本质认识的深化和发展，教师需要转变教学思想和方法。这种转变是有困难的，是对教师的一个挑战，但我们必须要尝试着从帮助学生构建和发展认知结构这一目标去设计和组织教学，并逐渐地成为一种自觉的教学行为。我们的教学应该在促进学生有意义的数学活动中进行，要通过创设反映数学事实的恰当情境，要通过逻辑或实证的方法，通过对话与多种方式的交流，在思想交锋中激活学生的思维，使学生主动地参与到数学学习活动中。《课标》对于通过丰富的实例、对于把数学建模、数学探究等活动安排、渗透在高中数学课程中等要求，其目的之一，也正是为了帮助学生构建和发展认知结构。

（三）数学教学活动应是师生的互动过程

无论是让学生经历"数学化""再创造"过程，还是帮助学生构建和发展认知结构，都需要在师生的互动过程中进行，在师生的互动（这种互动也包括生生互动）过程中完成。

反思传统意义上的数学教学，强调的是知识的传授、技能的训练、教师的主导（实际上是教师的控制）。课堂教学方式更多的是灌输式的讲授法，学生的学习基本上是听讲、模仿、记忆、再现教师传授的知识。因此，是一个被动接受知识、强化储存的过程，忽视了学生在学习过程中的主体性，也就缺乏师生之间、生生之间的互动。对于抽象程度很高的数学学习来说，这样一种数学教学活动导致的一个直接结果就是扼制了学生学习数学的积极情感，使学生觉得数学学习枯燥无味，对数学学习畏惧、没有兴趣，或越学越没有兴趣，认为数学就是做题，数学没什么用处，学数学也就没有用。这就不仅在客观上由于教师的控制太多影响了学生的主体参与，而且在学生主观上也缺乏主体参与的意向。

强调师生互动的教学活动是对学习本质认识不断深化的必然结果。因为学生需要在活动中通过互动、通过交流中的思想交锋来激活思维、建构他们的数学知识。为此，教师要设计一系列具有可操作性的、而且能体现数学内涵的活动，通过丰富的情境信息和数学关系，引导和组织学生经历观察、实验、比较、分析、抽象概括、推理等活动，在活动中、在真实情境中，在互相之间的交流中，使学生

钱珮玲数学教育文选

去认识、理解、获得数学概念和结果，建构他们的数学知识。

在上述这些活动中，教师不仅是设计者、组织者，而且是学生的合作者。当学生遇到困难时，要在数学上给予启发指导，要在情感上给予鼓励和充分肯定，帮助学生树立克服困难的自信心。同时，教师要给学生创设一个互动的良好环境，要主动了解、积极思考学生在活动过程中出现的种种问题，包括心理上的、数学上的、认知上的，针对学生的问题给予帮助，更好地、更有效地在师生互动的过程中帮助学生构建和发展认知结构。

二、数学教学是师生共同发展的过程

这是《课标》对数学教学本质认识的提升，是对教学相长的发展。《课标》的一个基本理念是以人的发展为本，突出学生的发展，而新课程的实施又必将为教师的成长和发展提供一个很好的平台和机会，这对教师来说，既是一种机遇，又是一个挑战。我们要很好地把握住这个机遇，在数学教学活动中努力促进学生的发展，为学生的终身学习和终身发展打好基础，同时又不断提高自身的数学修养和教育修养，成长为富有创新精神的具有独特个性的优秀教师。

（一）数学教学的基本目标是促进学生的发展

数学教育作为教育的重要组成部分，在发展和完善人的教育活动中，起着别的学科不能替代的作用。在学校教育中，数学教育主要是在课堂中通过数学教学活动来进行的。因此，很重要的是，我们应该认识到数学教学不仅是知识的教学，还应该体现数学的价值、数学的教育价值，应该促进学生全面和谐的发展。同时，知识教学中也要努力体现教学的思想和本质。

回顾以往的数学教学，往往只重"知识点"，可以说是千方百计地把知识点深化、强化，把一些不该发展的东西过于强化，却不注意对数学思想和本质的揭示，不注意把知识作为载体去促进学生的发展，可谓是"目中无人"。

国际21世纪教育委员会向联合国科教文组织提交的报告中指出：面向21世纪教育的四大支柱是：学会认知（学习）、学会合作、学会生存、学会做事。在数学教学中，我们也应体现这四个方面，利用数学科学的特点，努力促进学生的发展，以适应未来社会对人才培养的要求。在数学教学活动中要以发展的观点来认识和进行基本知识和基本技能的教学，有意识地通过数学知识的学习过程使学生感悟数学的思考方式；要通过数学推理过程培养学生说理、批判、置疑、求真求实的理性思维和理性精神；通过数学问题的解决培养学生提出问题、分析和解决问题的能力，进而发展学生的应用意识和创新精神，以及在解决挑战性大的问题中培养学生克服困难的顽强意志和锲而不舍的精神；等等。这样，我们的学生在未来的人生历程中，即使有很多人不是以数学为事业，也不从事数学或数学教育的工作，会忘记具体的数学内容，但是，数学留给他们的思考方式，留给他们的精神和态度、意识和观念，将使他们终身受益，使他们学会认知（学习）、学会合作、学会生存、学会做事，为促进他们的终身学习和终身发展奠定良好的基础。

（二）数学教学必将促进教师的发展

在《课标》的理念、课程目标、课程内容下的数学教学必将促进教师的发展。

首先，强调学生的主体性、强调师生互动（也包括生生互动）的教学改变了完全由教师控制的课堂教学。这需要教师转变对教学的传统认识，教师要由传授知识者转变

为课堂教学的设计者、组织者、引导者和学生学习的合作者。这一转变无论是在思想上，还是在对数学、对教学内容、课堂教学的把握上，都对教师提出了新的挑战。这不仅需要教师转变观念，而且要有一系列实质性的改变，因为在互动的过程中，无论是师生之间，还是生生之间，都会产生对数学上的、认知上的、情感上的多方面的冲突。如何面对这些冲突，如何处理和解决这些冲突，这对教师是新的问题，面对种种现实问题，去思考、处理和解决的过程，也正是全面提高和发展自身素养的过程。

其次，强调学生的发展、在数学教学中促进学生的发展，需要教师加强对学生的认知规律、学习理论、教育心理等方面的学习，加强对教学、教育的反思、实践和研究，而不是像过去"以本为本"的以知识教学为主的教学了。教师要挖掘数学知识内在的、蕴含的教育价值，这就必须加深对数学、对课程内容的整体认识和理解，分析和研究如何在进行知识教学的同时，以知识为载体去体现数学的价值、数学的教育价值。这一转变是困难的，是一个新的挑战，我们要以积极的态度去迎接这一挑战，而接受挑战、改变现状、不断前进的过程也正是我们教师提高和发展教科研能力的过程。

再次，课程内容的变化，无论是新增的内容，还是在要求上、处理方式上、重点上有变化的内容，都需要教师认真思考、加强学习、更新知识，认识和理解这些变化，把握好课程内容，在教学中努力贯彻《课标》的要求。总的来说，新课程对教师在数学修养上的要求是大大提高了，这也是对教师的一个新的挑战，我们要充满信心、沉着地面对这一挑战，因此，新课程的实施过程，也正是我们教师通过多种方式和途径，提高和发展自身数学修养的过程。

总之，在实施新课程数学教学的过程中，教师会遇到种种困难，因此，这是一条有挑战性的但是能较快推动教师成长的道路，即在促进学生发展的同时，教师也必将在不断学习、不断探索中不断地进步、不断地发展。

三、数学教学中要转变教师的角色

（一）如何认识数学？如何看待学生

正确认识数学，正确看待学生，是回答"我们在数学教学中要给学生些什么，学生在数学教学中处于什么地位、该如何进行数学教学"这两个基本问题的基础，从而是转变观念、进而转变行为的前提。

对数学的界定有很多，很难给出一个像数学概念那样的形式化定义和大家认同的答案，提出这个问题是想通过对这个问题的思考，正确认识数学的一些要素。我们知道，数学是科学、是语言、是工具；数学是基础，有广泛的应用，已从幕后走向台前，与计算机技术的结合在许多方面直接为社会创造财富。

如何认识数学？这个问题在我的多篇文章中已提及，这就是要用动态的、多元的观点来认识数学，认识数学的一些基本要素，如：（1）数学有两个方面，即数学的两重性——数学内容的形式性和数学发现的经验性。正如波利亚指出的：数学有两个侧面，一方面它是欧几里得式的严谨科学，从这方面看，数学像是一门系统的演绎科学；但另一方面，创造过程中的数学，看起来像是一门试验性的归纳科学。（2）要认识数学的基本要素，这就是柯朗所说的——逻辑和直觉、分析和构造、一般性和个别性。（3）要认识数学是一门动态的发展的科学，正如《人人关心数学教育的未来》中指出的："数学是一门有待探索的、动态的、进化的思维训练，而不是僵化的、绝对的、封闭的规则体系；数学是一种科学，而不是一堆原则，数学是关于模式

的科学，而不是仅仅关于数的科学。"

我们在数学教学中就应该把握好数学的这些要素。例如，关于数学的两个方面，我们要使学生能认识数学的这两个方面，学习数学发现和形成数学理论过程中归纳和演绎这两个侧面，学习数学的基本思考方式。《课标》在内容部分重视从丰富的实例出发，其目的之一就是强调学习数学中对数学"归纳"这一个方面的认识，但同时又非常强调要抽象概括，抽象概括出数学的概念和结论，注重演绎推理，数学内部规律的真确性必须通过演绎推理来得到。在选修系列1、2中新增加的"推理与证明"的内容中，关于两种推理的集中学习也是一个具体体现。

如何认识学生？《课标》的一个基本理念就是以人为本，突出学生的发展。因此，《课标》提倡知识与技能、过程与方法（在过程中培养能力、形成意识）、情感态度价值观的有机整合，强调过程与结果的有机结合。教师首先要把学生看成是发展中的人，关注学生全面和谐的发展，每个学生都有其发展的潜力，数学教育的最终目的是育人，利用数学的特点提高学生的数学素养和整体素质。而对学生发展的正确认识也具体表现在我们在教学中要教什么、给学生一些什么东西、给学生留下什么东西。如果过分强调知识点，过于反复强化训练，而缺乏对学生在学习中需要的学习策略、学习方法的具体指导，缺乏对"双基"发展的认识，缺乏对学生潜力的认识，缺乏对哪些是学生发展中需要的基本数学素养的认识，那么，我们的教学就会失去方向。

尤其是因为数学教材呈现在我们面前的是按逻辑演绎系统展开的知识内容，因此，在以往的教学中我们更多的是教知识、教技能。事实上，逻辑体系所展现的只是数学产品，而不能告诉学习者这些数学结果是如何一步一步被

二、数学教育的现代发展与教师专业素养研究

揭开、发展出来的，因此，这只是数学技巧，不是数学思考。

数学教学就应该不只是教知识技能，教技巧，还要教数学思考，教思想，把数学的学术形态转换为教育形态，努力去体现数学的价值和数学的教育价值，培养能力，培育意识、观念，形成良好的品质。

对学生认识的另一个重要方面是对学生学习的评价问题。过去我们的评价无论是目标还是方式，都比较单一，关注的往往只是结果，方式是以笔试为主，在很多情况下，甚至可以说是唯一决定学生命运的依据。忽视了对学生发展的全面考查，包括学生在数学教学活动中表现出来的兴趣和态度的变化、学习数学的信心、独立思考的习惯、合作交流的意识、认知水平的发展水平，等等。这不利于学生的发展和潜力的发挥。

因此，我们在数学教学中要针对过去的不足和问题，在发挥评价的甄别和选拔功能的同时，突出评价的激励与发展的功能，评价应有利于学生的发展、有利于育人。相对于结果，过程更能反映学生的发展变化，体现学生的成长历程。因此，我们既要重视结果，也要重视过程，包括学生在数学教学活动中表现出来的兴趣和态度的变化、学习数学的信心、独立思考的习惯、合作交流的意识、认知水平的发展水平，等等。此外，因为我们需要培养学生发现、探索的能力和创新意识，所以我们还要注意运用多种评价方式进行评价，促进学生的全面发展。

（二）教师要实现从较为单一的知识传授者向课堂教学的设计者、组织者、引导者、合作者等多种角色的转变

尽管在我国的数学教学中，随着数学教育改革的展开，无论是教学观念，还是教学方法，都在发生变化。但是，在大多数的数学课堂教学中，教师灌输式的讲授，学生以

机械的、模仿记忆的方式对待数学学习的状况仍然占有主导地位，这种教与学的方式，在对待考试和低层次能力的评价上，会有其短时的效果，但是，在教学战略上，从长远学习、高层次思维和学生的持续发展来看，是远远不够的。

有效的教学是引导学生的学习，激发学生自己去学习，帮助学生通过自己的思考建立起自己对数学的理解力，帮助学生构建和发展认知结构，使学生学会该如何学习，不仅要为当前的学习，而且要为今后的终身学习和终身发展奠定良好的基础，这也正是《课标》的基本理念。

为此，教师要真正把学生当成主体，这就首先要转变自己的角色和心理定位。教师不只是讲授者和权威，教师还是课堂教学的设计者、引导者、组织者和学生学习的合作者、评判者，教师应扮演包括顾问、辩论会主席、对话人、咨询者、"模特儿"等多方面的角色。

传统的教师一旦走上讲台，就是理想和真理的化身，往往把课堂变成表现自己的舞台。在新课程的理念下，就不只是这样一种单一的角色。

教师要设计和组织好课堂教学，这种设计和组织与以往的设计和组织有一个根本的不同，就是要真正以学生为主体的设计和组织，要使得我们的设计和组织能给学生提供最大的思考空间。例如：在课堂上开展师生之间和学生之间名副其实的交流和思想交锋，鼓励开展讨论和各种观点之间的真诚交锋，使学生对所学知识有自己的思考和认识，这是发展思维的最好途径。在讨论和交流中，教师就要扮演包括顾问、辩论会主席、对话人等方面的角色。要充当顾问，帮助学生解决讨论和交流中产生的问题；要充当辩论会主席的角色，有效地组织讨论和交流；又要作为学生学习的合作者，充当对话者的角色；等等。

引导和启发学生思考、营造师生互动环境的另一个重

二、数学教育的现代发展与教师专业素养研究

要方面是：教师要在了解和把握学生认知基础、对数学已有认识的基础上，在课堂教学中提出有意义的问题，提出恰时恰点的问题，并尝试着用不同的方法来解决问题；比较各种方法，并讨论它们的优缺点。在这样一种主动的、富有生气的学习活动中，教师要充当"模特儿"的角色，这种"模特儿"角色不仅要有从正面给出的示范，同时也必须有充当反面角色的部分，这种反面角色带来的值得思考的问题往往会给学生留下"不能忘怀"的效果。

引导学生主动学习的再一个不可忽视的方面是：学生的积极情感在主动学习中的启动、调节和维持的重要作用。这时，教师要在教学中充当学生学习的欣赏者、评判者的角色，帮助学生树立学习的自信心，具有面对挑战时克服困难的勇气，等等。在学生取得成绩或有进步时，欣赏他的成果，和他一起分享成功的喜悦，并激励他要有不断进取的目标和精神；在学生遇到各种想法和办法的冲突或遇到困难时，要帮助他作出令人信服的论证，找到解决困难的办法，并评判不同办法的意义和作用，在克服困难的过程中找到自信、培育克服困难的意志和毅力、勇气和精神。

234

钱珮玲数学教育文选

总之，实现从较为单一的知识传授者向课堂教学的设计者、组织者、引导者、合作者，包括顾问、辩论会主席、对话人、咨询者、"模特儿"等多种角色的转变，是新课程基本理念下，数学教学对教师的自然要求，是对我们教师的一个新的挑战，也是我们教师成长发展的一条必经之路。

（三）教师要实现从较为单一的课程的"执行者"向课程的实施者、建设者、研究者、课程资源的开发者等多重角色的转变

在过去"以本为本，以纲为纲"思想的指导下，无论是教学，还是教研活动，教师更多的是较为单一的课程的执行者。而在这新一轮的课程改革中，教师不仅是课程的实施者，同时是课程研究、课程建设和课程资源开发的重要力量，是课程改革的主体。因此，要从被动的地位转变为主动的地位，这是一个很大的变化。在新课程的实施过程中，无论是各级领导、《课标》的研制者，还是我们的教师和数学教育工作者，都将遇到种种新的问题。

比如说，过去我们在讲概念的时候，往往是举个例子，进行"一次性归纳"，或者直接把概念提出来，然后就开始拿一些例题来演练，再就是布置作业、复习巩固。现在这么做就不够了，你必须针对所教学生的实际情况，在教材的基础上，设计和创设反映数学内容的情境，这就需要有对数学更好的认识和理解，需要更多地观察现实世界中与数学有关的事实，需要不断地积累，需要更多的研究和创造。

此外，课程有些地方也还需不断完善，例如，新课程中增加的内容和选修系列 3、4 中内容的选择、新课程中在内容处理上有变化的地方等，都需要我们教师在实施过程中一起来研究和建设，不断完善。尤其是如何按《课标》的要求开设系列 3、4 中的专题，开发课程资源。我们要采取多种方式，通过不同的途径，例如，可以在本校内开设讨论班、也可以在校际之间或者与高校之间联合开设讨论班，共同开发课程资源；可以利用远程教学网上的教学资源；各级教研机构的教研内容也可以有计划地安排对课程资源开发的学习和研究活动；等等。各校和各级教研机构可以采用走出去、请进来等多种途径，提高教师的数学水平和研究、建设、开发课程的能力。

为了实现上述的两个转变，为了应对新课程教学中可能出现的种种问题，变被动为主动，"以不变应万变"，最重要的是提高自身的数学素养和教育素养，提高教科研的能力和不断学习新知识、新理论的意识和能力。

二、数学教育的现代发展与教师专业素养研究

■新课程理念下的"双基"教学 *

以发展的眼光，与时俱进地审视基础知识和基本技能，帮助学生打好基础、发展能力，提高智力，孕育创新精神，是实施新课程的重要方面。在新课程的理念下，如何看待"双基"和"双基"教学？是我们必须思考和探索的基本问题。对此，谈一点认识，与同行切磋。

社会发展、数学的发展和教育的发展，要求我们与时俱进地审视"双基"和"双基"教学。我们可以从新课程中新增的"双基"内容，以及对原有内容的变化（这种变化包括要求和处理两个方面）和发展上，去思考这种变化，去探索新课程理念下的"双基"教学。

一、如何把握新增内容的教学

这是教师在新课程实施中遇到的一个挑战。为此，首先要认识和理解为什么要增加这些新的内容，在此基础上，把握好《课标》对这些内容的定位，积极探索和研究如何设计和组织教学。例如：

（1）由于"算法"在当今数学科学技术中的作用已经显现出来，它是数学及其应用的重要组成部分，是计算机科学的重要基础，在社会发展中发挥着越来越大的作用，已融入社会生活的方方面面。此外，学习和体会算法的基本思想对于理解算理、提高逻辑思维能力、发展有条理的思考和表达也是十分重要和有效的。因此，无论是从科技

钱珮玲数学教育文选

---

* 本文原载于《数学通报》，2004（4）：3-7. 略有修改.

的发展、数学的发展，还是从现代社会对人才的要求、从育人方面的作用来看，都需要增加"算法初步"作为高中数学的基础知识。

对于这部分内容的定位，《课标》已作了明确的要求：结合具体实例，感受、学习和体会算法的基本思想；学习和体验算法的程序框图、基本算法语言；将算法的思想方法渗透到高中数学的有关内容中，学习分析、解决问题的一种方法。

因此，在教学中，应结合实际问题（问题可以是学生熟悉的，如求$\sqrt{2}$的近似值、求最大公约数或最小公倍数，也可以是新的问题，如用二分法或切线法求方程根的近似值等），通过模仿、操作、探索"三步曲"的过程组织教学，采用集中学习与分散渗透相结合的方式进行。教学中应着重强调使学生体会算法思想、提高逻辑思维能力，不应将算法简单处理成程序语言的学习和程序设计，同时应尽可能通过具体实例的上机实现，帮助学生理解算法思想及其作用。

也就是说，在算法的教学中，不宜上来就给出什么是算法、什么是算法的基本语句的形式化定义，然后再讲例子，去解释或者说明这些概念。而是要结合解决具体的问题，通过对问题解决过程的分析，归纳出算法的一些要素。例如，算法首先是一个程序，是解决一类问题的程序，它有问题的指向性，通过有限步骤可以给出判断。在这个过程中使学生体会算法的思想、了解算法的要素和含义；理解程序框图的三种基本逻辑结构——顺序、条件分支、循环；体验和理解基本算法语句——输入语句、输出语句、赋值语句、条件语句、循环语句；进一步体会算法的基本思想。还要通过把算法的思想渗透在有关内容中，去解决有关问题。

二、数学教育的现代发展与教师专业素养研究

要有目的、有意识地将算法思想渗透和应用在高中数学的有关内容中，不断加深对算法思想的理解，体会算法思想在解决问题和培养理性思维中的意义和作用。例如，在函数学习中，可以把函数概念作"算法化"的理解（我们可以把函数看作是一个待解决的问题，对应一组输入就有一组相应输出）、求函数值；在方程与函数的联系中，可以把二分法设计出相应的算法，再借助计算器或计算机求方程的近似解；在数列学习中，可将算法用于对有限数列求和、求项数等问题中；在统计、概率学习中可将算法用于统计量的计算，随机数的产生等问题中。此外，教学中可把数学学习中的问题、生活中的素材和问题拿到课堂中，尝试着用算法去解决，增强学生的兴趣和吸引力。

（2）推理与证明是数学的基本思维过程，是做数学的基本功，也是人们在一般学习和生活中常用的思维方式，是发展理性思维的重要方面；数学与其他学科的区别除了研究对象不同之外，最突出的就是数学内部规律的真确性必须用演绎推理（逻辑推理）的方式来证明，而在证明或学习数学过程中，又经常要用合情推理去猜测和发现结论、探索和提供思路。因此，无论是学习数学、做数学，还是对于学生理性思维的培养，都需要在基础教育阶段的高中数学中加强这方面的学习和训练。因此，增加了"推理与证明"的基础知识。

在教学中，可以变隐性为显性、分散为集中，结合以前所学的内容，通过挖掘、提炼、明确化等方式，使学生感受和体验如何学会数学思考的方式，体会推理和证明在数学学习和日常生活中的意义和作用，提高数学素养。例如，可通过探求凸多面体的面、顶点、棱之间的数量关系，通过平面上的圆与空间中的球在几何元素和性质上的类比，体会归纳和类比这两种主要的合情推理在猜测和发现结论、

钱珮玲数学教育文选

探索和提供思路方面的作用；通过收集法律、医疗、生活中的素材，体会合情推理在日常生活中的意义和作用。结合一些数学实例或生活中的实例（可以让学生自己给出），结合数学文化中"欧几里得《几何原本》与公理化思想"这一选题，体会演绎推理在数学学科、建立理论体系的必要性，乃至公理化思想在其他学科，如物理、法律中的应用。

二、教学中如何使学生对基本概念和基本思想有更深的理解和更好的掌握

《课标》在课程的理念、目标上的一个发展是在数学教学和数学学习中，更加强调对数学的认识和理解，无论是基础知识、基本技能的教学，数学的推理与论证，还是数学的应用，都要帮助学生更好地认识数学、认识数学的思想和本质。那么，在教学中应如何处理才能达到这一目标呢？

首先，教师必须很好地把握诸如：函数、向量、算法、统计、空间观念、运算、数形结合、随机观念等一些核心的概念和基本思想。其次，要通过整个高中数学教学中的螺旋上升、多次接触，通过知识间的相互联系，通过问题解决的活动等方式，使学生不断加深认识和理解。比如：

（1）对于函数概念真正的认识和理解，是不容易的，要经历一个多次接触的、较长的过程。在必修课程的"数学1"模块中，首先要在义务阶段学习的基础上，通过提出恰当的问题，创设恰当的情境，使学生产生进一步学习函数概念的积极情感。从需要认识函数的构成要素，需要用近现代数学的基本语言——集合的语言来刻画函数概念，需要提升对函数概念的符号化、形式化的表示等三个主要方面来帮助学生进一步认识和理解函数概念。并在义务阶

段学习函数三种基本表示法的基础上，通过具体的问题背景，让学生恰当选择相应的表示方法去解决问题，在解决问题中帮助学生加深对函数概念的认识和理解。

随后，通过基本初等函数——指数函数、对数函数、幂函数、三角函数的学习，进一步感悟函数概念的本质，以及为什么函数是高中数学的一个核心概念。

再在"导数及其应用"的学习中，通过对函数性质的研究，再次提升对函数概念的认识和理解，等等。这里，我们要结合具体实例（如分段函数的实例，只能用图象来表示的实例等），结合作为函数模型的应用实例，强调对函数概念本质的认识和理解，并一定要把握好对于诸如求定义域、值域的训练，不能做过多、过繁、过于人为的一些技巧训练。

（2）对于统计的学习，必须强调统计基本思想和方法的认识理解，而不能把统计作为计算统计量来学习。

在教学中，要让学生比较系统地参与收集数据、整理、分析数据、从数据中提取信息、进行估计、作出推断的全过程。让学生在经历解决问题的活动过程中，感受和体验统计中用样本来估计总体，即从局部来推断整体的归纳思想，学会收集数据的一些基本方法，体会统计思维与确定性思维的差异。

学生在收集数据过程中学习随机抽样方法时，要引导学生结合实际问题的背景和解决问题的过程，感受、认识简单随机抽样、分层抽样、系统抽样这三种抽样方法适用的对象，并从中理解三种抽样方法各自的特点和区别。

在解决一些实际问题时，由于总体的复杂性，首先要引导学生注意综合使用这几种不同的抽样方法去解决实际问题。其次，在整理、分析数据，提取信息，进行估计，作出推断时，同样要在问题解决中学习用样本估计总体的

钱珮玲数学教育文选

方法，引导学生体会用样本估计总体的归纳思想，在用样本频率分布和特征数估计总体分布和总体特征数时，有意识地引导学生体会注意样本频率分布和特征数的随机性，强调样本代表性的意义。再次，在变量之间相关关系的教学中，不能简单地把求回归直线作为目的，还要引导学生体会如何从随机性中寻找规律性的思想方法，以及回归直线的意义和作用。

此外，还可以通过适当的例子，使学生认识到：用统计结果进行推断是有可能出错的，体会统计思维与确定性思维的差异。例如，可以用某个班某个学期内学生的数学平时学习成绩与期末学习成绩之间的回归直线关系来推断下一学期学生的数学平时学习成绩与期末学习成绩之间的关系，这会对学生抓紧、抓好数学平时学习起到一定的促进作用，但是，与此同时也应该注意会有非确定性现象、随机性出现。例如，某个学生的数学平时成绩与期末学习成绩之间的关系不是完全像回归直线所表示的那种函数的确定性关系，而且有时对个别学生来说，可能会出入较大。

在统计、概率的教学中，会涉及到不少概念，若在高中教学中直接给出这些概念的形式化定义，这不仅在数学上是困难的，而且也不符合高中学生的认识水平。例如统计中的一些抽样方法（简单随机抽样、分层抽样、系统抽样）的引入、一些常见统计方法（如：独立性检验、假设检验、聚类分析、回归分析等）的学习，概率中一些概念（随机事件、古典概型、几何概型、离散型随机变量、条件概率、两个事件互相独立等）的给出，都应是通过具体例子，结合问题的解决，归纳、概括给出的。重点在于认识和了解统计思想方法的特点，培养对数据的直观感觉；了解随机现象与概率的意义，正确理解随机事件发生的不确定性及其频率的稳定性，体会概率模型的作用，以及运用

二、数学教育的现代发展与教师专业素养研究

概率思考问题的特点，初步形成用随机观念观察、分析问题的意识。

因此，教学中的一个重要问题是：必须把握好例子内容中的数学含义。例如，通过例子在讲述概率概念的时候，用"明天上海地区降雨的概率是60％""某种彩票的中奖率是0.05％"这样的例子是较为合适的，因为它们都是大量可重复的（或近似于大量可重复的试验）。然而用"我有95％的把握考上大学"这样的例子就不太合适了。因为对一个人来讲，毕业、考大学的次数只有一、两次，最多也不过四、五次，况且每次发挥得如何，每次考题的内容、风格，每届毕业生的水平等都不相同，不是一个大量可重复（或近似于大量可重复）的试验，不能用客观事实来确定这句话中的95％。引入这种例子往往会干扰对概念本身的理解。还要注意例子数量的把握，既要避免"一次归纳"（即通过一个例子就得出一个概念或结论）的处理，也要避免例子过多而带来非本质内容上的干扰，影响了对概念本质和基本方法的掌握。

（3）把握好新课程对原有内容削弱和淡化的以及处理上有变化的一些基础知识。如在不等式内容中删去了不等式证明和绝对值不等式；在函数内容中降低了对反函数和复合函数的要求；在三角函数中降低了恒等变形的要求；在解三角形中强调的是解决问题中的设计和策略；在立体几何内容中强调向量方法在立体几何中的应用；加强了概率、统计的要求；等等。此外，微积分的处理也有较大的变化（另作介绍）。

三、关于基本技能的训练

熟练掌握一些基本技能，对学好数学是非常重要的。例如，在学习概念中要求学生能举出正、反面例子的训练；

钱珮玲数学教育文选

在学习公式、法则中要有对公式、法则掌握的训练，也要注意对运算算理认识和理解的训练；在学习推理证明时，不仅仅是在推理证明形式上的训练，更要关注对落笔有据、言之有理的理性思维的训练；在立体几何学习中不仅要有对基本作图、识图的训练，而且要有从整体观察入手，从整体到局部与从局部到整体相结合，从具体到抽象、从一般到特殊的认识事物的方法的训练；在学习统计时，要尽可能让学生经历数据处理的过程，从实际中感受、体验如何处理数据，从数据中提取信息；等等。

在过去的数学教学中，往往偏重于单一的"纸与笔"的技能训练，以及对一些非本质的细枝末节的地方，过分地做了人为技巧方面的训练，例如对集合中"三性"的过于细微的训练、对于函数中求定义域过于人为技巧的训练等。特别是在对于运算技能的训练中，经常人为地制造一些技巧性很强的高难度计算题，或者技巧性不强但是计算非常繁琐、意义不大的计算题，比如三角恒等变形里面就有许多复杂的运算和证明。这样的训练，学生往往感到比较枯燥，渐渐地学生就会失去对数学的兴趣，这是我们所不愿看到的。对基本技能的训练，不单纯是为了让学生学习、掌握数学知识，还要在学习知识的同时，以知识为载体，提高他们的数学能力，提高他们对数学的认识。

事实上，数学技能的训练，不仅包括"纸与笔"的运算、推理、作图等技能训练，随着科技和数学的发展，还应包含更广的、更有力的技能训练。例如，要在教学中重视对学生进行以下技能的训练：能熟练地完成心算与估计；能决定什么情况下需寻求精确的答案，什么情况下只需估计就够了；能正确地、自信地、适当地使用计算器或计算机；能估计数量级的大小，判断心算或计算机结果的合理性，判断别人提供的数量结果的正确性；能用各种各样的

表、图、打印结果和统计方法来组织、解释并提供数据信息；能把模糊不清的问题用明晰的语言表达出来（包括口头和书面的表达能力）；能从具体的前后联系中，确定该问题采用什么数学方法最合适，会选择有效的解题策略；等等。

也就是说，随着时代和数学的发展，高中数学的基本技能也在发生变化，教学中也要用发展的眼光与时俱进地认识基本技能。而对于原有的某些技能训练，随着时代的发展可能被淘汰，如：以前要求学生会熟练地查表，像查对数表、三角函数表等。当我们有了计算器和计算机以后，能正确地、自信地、适当地使用计算器或计算机这样的技能就替代了原来的查表技能。

四、鼓励学生积极参与教学活动，帮助学生用内心的体验与创造来学习数学，认识和理解基本概念、掌握基础知识

随着数学教育改革的展开，无论是教学观念，还是教学方法，都在发生变化。但是，在大多数的数学课堂教学中，教师灌输式的讲授，学生以机械、模仿、记忆的方式对待数学学习的状况仍然占有主导地位。教师的备课往往把教学看成一部"教案剧"的编导的过程，教师自己是导演、主演，最好的学生能当群众演员，一般学生就是观众，整个过程就是教师在活动。这是我们最常规的教学，"独角戏""一言堂"，忽略了学生在课堂教学中的参与。

为了鼓励学生积极参与教学活动，帮助学生用内心的体验与创造来学习数学，认识和理解基本概念、掌握基础知识。在备课时不仅要备知识，把自己知道的最多、最好、最生动的东西给学生，还要考虑如何引导学生参与，应该给学生一些什么，不给什么；先给什么，后给什么；以什么样的形式能给他们带来最大的思考空间；怎么提问，在什么时候、提什么样的问题才会有助于学生认识和理解基本概念、掌握基础知识；等等。例如，在用集合、对应的语言给出函数概念时，可以首先给出有不同背景，但在数学上有共同本质特性（是从数集到数集的对应）的实例，与学生一起分析它们的共同特性，引导学生自己归纳出用集合、对应的语言给出函数的定义。在讲圆锥曲线的时候，不要先讲什么是曲线，而是先让学生看一些图片，或者提前给他们留作业，让他们观察各种桥的形状（可以是实地的，也可以是其他方式的），或其他二次曲线的图片或实例，再提出问题：这些形状所展示的曲线都很美，它们是一样的吗？有什么差别？等等。这不仅使学生参与到学习活动中来，而且使圆锥曲线的学习有了实际的背景，同时也看到了它们的具体应用，增强学习的兴趣。

在课堂教学中鼓励学生参与时会遇到种种困难，比如：学生七嘴八舌了怎么办，"东奔西跑"了怎么办，控制不住了怎么办，教学任务完成不了怎么办，等等。对此，在备课时首先要加强对教学内容和课时整体上的把握和安排，对核心的概念和内容在时间上留有余地，对每一次所讲内容对数学上的要求有一个清楚的认识，对学生的基础和认知水平有一个比较准确的估计。其次，在观念上也要有转变，因为当我们把学生学习的积极情感调动起来、学生的思维被激活时，学生会积极参与到教学活动中来，也就会提高教与学的效率。同时，我们需要在实施过程中不断探索和积累经验。

总之，要考虑采用多种方式，鼓励学生积极参与，帮助学生在参与的过程中产生内心的体验和创造，只有这样，才能使学生对基本概念和基础知识有更加深刻的认识和理解。

五、借助几何直观揭示基本概念和基础知识的本质和关系

几何直观、形象，能启迪思路、帮助理解，因此，借助几何直观学习和理解数学，是数学学习中的重要方面。徐利治先生曾说过，只有做到了直观上理解，才是真正的理解。因此，在"双基"教学中，要鼓励学生借助几何直观进行思考、揭示研究对象的性质和关系，并且学会利用几何直观来学习和理解数学的这种方法。例如，在函数的学习中，有些对象的函数关系只能用图象来表示，如人的心脏随时间变化的规律——心电图，某地在一天内的气温随时间的变化规律，等等。在工程或许多实际问题中，人们总是希望能画出函数的图象，以便从图象中来了解函数整体的变化情况。又如在导数的学习中，可以借助图象，体会和理解导数在研究函数的变化，如是增还是减、增减的范围、增减的快慢等问题中，是一个有力的工具；认识和理解为什么由导数的符号可以判断函数是增是减，为什么由导数绝对值的大小可以判断函数变化得急剧还是缓慢。对于一些只能直接给出函数图象的问题，更能显示几何直观的作用了。再如对于不等式的学习，要注重它的刻画区域上的几何意义，尤其是在不等式组与线性规划的学习中。此外，还有数系扩充中复数与三角函数、与向量的关系等，都要充分利用几何直观来揭示研究对象的性质和关系，使学生认识几何直观在学习基本概念、基础知识，乃至整个数学学习中的意义和作用，学会数学的一种思考方式和学习方式。

当然，我们教师自己对几何直观在数学学习中的作用要有全面的认识。例如，除了需注意不能用几何直观来代替证明外，还要注意几何直观带来的认识上的片面性。例如，对指数函数 $y=a^x$（$a>1$）与直线 $y=x$ 的关系的认识，因为以往教材中通常都是以 2 或 10 为底来给出指数函数的

图象，在这两种情况下，指数函数 $y=a^x$ 的图象都在直线 $y=x$ 的上方，于是，便认为指数函数 $y=a^x$（$a>1$）的图象都在直线 $y=x$ 的上方。教学中应避免类似这种因特殊赋值和特殊位置的几何直观得到的结果所带来的对有关概念和结论本质认识的片面性和错误判断。

六、恰当使用信息技术，改善学生学习方式，加深对基本概念和基础知识的理解

现代信息技术的广泛应用正在对数学课程的内容、数学教学方式、数学学习方式等方面产生深刻的影响。信息技术在教学中的优势主要表现在：快捷的计算功能、丰富的图形呈现与制作功能、大量数据的处理功能；提供交互式的学习和研究环境；等等。因此，在教学中，应重视与现代信息技术的有机结合，恰当地使用现代信息技术，发挥现代信息技术的优势，帮助学生更好地认识和理解基本概念和基础知识。

在函数概念、指数函数、对数函数、三角函数、算法初步、统计、立体几何初步、曲线与方程等内容中，《课标》明确建议借助计算器或计算机进行教学。这就需要我们深入研究包括这些内容在内的数学教学中，如何恰当地使用信息技术，帮助学生理解和掌握基本概念和基本知识。

一般来说，在教学中运用现代信息技术时，既要考虑数学内容的特点，又要考虑信息技术的特点与局限性，把握好两者的有机结合，利用计算器和计算机的优势，确实有助于学生理解和掌握基本概念和基础知识。

例如在立体几何初步的教学中，在开始时，我们可以运用现代信息技术丰富的图形呈现与制作功能这一技术优势，提供大量的、丰富的几何体图形，并且可以通过制作功能，从不同角度观察它们，通过多次的观察、思考，帮助学生去认识和理解这些几何体的结构特征、建立空间观念、培养空间想象能力。但是，随着学习的展开和深入，就要逐步摆脱信息技术提供的图形，建立空间观念、形成空间想象能力。需要注意的是，虽然信息技术丰富的图形呈现与制作功能有它的优势，能起到我们教师和其他手段难以做到或做不到的事情，但它也只是学生建立空间观念和形成空间想象能力的一种手段，而不是最终目的，我们的目的是利用这一技术帮助学生建立空间观念和形成空间想象能力。

再如在函数部分的教学中，可以利用计算器、计算机画出函数的图象，探索它们的变化规律，研究它们的性质，求方程的近似解，等等。在指数函数性质教学中，就可以考虑首先用计算器或计算机呈现指数函数 $y=a^x$ 的图象，在观察过程中，引导学生去发现当 a 变化时，指数函数图象成"菊花"般的动态变化状态，但不论 a 怎样变化，所有的图象都经过点 $(0，1)$，并且会发现当 $a>1$ 时，指数函数单调增，当 $a<1$ 时，指数函数单调减。并且，教师还可以利用计算机或计算器，配备恰当的问题，为学生营造探索、研究的空间，引导、帮助学生自己总结出有关规律和性质，为学生提供交互式的学习和研究环境，也为学生的发现学习创造条件，更好地认识和理解基本概念和基础知识。

总之，我们可以从新课程在新增内容上、从对原有内容的变化（这种变化主要包括要求和处理两个方面）和发展上，去思考和探索新课程理念下确定"双基"的依据，以及如何更有效地进行"双基"的教学，以便更好地帮助学生从内心去体验和理解基本概念和基础知识。我们期待着一线教师的研究成果，不断丰富新课程的教学资源。

钱珮玲数学教育文选

■对数学学习研究的几点思考[*]

　　随着数学教育改革的不断深入，人们越来越清楚地认识到：实施素质教育、提高教学质量的关键是教师，中心问题是如何切实、有效地改进学生的学习。为此，就要研究学习的实质、数学学习的实质，而不再像过去那样只是考虑"某个课题如何讲"的精讲多练那种以教师为中心的做法。美国国家研究委员会发表的《人人关心数学教育的未来》一书中也明确指出：教学的目的是引导学习。我们通常说的"好的教师不是在教数学，而是能激发学生自己去学数学"，也是这个意思。

　　如何改进学生的学习？如何达到"引导学习""激发学生自己去学数学"这一目的？关键是两个方面：一是提高教师对数学的认识、提高教师的数学素养，二是加强数学学习的研究与实践。而现代教学观正是建立在数学学习心理研究、既重视智力开发又重视情感教育的基础上的。其出发点是发展学生的智能，为学生的终身学习和终身发展奠定良好的基础；其基本点是调动学生的积极性，学生的主体参与和充分发挥教师的主导作用。因此，数学学习研究不仅对于改进我们的教学，改进学生的学习具有现实意义，而且具有战略意义。

249

二、数学教育的现代发展与教师专业素养研究

＊　本文原载于《数学通报》，2002（7）：2-3.

一、数学学习研究的发展

（一）三个阶段

大致来说，我国的数学学习研究的发展可分为三个阶段：从最初的"一般学习心理理论＋数学例子"两张皮的模式，经过从数学本身出发研究数学学习，逐渐发展为深入到"真正的数学活动之中"，例如对"数学理解的理解"，对"证明学习的认识"，以及"代数、几何中的认知问题"等，从数学学习有别于其他学科的特点，深入到对内部机制的研究。

（二）发展趋势

数学学习研究的发展趋势主要有两个特点。一是数学学习研究建立在多学科（教育学、心理学、哲学、思维学、系统论、社会与文化等）的基础上；二是多元化多维度，将各派学习理论互相融合，从不同的角度和侧面更深入地研究复杂的学习活动。

250

钱珮玲数学教育文选

数学学习研究的发展还表现在注重从哲学认识论、现代认知论的高度对数学学习心理作理论分析，达到了更高的理论高度，并用理论指导教学、教育实践。

另一方面，数学学习研究的发展还表现在对学习赋以现代意义上的新内涵：学习，作为一种认识过程、交往过程和发展过程，在现代意义上的新内涵可从以下几个方面诠释：

——发展性。主要表现在学生学习的自主性和发展的目的性上，强调学生的自主学习，培养学生的自主意识，例如：能自觉地确定学习目标，选择学习内容，自我调控学习过程等。目的在于保证学习目标和发展目的的实现。

——活动性。学生的学习是一种实践性学习，通过主动参与教学实践活动，实现个体与客体的相互作用，积累个人经验，扩展主体认识范围，并改造和提高主体接受和加工信息的能力。这比斯托利亚尔的"数学教学是数学思维活动的过程"更加强调实践的体验和主客观的相互作用。

——社会性。学生的学习是一种社会性学习，通过师生间、生生间的交往活动，实现社会文化经验的延续和发展，培养学生的群体意识、规划意识、归属感、责任感，以及人际交往的合作技能，并在合作中发展合作交往形式。

——创造性。学生的学习是一种创新学习（包含"再创造"），学习的过程是一个创新的过程，是一个批判、选择与存疑的过程。这样的理解更加体现学习的客观规律。

目前的种种对新的数学教学模式的探索和研究，可以说都与对学习涵义的新发展直接相关。

（三）需要进一步改进的问题

在数学学习研究中需要进一步改进的问题主要有三方面。

一是理论与实践的结合、研究队伍的结构问题。一般来说，理论研究的意义主要体现在两个方面：代表我国的研究水平，对实践的指导。但是，它的指导意义只有在与实践的结合中才能体现出来，也只有与实践结合才能达到研究的最终目的——切实、有效地改进我们的教与学，提高教学效益。从研究现状来看，与课程改革、教材研制的结合，与一线教师的协作研究，以及在一线教师中从教学实践出发对数学学习的研究极待加强，只有这样，才能使我们的研究有坚实的基础和广泛、深远的意义。

基于数学学习的复杂性，第二是在研究方法上要采用定量研究与定性研究相结合、微观研究与宏观研究相结合、一般学习理论与特殊的数学学习相结合的"三结合"的研究方法。这使得我们的研究既有对行为表现的定量分析，又有对学生内在思维活动的定性分析，即既有对学习结果的分析，又有对学习过程的分析，既对某个具体的、局部的数学学习（个案）进行研究，又把它放在整体的学习理论中进行研究。只有这样，才能对复杂的数学学习的内部机制有深入的探讨。既从一般的学习理论来研究特殊的数学学习，又从特殊的数学学习来丰富一般的学习理论，为创建具有我国特色的数学学习理论，也为完善和发展一般学习理论作出我们的贡献。

第三是对已有的研究成果进行梳理，在梳理的基础上提出若干重点研究的问题、优先研究的问题、需合作研究的问题等，并着手组织队伍进行规划和部署。

二、数学学习的实质及数学学习研究的核心问题

什么是数学学习？关于学习和数学学习的界定已有多种方式，不再赘述。回想我们自己的数学学习，事实上是在把客观的数学知识结构"变成"自己头脑中的东西，并通过自己的行为方式表现出来。因此，我们可否说，数学学习就是把客观的数学知识结构内化为个体的认知结构，是内化的过程和内化的结果。内化需要感受、体验、交流、辨析和意义建构。内化受到外部条件（诸如教材、教师、环境等）和内部条件（经验、生理和心理条件、原有认知结构等）的影响和限制。因此，数学学习研究的核心问题就是如何促进学生的内化。例如，我们需要研究、探讨个体的行为是如何变化的——知识、技能、思维能力和其他各种数学能力是如何获得、保持和迁移的，图式是如何建立的，以促进其获得、保持、迁移和图式的建立；我们需要解释和预测行为的变化，为教学和课程提供依据；我们需要分析影响学生学习的各种因素以及这些因素之间的关系，以改进学生的学习和教师的教学；等等。目前在数学教育界探索的素质教育观下或建构观下的种种新的教学模式和相关的教学设计，目的都是为了切实有效地促进和改

钱珮玲数学教育文选

进学生的数学学习，提高教学效益。

三、对今后数学学习研究课题的几点思考

（一）数学学习研究必须建立在科学的数学观、数学教育观、数学教学观的基础上

我们要认识到数学具有归纳、演绎两个侧面；数学是一门有待探索的、动态的、进化的思维训练，而不是僵化的、绝对的、封闭的规则体系；数学是一种科学，而不是一堆原则，数学是关于模式的科学，而不是仅仅关于数的科学；它的基本要素是逻辑和直觉、分析和构造、一般性和个别性。我们要全面认识数学教育的功能，它具有科学技术的功能、思维的功能、社会文化的功能，它对于整个科学技术（尤其是高新技术）的推进和提高、对于科技人才的培养和滋润、对于经济建设的繁荣以及对全人类科学思维的提高和文化素质的哺育起到了别的学科不能替代的作用。我们更要有现代的教学思想，要把数学教学建立在数学学习心理研究，既重视智力开发又重视情感教育基础上；我们教学的出发点是发展学生的智能、为学生的终身学习和终身发展奠定良好的基础，而基本点是调动学生的积极性，要把学生主体参与和充分发挥教师的主导作用有机地结合起来。

（二）可否从数学高度抽象、逐级抽象的特点入手研究数学学习

众所周知，高度的抽象性、广泛的应用性和逻辑的严谨性是数学的基本特点。我们认为，这三个特点中，高度抽象性是导致数学难教、难懂、难学的主要原因所在，因此，研究数学学习中学生抽象思维水平的发展、影响学生抽象思维水平发展的因素，对于促进和改进学生的数学学习是有积极意义的，也是数学学习研究的重点问题之一。

（三）可否从数学发展的三个阶段来研究数学学习

大致来说，数学的发展可分为三个阶段：创新阶段、理论建构阶段和应用阶段，即从具体素材或问题出发，经过观察、实验、比较、分析、概括、抽象，形成命题或建立猜想的创新阶段；对形成的命题或猜想经逻辑演绎推理构建数学理论的阶段；运用所建立的数学理论于实践的应用阶段。于是，从认识论的观点看，在学生的数学学习中自然会含有数学这一客观发展过程的成分。因此，我们可以考虑研究在这三个发展过程中，学生的学习是怎样发生的、怎样进行的，每一阶段影响学生学习的因素是什么。这对于引导学生主动学习数学是有指导意义的。

（四）在大力提倡和实施创新教育中，是否可把对"反思思维"的研究作为数学教育中实施创新教育的一条途径

弗赖登塔尔认为，"反思"是数学思维的特征，是数学创造强有力的动力。波利亚在他的《怎样解题》一书中多次问自己：我应该从哪里开始？我能做什么？这样做我能得到什么好处？此外，一般学习理论中也有关于对学习过程中"自我监控、自我调节"的重要意义的论述。这些论述都揭示了"反思"在学习者深入学习中的重要性，而且它更是创造性思维发生的必要条件。

（五）是否可加强"动机归因"的研究

我们知道，正确的归因是有针对性地选择对策和解决问题的必要前提。例如，对学生解题中发生的错误，不仅要从知识层面，还要从心理层面，从智力因素和非智力因素方面，从主观因素和客观因素等方面作深层次的归因分析。这对于提高学生的学习兴趣和学习效益，最终提高教学质量是十分有益的。

总之，可以从不同的角度，以更广的思路来进行数学学习的研究。

参考文献

［1］郑毓信，等. 数学学习心理学的现代研究. 上海：上海教育出版社，1998.

［2］曹才翰，等. 数学教育心理学. 北京：北京师大出版社，1999.

［3］李士锜. 数学教育心理. 上海：华东师大出版社，2001.

［4］王梓坤. 今日数学及其应用. 数学通报，1994（7）：1-12.

［5］美国国家研究委员会. 人人关心数学教育的未来. 北京：世界图书出版公司. 1993.

二、数学教育的现代发展与教师专业素养研究

■对一种数学合作学习方式的介绍及反思[*]

一、引言

合作学习起源于 20 世纪中期的美国，如今已成为世界范围内广泛使用的课堂教学组织形式。合作学习理论基于目标结构理论与发展理论，合作性目标结构认为，拥有共同目标的团体成员之间必定会形成积极的相互促进关系，以一种既有利于自己成功又有利于同伴成功的方式活动。在这个过程中，每位成员都要通过合作、交流、帮助、鼓励等手段与他人共同完成任务；每位成员都有可能担任不同的"社会"角色（领导者、检查者、记录者、联络员等），从而提高了学生的社交能力，尤其是合作能力与责任感。发展理论指出，学生在学习任务方面的相互作用导致了他们认知水平的提高。与传统教学模式相比，合作学习给予学生更多机会尝试多种交流方式：讨论、解释、指导等。学生通过彼此之间的交流与自我思考解决认知冲突，阐明不充分的推理而最终达到对知识的理解。

无论是从动机角度还是认知角度而言，合作学习都是一种具有优越性的教学方法。那么如何在教学中实现合作学习呢？这就涉及到具体的合作学习方式。不同学科的合作学习方式不同，根据数学学科的特点、教学任务和学生

钱珮玲数学教育文选

＊ 本文与王嵘合作，原载于《数学教育学报》，2002，11（4）：56-58.

特点建构最恰当的合作学习方式是我们要做的具体工作。本文介绍一种具体的数学合作学习方法——交换知识法，以期对教师更好地在数学教学中实现合作学习，促进学生的数学学习有所帮助。

二、交换知识法

交换知识方法是一种促进数学课堂上合作学习的特别方法，其特点为：一是，学生有机会在恰当的时候单独学习；二是，保证每个学生都有机会学习和"教授"每一类型的学习材料。在此就交换知识方法的工具和步骤进行介绍。

（一）工具

工具——学习卡片。

（1）每一组卡片包含一个学习单元。卡片的顺序不是太重要，即一个学习单元分割成的几部分没有过多的联系（记一组卡片数为 s）。

（2）一张学习卡片包含 2～3 部分。第一部分为一个例题及其详解；第二部分为一个与例题类似的问题；考虑到高水平的学生，第三部分为一个额外的问题。

（3）每一张学习卡片有一张相应的作业卡。

（二）步骤

1. 掌握知识组

将学生分为 s 组，每一组得到 s 张卡片中的一张，组与组之间的卡片不同；每组人数为 n，每一组同学得到同样的卡片（如图 1 中"掌握知识组"部分）。每一组中包含不同水平的学生，且每一组有一最高水平的学生，教师监督此学生的学习，此学生负责所有小组成员的学习和小组学习的进度和正确性。学生应理解第一部分中的例题和单独完成第二部分中的问题，在此过程中，每一个学生都可以要

二、数学教育的现代发展与教师专业素养研究

求得到必要的帮助。最后，学生在组内交换对知识的理解和对问题的解答，当达到一致时，这一组的学习任务完成。

2. 交换知识组

在每一个掌握知识组中抽取一名学生组成一组。组数为 n，每组人数为 s。这样，在每一个交换知识组，每一名学生掌握了自己学习卡上的知识，而每一名学生掌握的知识不同。在这一次的分组中，将高水平的学生编为一组，中等水平和低水平的学生编为一组（如图 1 中"交换知识组"部分）。这样高水平的学生可以学到更多的知识（如第三部分），低水平的学生会感到更舒服而且会相信自己可以在数学上取得成功。在交换组中，学生始终成对学习，下面对每一对的学习程序做一具体说明。假设在一个交换知识组中学生的人数为 4（$s=4$，$n=5$），分别为 M，N，K，L，对应的卡片为 C_1，C_2，C_3，C_4。

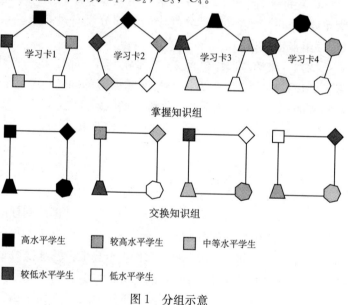

图 1　分组示意

M 向 N 讲授 C_1 的第一部分，问 N 一些问题，根据 N 的回答判断 N 理解的正确性，并且回答 N 的问题；N 向 M 以同样的方式讲授 C_2 的第一部分；M，N 各自完成 C_2，C_1 上的第二部分，在此过程中他们可以互相帮助；当 M，N 解答完第二部分后，彼此检查与修订答案，如果认为对方答案正确，这一对工作完成（如图 2（a）所示）。

M，N 学习的同时，K，L 也对 C_3，C_4 进行同样程序的学习。当都完成之后，M，N，K，L 对应的学习卡为 C_2，C_1，C_4，C_3。接下来就是一对对的交换程序。

（1）M 和 L，N 和 K 组成对，进行新的一对的学习。完成之后，M，N，K，L 对应的学习卡为 C_3，C_4，C_1，C_2（如图 2（b）所示）。

（2）回到最初的组合 M 和 N，K 和 L，经过每一对的学习程序之后，M，N，K，L 对应的学习卡为 C_4，C_3，C_2，C_1（如图 2（c）所示）。

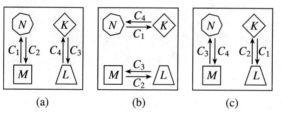

图 2　交换知识组的成对学习

到此为止，我们看到每个学生学完了所有的学习卡，也就学完了这一个学习单元。在整个过程中，学生学习了所有问题的一个例题，向他人讲授了 3 次，听他人讲了 3 次，并单独解决了所有类型的第二部分。在分组中，有时不能恰好使班人数等于 sn，那么可以让两个学生始终成对学习。

三、对合作学习的反思

交换知识方法因其自身拥有的特点而有助于促进学生

的数学学习与提高他们的社交技能。例如学习卡的安排，既考虑了一般学生要达到的学习目标，也考虑了高水平的学生，因此安排了第三部分。这样就有助于不同层次的学生在各自原有的基础上都得到提高，而这正是传统教学模式不太容易实现的目标。分组时对学生心理的考虑，排除了学生不舒服和尴尬的因素，增强了学生学习数学的自信心和探索的勇气。交换知识方法最大的特点就是学生在整个学习过程中同时充当了"教师"和"学生"双重角色，充当教师进行辅导时，需要重新组织材料进行讲解，这就进一步巩固了他们所学的知识；作为学生时，通过同伴的解释和帮助，提高了认知发展水平。

一般而言，与传统教学方式中教师与学生交互作用占主要地位相比，合作学习中学生与学生的交互作用趋于主导地位。学生会通过各种方式的数学交流（提问、解释、讨论等）增强他们的数学理解力，从而有助于建构成自己的数学知识，成为积极的学习者。同时教师也可以从学生多种方式的数学交流中获得他们思维的情况。但是，如想成功地通过合作学习方法促进教学、改进学习并不是轻而易举的事情。因为，合作学习方法并不是完美的，因此，如果想利用合作学习方法有效地服务于数学的教与学，我们应该在发挥其特点的同时思考、改善其中的一些问题。在这里，我们主要就两个问题提出一些想法和建议，也希望同行能参与到问题的探讨中，从而在教学中成功地运用合作学习方法。

（一）关于合作学习的学习任务的类型

合作学习最重要的特征就是学生小组活动。因此，整个学习过程基本上是由学生自己完成的，但学生拥有的知识深度、广度及思维水平毕竟是有限的，他们不可能独立地完成各种类型的学习任务，尤其是抽象的数学概念，此时就需要我们的教学组织形式要以教师精辟的讲解为主。所以，我们认为合作学习环境要求学生拥有一定的潜在的原理知识与相关的实际知识。这就决定了合作学习的学习任务不宜是一段新知识的最初教学，如概念教学与基础定理教学。那么，合作学习最适宜的学习任务是什么呢？我们建议是数学知识应用学习、调查研究学习和实践操作学习。当学生拥有了丰富的背景知识，他们就更有可能在我们提供的合作学习环境中运用初步理解的知识通过合作交流解决问题。在问题的解决中达到对知识的深层次的理解，同时在合作交流中促进学生社会化的进程。

（二）教师在合作学习中的作用

面对合作学习，我们不得不思考的另一个问题就是教师的角色与作用。与传统教学模式相比，这是有重大变化的一个方面。纵观以往关于合作学习方面的文献[1]，多多少少都涉及到这个问题。大致从两个方面对此问题做了讨论：一方面，教师的观念应当转变，教师不再是统包一切的权威，而是要建立平等、民主的师生互动关系；另一方面，教师在合作学习中同时扮演权威、顾问、同伴3种角色。我们认为，无论是何种教学模式，教师的作用都是不可轻视的。在合作学习这种教学模式中，教师的作用主要从3个方面体现：

（1）教师是合作学习环境的设计者。在合作学习设计过程中，教师应当考虑多方面因素，以便实现合作学习目标。例如，合作学习获得成功的基本要素（详见文［2］），最适合学习材料的合作学习方式的选择，等等。

（2）教师在合作学习进行中，除了以上所说的权威、顾问、同伴，还应该成为一名优秀的观察者。因为，在合作学习中，教师拥有了更多机会、时间、精力去观察记录学生的学习进程，思考问题的方式，学生间的思维水平差

二、数学教育的现代发展与教师专业素养研究

异及普遍问题与个别问题。这样既有助于选择恰当的时机，给予学生帮助与暗示，调节学习进程与学习气氛，又有助于教师对自己设计的合作学习进行反思评价。

（3）教师是合作学习的评估者。教师的评估能力影响着学习过程的成功。教师的评估一方面是学习过程中不断地评估，从而据此适当地进行调整；另一方面是学习过程结束后对小组学习成果与个人学习成果的评估。而且面对不同的学习目标和框架，教师应采取相应的评估类型。

总而言之，教师就是要保证学生在合作学习中通过数学活动，掌握知识的应用，进行数学地思考。

参考文献

［1］张雪明. "小组交流—合作学习"的尝试及其实验效果分析［J］. 数学教育学报，2001，10（1）：69-71.

［2］曾琦. 合作学习的基本要素. 学科教育，2000（6）：7-12.

钱珮玲数学教育文选

■从美国教育统计中心发布的研究发展报告得到的启示[*]

1999年2月，美国教育统计发展中心发布了一个研究报告：The TIMSS Videotape Classroom Study：Methods and Findings from an Exploratory Research Project on Eighth Grade Mathematics Instruction in Germany，Japan，and the United States。该报告是在对德国、日本、美国三个国家的231节8年级数学课用录像进行调查研究后，提出了用录像记录课堂教学情况，研究课堂教学的方法。初步发现了这三个国家在教学目标、教学内容、教学方法，以及教师的作用等方面的差异。这个探索性研究项目是第三次国际数学和科学研究（TIMSS）的一部分，也是第一次在国际范围内，从全国的概率样本中收集记录课堂教学的录像。本文首先简要介绍该报告所提出的这些差异，然后联系我国数学教育和教改，谈一点感受和从中得到的启发。

报告认为，三个国家在上述各方面的差异主要表现在以下两个方面。

263

一、关于课堂教学的组织和进行

研究表明，不同文化背景的国家，其教学目标也不相同。对美国和德国的数学教师来说，问题解决是教学的最终目标，也是衡量教学好坏的标志；而在日本，问题解决

＊ 本文原载于《数学通报》，2000，11（4）：4-5，12.

二、数学教育的现代发展与教师专业素养研究

则有不同的作用，问题解决更多的是理解数学，是增加对数学的理解。

随着目标的不同，教师的教案、教学的组织和进行也不相同，主要体现在三个方面：问题解决在教学中的作用，学生在课堂上学习的方式，教师的作用。德国和美国的教学过程倾向于分两个阶段：知识的获取和知识的应用。在知识的获取阶段，教师通过例子来说明如何一步一步地解题（美国经常是这样的做法），或者解释可能被包含的概念的发展（这样的做法在德国更为经常），总之，他们是通过教师讲解例题，教给学生解题的方法；在应用阶段，学生自己解类似的例子，教师帮助困难的学生。在日本，则与美国、德国那种教师先示范，然后学生练习的顺序相反，先是问题解决，留给学生思考的时间，然后教师分享他们提出的解题方法，帮助他们直到理解、明确数学概念。

此外，在课堂教学内容的连贯性方面，美国与日本也有明显的不同，美国的课堂教学经常有更广泛的包括课内外的各种论题，而日本教师更喜欢发展一节课内各部分内容间的联系。

钱珮玲数学教育文选

二、教哪些数学内容

比较被考察研究的 41 个 TIMSS 国家后发现，美国 8 年级的数学内容相当于 7 年级的水平，日本相当于 9 年级的水平，德国是 8 年级的水平。

在数学教学内容的质量上，不同国家也有差异，例如，大多数的课堂教学是概念与用概念解题的结合。然而，概念是怎样提出的，不同国家有很大的区别。概念可以简单地给出，如"勾股定理 $a^2 + b^2 = c^2$"，可以直接地给出，也可以一步步发展地导出。在三个国家中，日本和德国有多于 $\frac{3}{4}$ 的教师是一步步地导出的，而美国只有 $\frac{1}{5}$ 的教师这样做。日本有 53％的课讲证明，德国有 10％的课讲证明，而美国却无一堂课讲证明。

此外，美国的一个教师团体，对录像带样本记录的课堂教学情况做了大量的比较和深入的分析后，把每节课的内容分为高、中、低三个等级后发现，日本有 39％的课，德国有 28％的课属于"高"的等级，美国一个也没有"高"的等级，但美国有 89％的课属于"低"的等级，而日本只有 11％的课是"低"的等级。

三、在教学中培养学生什么样的思维

研究表明，在"通过课堂教学培养学生什么样的思维"这一问题中，德国和美国有很强的相似之处，而与日本则有明显的不同。将录像带记录的教学情况分为三步：模仿，新情境下的应用，创造新方法、新思想解题。则德国学生有 96％的时间，美国学生有 90％的时间是花在模仿上，日本学生用在模仿上的时间是 41％，而有 44％的时间是用在创造新的解法上，要求数学地思维。

四、教师和改革

近几年，美国在数学教学改革方面作了很大的努力，许多文件，例如包括 NCTM 于 1989 年发布的《学校数学课程和评价标准》、1991 年发布的《教数学的专业标准》等，尽管这些文件中没有明确的、可操作的说明，但它们令人鼓舞，至少在数学教育界对教学改革有了一致的看法，它们鼓励教师改革教学方法。

在改革中，美国数学教师所做的正是日本提倡的理念。例如，日本数学课中包含的高水平的数学内容；强调数学地思维；强调学生探索解题方法和说明他们的想法。

当问及美国数学教师关于改革的宗旨时，大多数教师

都说他们是知道的，实际上多数教师只是知道表面的东西，而对于改革的实质，什么是高水平的数学等问题，他们并不清楚，仍然以原来的方法和想法从事教学。

结合其他方面的研究，联系我国数学教育的情况，最为感触的是对于"既要学习别人的长处和经验，也要吸取别人的教训，更要切合我国的国情"这句话的理解。实践表明，我国的数学教育在教学目标的研制，教学过程的设计、组织和实施，教学方法的改革等方面都有自己的特点和长处。众所周知，我们在基本训练方面有很好的成效，启发式教学的思想可以追溯到古代，我国第一部关于教育与教学的著作——《学记》中记有："道而弗牵，强而弗抑，开而弗达。"尽管在我们的教学中也不乏有"例题＋练习"和机械模仿等情况，但是，应该看到，造成这种状况的原因是多方面的，有社会、学校、家长等外部原因，也有教师自身的原因。而且在任何时候，任何国家，都会有参差不齐的状况和各种不同的教学方法。

我们认为，我国数学教育方面较为欠缺的是如何发展学生的兴趣和个性，如何加强数学与生活、数学与科学、数学之间以及数学与社会等方面的联系和应用。此外，我们对于数学教育的研究方法和研究手段在数学教育中的重要性的认识急待提高。

注重学生兴趣和个性的发展是一个重要问题，尤其在高中以前的阶段。美国的教育十分注重学生的兴趣和发展学生的个性，当家长问及孩子学习成绩为什么不高时，孩子经常的回答是：我们老师说，重要的是兴趣，人没有十全十美的。而那些对学习感兴趣的学生，确实有很强的钻研精神，他们好奇心强，学习主动，加上有较为宽松的外部条件，所以这部分学生无论在知识上，还是在能力上，都能得到很好的发展。而那些对于数学学习缺乏兴趣的学

266

钱珮玲数学教育文选

生，则往往因为宽松的环境，缺乏一定的压力和必要的引导等原因而导致学习懈怠，甚至放弃，这样的学生有一定的数量。也许这也正是为什么美国的数学内容是"一英里宽，一英寸深"，以及在教学方法等方面有别于其他两个国家的原因之一。因此，如何处理好这个问题，把握好"度"，是一个值得研究的重要而复杂的问题。

关于数学课程内容的选择，一直是有争议的，也是一个较为复杂的问题。对此，我们认为，如何处理好以上几个方面的联系，反映飞速发展的科技和信息社会对公民的要求，反映数学本身的发展，是一个重要的问题（在文［3］中对此曾有论述，不再赘述）。还有一点值得注意的是对原有内容的增减问题要谨慎，尤其是高中部分。既要保证基础，也要有一定的挑战性。应该看到，造成学生负担重和心理压力的原因是多方面的，教材内容的选择只是其中的一个因素，而来自社会、学校、家庭的压力也是不可忽略的因素。因此，单纯从降低教材难度来减轻学生的学习压力恐怕就有片面性了，更何况每门学科都有其自身的体系和规律，在这个问题上，美国数学教育中出现的问题，我们要引以为诚。

关于数学教育的研究方法和手段，这不仅是一个研究水平的问题，更是与能否真实客观地反映教育教学情况，能否有效地推广研究成果，提高教育质量等有直接的关系。在我国也有用录像记录课堂教学情况来研究教学的做法，例如北京、上海等地，也收到了良好的效果。但是我们在研究方法的科学化和现代化等方面还需作进一步的研究。此外，这种方法与其他的研究方法和手段，例如公开课，比较、各自的利弊，也是可以思考的问题。美国教育统计中心发布的这个报告是第一次在国际范围内收集记录课堂教学情况的录像，做成 CD 片，经计算机计算和数据处理，再进行分析研究而得出结论的。这种研究方法对我们是一个很好的启示。从总的情况来看，我们对于研究方法和手段在数学教育和教改中的作用，在提高教育质量，以及提高研究水平等方面作用的认识显得不足。因此，提高认识，加强这方面的实践、研讨和交流，是各级领导、研究人员和一线教师有待解决的又一重要问题。

我们认为，我国是一个人口众多的发展中国家，在教育改革中要更加注意教育环境对改革的影响。例如增加教育投资，鼓励多方办学，扩大高校招生，设计一套适合我国国情的高考方式；进一步加强和拓宽成人高等教育；同时给教师提供一个较为宽松的教改环境；等等。这将更好地促进和推动我国的基础教育改革，培养适合现代社会需要的高素质人才。当然，我们还必须认识到改革所追求的是理想的目标，改革的过程是一个渐变的、困难的、经常痛苦的过程，需要社会、学校、家长、教师等各方面的支持和坚持不懈的努力。可喜的是，我国的高考方式一直在依据我国的国情而不断地进行有益的研究与探索，近来又公布了从明年开始进行每年两次高考的决定；教育部为了进一步提高中小学教师的素质，正在实施"跨世纪园丁工程"，由数学家和数学专业教师、数学教育家和数学教育专业教师及有关研究人员、中小学一线教师等三方面组成的研究队伍已逐渐形成；一线教师的改革意识正在不断地加强，有志于改革的教师队伍也正在不断地壮大，教改硕果的喜讯频频……虽然我们的困难不少，但我们有信心不断取得新的成果。

268

钱珮玲数学教育文选

参考文献

［1］U. S. Department of Education Office of Educational Research and Improvement. National Center for Education Statistics. Research and Development Report. February，1999.

［2］NCTM. Curriculum and Evaluation Standards for School

Mathematics. 1989.

    ［3］钱珮玲. 关于中学数学课程改革的探讨. 课程·教材·教
法，1999（12）：1-5.

269

二、数学教育的现代发展与教师专业素养研究

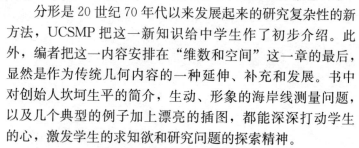

■分形几何[*]

——从 UCSMP 教材内容引发的思考

美国芝加哥大学数学课程设计（简称 UCSMP）第四册高中代数中，第 14 章"维数和空间"最后一节的内容是"分形"（Fractals）。它用 8 页篇幅，介绍了分形的创始人曼德勃罗（Benoit B. M and elbrot）的简单生平；举了几个例子，说明什么是分形，以及分形的结构特征；然后从英国海岸线的测量问题引出分维（分数维数）概念，并指出分维是分形的一种量化特征；最后是几个问题和思考题[1]。

分形是 20 世纪 70 年代以来发展起来的研究复杂性的新方法，UCSMP 把这一新知识给中学生作了初步介绍。此外，编者把这一内容安排在"维数和空间"这一章的最后，显然是作为传统几何内容的一种延伸、补充和发展。书中对创始人坎坷生平的简介，生动、形象的海岸线测量问题，以及几个典型的例子加上漂亮的插图，都能深深打动学生的心，激发学生的求知欲和研究问题的探索精神。

当然，书中对分形的介绍是极简单、最初步的。在中学教材中也只能作这样的处理，其目的是让中学生了解在大自然中有许多形状，它们的有关问题（如：海岸线的测量问题）是经典几何与传统数学方法所无法解决的。应该说，UCSMP 在非传统内容（即现代数学）方面的这种大胆处理对我们是一个很好的启示。

联想去年 11 月在我系举行的一次关于新"高中数学教

* 本文原载于《数学通报》，1997（10）：36-41.

270

钱珮玲数学教育文选

学大纲"（国家教委基础教育司编订，1996 年 5 月人民教育
出版社出版的《全日制普通高级中学数学教学大纲》）研讨
会上提出的一个问题"在中学数学教材中如何处理好传统
内容与非传统内容（即现代数学内容）的关系"，以及方明
一在［2］中对我国高中数学课程的现状分析与新"高中数
学教学大纲"的简介，都说明教材内容的选择（或课程的
改革）一直是教学改革中的一个核心问题。毫无疑问，内
容的选择必须考虑学科的科学性、系统性，以及中学生的
认知水平，因此，传统内容在教材中应起着基础的作用。
斯托利亚尔也曾指出："数学教育现代化，首先的意思是数
学的思想接近于现代数学，即把中学数学建立在现代数学
的思想基础上，并且使用现代数学的方法和语言"，"只有
不多的中学课程的传统内容可以从大纲中删去，只有很不
多的现代数学可以加进大纲"。但是，时至今日，数学科
学、科学技术以及教育技术的迅速发展，使得课程面临许
多新问题，丁尔陞在［3］中曾提出了面向新世纪数学课程
设计的若干问题，方明一在［2］中指出了我国高中数学课
程存在着内容陈旧、知识面过窄、课程结构单一等问题。
因此我们必须思考、探索如何去解决这些问题。例如：

（1）我国数学课程改革在取得以往成绩的基础上，如
何更好地使用现代数学的思想和语言，把中学数学建立在
现代数学的思想基础上，能否更加突出集合论思想方法的
主线，能否将逻辑的有关知识和运用渗透得更多些。以更
好地沟通初、高等数学，更好地提高学生的思维品质和数
学素养。

（2）怎样更好地处理好知识层次结构和深广度的问题。
比如在要求和内容上，能否区分两种要求和内容：一种是
传统的要求和内容；一种是拓宽知识面、作为了解的要求
和内容。前者的目的是继承发扬我国数学课程使中学生具

有扎实的数学基本功、较好的整体水平等优点，后者的目的是让中学生更好地感受数学发展的"源"和"流"，使他们不仅知道初等数学的背景，也向他们适当介绍初等数学发展的过程，使他们了解新的发展状况和发展趋势，从而更全面地理解数学，懂得数学的价值，激发他们的学习兴趣，让更多的人喜欢数学，这对发展数学是有积极意义的。（关于计算器、计算机使用等其他问题，我们将另外讨论）

以上是从 UCSMP 教材内容引起的思考，下面我们按该教材第四册第 14 章 §8 的框架，简单介绍分形的有关知识。

一、什么是分形

回忆传统几何的研究对象，都以简单、规则的几何形状为其研究对象：

初等平面几何的主要研究对象是三角形、多边形、圆（实质上是直线和圆）；

平面解析几何的主要研究对象是一次曲线和二次曲线；

微分几何的主要研究对象是光滑曲线和曲面；

代数几何的主要研究对象是复空间中的代数曲线。

然而，自然界还有这样一类事物：诸如连绵的山峰，蜿蜒的河流，曲折的海岸线，材料的裂纹，等等。它们的共同特征是极不规则，极不光滑。传统的几何学和数学方法已无法处理这些事物的有关问题。

（一）海岸线的测量问题

关于"某一段海岸线有多长"这一问题，初看起来，似乎是一个很简单的问题，但要明确回答，极不容易。这一问题是 1967 年分形的创始人曼德勃罗在美国《科学》杂志上提出的，他提的是："英国的海岸线有多长？"他最初是在英国科学家理查逊的一篇鲜为人知的文章中遇到海岸线问题的。理查逊曾探索过大量关于自然界复杂现象的问题，并对海岸线和国境线的测量问题感到怀疑，他核查了西班牙、葡萄牙、比利时和荷兰的百科全书，发现这些国家对他们共同边界长度的估计相差竟达 20％！曼德勃罗对这个问题发生兴趣，并进行了分析研究，提出"英国海岸线有多长"的问题，他对此问题的回答是：海岸线的长度是不确定的！海岸线的长度取决于测量时所用的尺度。为什么是这样呢？

设想测量员用两脚规，把它张成一定的长度，例如 r_1，然后沿着海岸线，一步一步地测量，所得数为 Nr_1，则海岸线在这一尺度下的近似长度为 $l_1＝Nr_1×r_1$，说"近似"，是因为测量时忽略了小于 r_1 的那些曲曲弯弯的曲线（如图 1）。

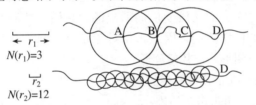

r_1
$N(r_1)=3$

r_2
$N(r_2)=12$

图 1

如果把两脚规张成较 r_1 小的长度，比如 r_2（$r_2<r_1$），再沿着海岸线一步一步地测量，所得数为 Nr_2，那么海岸线在该尺度下的近似长度为 $l_2＝Nr_2×r_2$，"近似"理由同上，此时，那些小于 r_2 的弯弯曲曲的海岸线仍被忽略了……如此下去，会得到关于海岸线长度的一系列不同结果：l_1，l_2，…，l_n，…，并且显然有 $l_1<l_2<…<l_n<…$。于是便产生了以下问题：海岸线长度（欧氏几何中的传统长度概念）是无穷？不能精确测量？如何解决这一问题？显然，传统的几何方法和计算已不适合这类不规则曲线（或图形）了。

曼德勃罗的研究结果是：虽然海岸线长度不能测量，但它却具有某种特征性的"粗糙度"，在给出构造图形的某种技巧或给出某些数据后，可计算出它的"维数"，从而解决了海岸线的测量问题，使得用传统方法测量时，在不同尺度下不规则的程度保持不变，即通过计算"维数"的方法，去刻划一类事物的不规则性。这里的"维数"，粗略地说，是对一个集合充满空间程度的一种描述（在下面的内容中我们将进一步说明）。

由于海水的长期冲击，使得海岸线具有极其复杂、极不规则的特性。类比欧氏几何中对点、线、面的抽象方法，用抽象的、理想化的词来描述海岸线的这种不规则性，就是具有局部形态与整体形态的相似性，或自相似性。为了更好地认识这类图形的自相似特性，我们介绍几个典型的例子，它们是从一个正常的几何图形出发，按照一定的规则，通过无穷次几何变换而形成的，它们的性质与通常几何图形的性质不同，因此，相对于正常图形，称之为"病态"几何图形，或几何分形。

（二）几个几何分形的例子

例1 谢尔宾斯基垫片。

谢尔宾斯基，在20世纪初（1915～1916）提出了一些"病态"图形，包括"垫片""地毯""海绵"。

"垫片"图形是这样形成的：将一个正三角形等分为四个小正三角形，去掉中间的那个，如图2（B）所示。再将余下的三个正三角形各自等分为四个小正三角形，并各自去掉中间的一个，如图2（C）所示。再按同样方法处理，如此无限地继续下去，所得到的图形像一个三角形垫片，称之为谢尔宾斯基"垫片"，它具有自相似的特性。

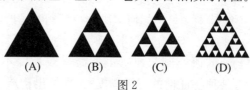

(A)　　　(B)　　　(C)　　　(D)

图2

钱珮玲数学教育文选

从正方形出发，将其等分为 9 个小正方形，去掉中间的那个。将剩下的 8 个小正方形各自等分为 9 个小正方形，并各自去掉中间的那个。如此无限地继续下去，所得的图形像"地毯"，称之为谢尔宾斯基"地毯"，如图 3（C）所示。

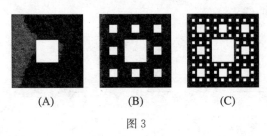

(A)　　　　　　(B)　　　　　　(C)

图 3

用类似的方法，可从正方体出发，形成"海绵"，参见[4]。

例 2　科契雪花曲线。

科契曲线是由瑞典数学家科契设计的一类"妖魔"曲线，这类曲线的特点是处处连续，但处处不光滑，因而这类曲线令人感到不解和难以掌握，故称之为"妖魔"曲线。

这类曲线也是从一个普通的图形出发，按一定规律进行无穷多次演变而形成的。一般从一条线段或一个多边形出发，称之为源多边形，其演变规律是将源多边形中的直线段（比如源多边形的各边）用折线来取代，此折线称为生成元，源多边形和生成元一旦确定，分形也就确定了。

科契雪花曲线是最简单的科契曲线，它的源多边形是正三角形，如图 4（A）所示，生成元如图 4（B）所示。

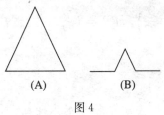

(A)　　　　　　(B)

图 4

演变过程为：首先将正三角形各边按生成元变形，如图 5（B）所示。再将所得六角形各边按生成元变形，如图 5（C）所示。如此无限地继续下去，形成的图形就是一种科契曲线，由于它的形状很像雪花的外沿线，故称之为科契雪花曲线。

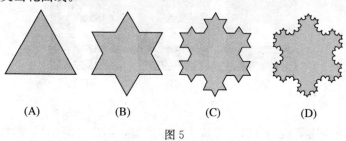

(A)	(B)	(C)	(D)

图 5

用类似的方法，从正方形出发，可得科契岛边界曲线，参见 [4]。

例 3 康托尔集合。

取一条线段，将它三等分，去掉中间那段，余下左右两段。对余下的两段各自三等分，并去掉中间那段，得到四个线段。如此无限地继续下去，所得小段的数目越来越多，长度越来越小，假设开始所取线段为闭区间 [0, 1]，并记

$$I^{(1)} = \left(\frac{1}{3}, \frac{2}{3}\right),$$

$$I_1^{(2)} = \left(\frac{1}{9}, \frac{2}{9}\right), \quad I_2^{(2)} = \left(\frac{7}{9}, \frac{8}{9}\right),$$

$$I_1^{(3)} = \left(\frac{1}{27}, \frac{2}{27}\right), \quad I_2^{(3)} = \left(\frac{7}{27}, \frac{8}{27}\right), \quad I_3^{(3)} = \left(\frac{19}{27}, \frac{20}{27}\right),$$

$$I_4^{(3)} = \left(\frac{25}{27}, \frac{26}{27}\right),$$

……

一般地，第 i 次去掉 2^{i-1} 个小线段，记为 $I_k^{(i)}$（$k = 1$，

2，…，2^{i-1}），其长度均为$\dfrac{1}{3^i}$，则称集合 $[0，1]-U_0$ 为康托尔集（如图6），其中

$$U_0 = \bigcup_{i=1}^{\infty} \bigcup_{k=1}^{2^{i-1}} I_k^{(i)}。$$

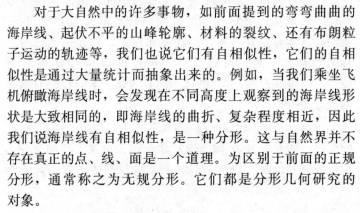

图6

综上可知，谢尔宾斯基"垫片""地毯""海绵"，科契雪花曲线，康托尔集等几何图形，还有我们熟悉的皮亚诺曲线，它们的结构有一个共同的特征——自相似性，也即具有局部形态与整体形态的相似性。形象地说，就是当我们用任何倍数的显微镜去观察任一局部时，都与整体有相似的形态。我们把这类几何图形叫做几何分形或正规分形。

对于大自然中的许多事物，如前面提到的弯弯曲曲的海岸线、起伏不平的山峰轮廓、材料的裂纹、还有布朗粒子运动的轨迹等，我们也说它们有自相似性，它们的自相似性是通过大量统计而抽象出来的。例如，当我们乘坐飞机俯瞰海岸线时，会发现在不同高度上观察到的海岸线形状是大致相同的，即海岸线的曲折、复杂程度相近，因此我们说海岸线有自相似性，是一种分形。这与自然界并不存在真正的点、线、面是一个道理。为区别于前面的正规分形，通常称之为无规分形。它们都是分形几何研究的对象。

由于分形几何是研究自然界中一类复杂事物的方法。因此尽管发展时间不长，但已广泛应用于物理、化学、生物、地学、材料等各个领域，参见 [4]，[5]。

下面我们给出分形的定量表征——分维的概念。

二、数学教育的现代发展与教师专业素养研究

二、分维——分形的定量表征

分形的自相似性使其内部结构不存在特征长度，也就是说，人们已不能像对待普通物体所习惯的那样，通过通常的度量，用长度或重量或体积等参数去刻划分形的特征。

针对分形具有自相似性的结构特征，经过科学家们的潜心研究，发现"维数"可以用来作为分形的定量表征。因为"维数"给出了"一个集充满空间"程度的描述。分形的自相似性使得任一局部"充满空间"的程度与整体都是一样的。于是，分维成为描述分形的定量表征，分维又称分形维数或分数维，在一般情况下是一个分数（可以是整数，也可以是非整数）。

可以用多种方法定义集合的维数（参见 [4]，[5]）。我们这里介绍以 Caratheodory 构造为基础的豪斯道夫维数，并用归纳方法较为直观地介绍之，其严格的数学定义可参见 [5]。

钱珮玲数学教育文选

按通常的概念：直线为一维欧氏空间，平面为二维欧氏空间，现实的立体空间为三维欧氏空间。为方便起见，我们将自然界中客观存在的物体和现象以及几何图形等统称为客体。于是，可以认为，在自然界中存在着零维（点）、一维（直线）、二维（平面）客体。下面我们对客体的维数进行拓广。

设有一条一维的线段，其长度为 L，现用"半径为 r"的线段（即长度为 $2r$ 的线段）作单位去量度，即测量在 L 中有多少个长度为 $2r$ 的线段。假定度量的结果为 N，因 N 与 r 有关，故记作 $N(r)$，则有

$$N(r) = \frac{L}{2r} = \left(\frac{1}{2}L\right)r^{-1}$$

$$= cr^{-D_f}\left(D_f = 1,\ c = \frac{1}{2}L\right),$$

即在长度为 L 的一维直线段中包含有 $N(r)$ 个"半径"为 r

的单位线段。

对于一个二维的圆面，设其面积为 S，现用半径为 r 的圆面积作单位去量度，量度结果为 $N(r)$，则有

$$N(r)=\frac{S}{\pi r^2}=\frac{S}{\pi}r^{-2}$$

$$=cr^{-D_f}\left(D_f=2,\ c=\frac{S}{\pi}\right),$$

即在面积为 S 的二维圆面中含有 $N(r)$ 个半径为 r 的单位圆面。

对于一个三维的球，设其体积为 V，并用半径为 r 的球体积作为单位去量度，所得结果为 $N(r)$，则有

$$N(r)=\frac{V}{\frac{4}{3}\pi r^3}=\frac{3V}{4\pi}r^{-3}$$

$$=cr^{-D_f}\left(D_f=3,\ c=\frac{3V}{4\pi}\right),$$

即在体积为 V 的三维球体中有 $N(r)$ 个半径为 r 的单位球体。

279

归纳以上一、二、三维的情况，可以对维数作出以下新的定义：

对于一个客体，如果度量其"容积"的单位半径为 r，用该单位量度的结果 $N(r)$ 满足以下关系：

$$N(r)=cr^{-D_f}, \qquad\qquad ①$$

其中 c 为不依赖于 r 的常数，则该客体的维数为 D_f，称之为豪斯道夫维数。

由上可知，D_f 维客体的"容积"与 r^{-D_f} 成正比，只要能从①式求出其中的方次，就能确定该客体的豪斯道夫维数。但直接用①计算有时不太方便，为此我们进一步作如下分析：

正方形是二维的，若将其每边长度增至原来的 L 倍，得到 K 倍于原正方形的新正方形，则有以下关系成立：

$$K = L^2 = L^D \quad (D=2)_\circ \qquad\qquad ②$$

同理，若将三维立方体的每边长度增至原来的 L 倍，得到 K 倍于原立方体的新立方体，则有

$$K = L^3 = L^D \quad (D=3)_\circ \qquad\qquad ③$$

对于一维直线段有关系

$$K = L = L^D \quad (D=1), \qquad\qquad ④$$

进而将一、二、三维的情形拓广之，即对于某客体，如沿其每个独立方向皆扩大 L 倍，则得到 K 倍于原客体的新客体，该客体的维数 D_f 可由

$$K = L^{D_f}$$

得到，于是有

$$D_f = \frac{\ln K}{\ln L}_\circ \qquad\qquad ⑤$$

应指出的是，①式与⑤式是一致的（参见 [4]）。

例 计算康托尔集的豪斯道夫维数 D_f。

设康托尔集的源多边形和生成元分别为图 6 中的（A），（B）。由于每个线段都将进行无限的分割和舍弃，都将具有精细的自相似结构，所以不妨取图 6（B）中左端的线段作为原客体，沿其独立方向（此时就是长度方向）扩大三倍（即 $L=3$），就变成了图 6（A），将（A）三等分，并去掉中间部分，得到 2 倍于原客体的新客体（即 $K=2$），故康托尔的豪斯道夫维数为

$$D_f = \frac{\ln 2}{\ln 3} = 0.630\ 9\cdots_\circ \qquad\qquad ⑧$$

用类似的方法可以算出谢尔宾斯基"垫片""地毯"的豪斯道夫维数分别为

$$D_f = \frac{\ln 3}{\ln 2} = 1.584\ 9\cdots,$$

$$D_f = \frac{\ln 8}{\ln 3} = 1.892\ 7\cdots_\circ$$

联系它们的形状，不难体会分维数确实反映了"集合充满空间"的程度，用它来"度量"具有自相似性结构的分形，作为分形的定量表征是恰当的。

关于分形的定义，尚未形成共识，曼德勃罗、泰勒（Taylor. S. J）等人都曾给出过有关定义，但都有不足之处（参见［5］），正在进一步探索之中。

以上我们参考 UCSMP 教材的框架，简单介绍了分形几何最初步的知识。分形几何自开创以来，一直受到物理、数学、化学、生物、医学、地学、材料，以及社会学、音乐等各个领域科学家的热切关注，成为 80 年代"热门"科学之一。美国物理学家惠勒（Wheeler. J. A）曾说过这样的话：可以相信，明天谁不能熟悉分形，谁就不能被认为是科学上的文化人。分形几何的理论和应用正在不断发展和完善之中。

参考文献

［1］UCSMP 教材，第四册.

［2］方明一. 我国高中数学课程的现状与新"数学教学大纲"简介. 数学通报，1996（6）（7）.

［3］丁尔陞. 再谈面向新世纪的数学课程. 数学通报，1994（2）：0-4；（3）：0-4.

［4］李后强，程光钺. 分形与分维. 成都：四川教育出版社，1990.

［5］Kenneth J. Falconer. 分形几何——数学基础及其应用. 曾文曲，刘世耀，译. 沈阳：东北工学院出版社，1991.

二、数学教育的现代发展与教师专业素养研究

■课堂教学需要从数学上把握好教学内容的整体性和联系性之一[*]

——对古典概型教学的思考

在课堂教学中为什么要强调整体性和联系性？

强调整体性和联系性，是数学学科特点的要求。数学科学的严谨性和系统性要求数学教学必须要从整体上把握高中数学和中学数学的内容，只有从整体上把握了中学数学的内容，才能对每一章节、每一堂课的内容的地位、作用有深入的分析，对重、难点有恰当的定位，也才能有效地突出重点、突破难点，合理地分配时间。

强调整体性和联系性，是数学学习的需要，是学生认知的需要，学生有意义的学习不是一个被动接受知识、强化储存的过程，而是用原有的知识处理各项新的学习任务，通过同化和顺应等心理活动和变化，不断地构建和完善认知结构的过程，把客观的数学知识内化为自己认知结构中的成分，而强调整体性和联系性正是顺应了学生这一认知的需要，可以帮助学生将零散的知识点形成有内在联系的知识网络，而形成网络结构的知识不仅对于当前的学习，而且对于学生认识和理解数学都是十分有益的。强调整体性和联系性也是新课程模块和专题结构的需要。

例如对必修 3 中古典概型的教学，首先要把握好有关内容的整体框架：

钱珮玲数学教育文选

---

* 本文原载于《数学通报》，2008（7）：11-12，16.

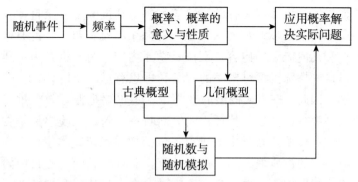

对于高中数学中的概率内容，始终要把握好一个总目标，这就是帮助学生认识和理解概率的本质及其基本思想。新课程将古典概型放在必修课程中，而把计数原理放到后面的选修课程中，也是为了使学生更好地认识概率的基本思想，而不仅仅只是会计算概率。因此，要不失时机地帮助学生去认识客观世界中存在着大量的必然现象和偶然现象（又叫随机现象）。科学需要我们通过大量的偶然性找出规律性、必然性。概率的研究对象就是在一定条件下的随机现象（随机试验），分析随机现象的各种可能发生的结果，研究偶然中蕴含的规律性、必然性。随机试验中每一个可能发生的结果称为基本事件，基本事件或基本事件之并（和）称为事件（或随机事件）。概率是一种度量，是对事件发生可能性大小的一种度量。其次要了解初中概率已学内容，力求做到自然的衔接和有效的螺旋上升。此外，还要了解概率的几种定义方式及其发展，以便做到对相应内容的设计和教学有整体的认识、恰当的定位。

考虑到中学生的认知特点和课程设置的目标，教材先给出概率的统计定义，然后再学习古典概型和几何概型。一是考虑到学生在义教阶段对概率已有接触和一些了解，因此，可以作一定的理论提升；二是考虑到学生对如何去度量随机事件发生可能性的大小会感到很茫然，无从入手，

而概率的统计定义有助于使学生参与到试验中去亲自体验概率的含义以及如何去度量。对两个特殊概型——古典概型和几何概型的内容，不仅是学习内容本身，也是为了通过这些特殊概型对概率的含义和思想有进一步的认识和理解。因此，在古典概型的教学中，不仅要把握好教学重点是理解古典概型的特征；如何判断一个随机试验模型是否为古典概型是教学中的难点，包括如何确定基本事件，会对简单的古典概型问题进行计算。而且在教师的心目中始终要把握住一个总目标，这就是：进一步认识和理解随机思想，认识和理解概率的含义——概率是一种度量，是对随机事件发生可能性大小的一种度量。为了更好地突出重点和突破难点，要尽可能设计学生熟悉的实例，要有正反两方面的实例，最简单的反例可以让学生判断掷一颗长方形的骰子是不是一个古典概型，由此可以突出"均匀"一词的内涵——它保证了等可能性！也可以与学生一起举例，鼓励学生参与到教学活动中，激发学生的深层次思维活动。

钱珮玲数学教育文选

　　同样，在几何概型的教学中，除了要了解几何概型的特征和学会对简单的几何概型问题进行相应的计算外，仍然要把握住学习概率这部分内容的总目标，而不仅仅是把重点放在单纯的计算和当前这一节课的内容上。

　　一个普遍的现象是感到古典概型课的课时紧，几何概型课的课时松，出现这一现象的确也与内容本身有关。但是，不可否认的是在教师的心目中缺乏对概率这一内容总目标的认识，注重的更多的还是当前这节课的内容，而忽视了对概率这一内容整体性和联系性的认识和把握。一旦在我们心目中有了学习概率的总目标，就会在学习几何概型内容时从整体上对教材中的相应例子作适当的挖掘和延伸，联系古典概型和概率的基本思想，帮助学生进一步认识概率的本质，就不会觉得课时松了。同时，如果我们注意到了与初中概率内容的联系，学生在初中已接触了古典概型，那么在讲古典概型时就应减少不必要的重复，而是把注意力放在如何利用学生已有的基础去提升对古典概型的认识和理解上——提升什么？如何提升？

在现行教材中，提升主要体现在两个方面：一是将"随机试验中可能出现的每一结果"提升为"基本事件"，二是概括出古典概型的两个特征并学会如何判断。要指出的是，从整体上来说，"基本事件"是一个较为重要的基本概念，但从局部来看，即在中学数学的古典概型这节课中，不可能也没必要给出基本事件的确切定义，因此也不作为一个基本概念来对待。只是教师心中需要对基本事件的特征有清楚的认识，即基本事件有两个本质特征：互斥性和可表示性。这两个特征保证了可以用基本事件或基本事件的并（和）表示该随机试验中的每一随机事件（除了不可能事件）。"不能再分"不是基本事件的特征，此外，基本事件也不都是等可能的，如前面提到的掷一颗长方形骰子的例子。等可能性是古典概型的特征。

对于某个随机试验，可以有不同的方式来确定基本事件。例如，对于"掷一枚骰子的随机试验中，向上的点数是偶数的概率是多少"这一问题，如果用 a 分别表示掷骰子所得点数，则基本事件共有 6 个，即

$$1，2，3，4，5，6。$$

如果用 a 表示掷骰子所得点数的奇偶，则基本事件共有 2 个，即

$$奇，偶。$$

两种方式确定的基本事件总数（n）分别为 6 和 2，事件 A 包含的基本事件个数（m）分别为 3 和 1，但是 $\frac{m}{n}$ 的值相等。两种确定基本事件的方式都可以求出"掷一枚骰子的随机试验中，向上的点数是偶数"的概率。关键在于要

从解决问题的需要出发来确定基本事件，建立适当的概率模型。首先是要能正确地确定基本事件，然后要考虑简便。在上面的例子中，两种确定基本事件的方法都是正确的，但后面的方法更为简便些。进一步可以让学生考虑"在连续两次掷一枚骰子的随机试验中，向上的点数之和是偶数的概率是多少"的问题。

概括出古典概型的两个特征并学会如何判断是初中学习古典概型基础上的提升，这一提升主要体现在对古典概型的认识和理解上。具体地说，是从操作层面到理论层面的进一步的抽象概括，即从会按一定步骤算出简单的古典概型的概率到不仅会算，更是会思考如何去判断一个随机试验模型是古典概型——包括如何选择适当的方式正确地确定基本事件，以及对古典概型中等可能性的要求；思考古典概型作为一种特殊的模型是如何体现概率思想的。此外，在这一内容的学习中，学生所犯的错误很多情况都是出在等可能性问题上，因此，在教学中要特别注意举出正、反两方面的例子，帮助学生学会正确判断。考虑到课时紧的因素，可以在练习中进一步安排正、反两方面的实例，加以巩固。从整体来说，这一提升也正是不断深化认识、深化思维、螺旋上升的过程，是帮助学生面对一个实际问题学会如何思考，判断古典概型时应如何抓住关键问题，出错的原因又是什么，等等。

古典概型是一种最基本的概率模型，在概率论中占有相当重要的地位，它的引入，从整体上可以帮助我们进一步认识和理解概率的本质和思想，解释现实世界中的一些实际问题，教学中应从整体上和相互间的联系上去思考问题、解决问题。

钱珮玲数学教育文选

■课堂教学需要从数学上把握好教学内容的整体性和联系性之二[*]

——对函数单调性教学的思考

众所周知，函数是高中数学中的一条主线，也是高等数学的主要研究对象之一。因此，函数概念及其性质的学习是非常基础又重要的内容，高中阶段介绍的函数性质主要包括单调性、奇偶性、周期性、最大（小）值和极值等内容，而函数的单调性是研究函数变化的一个最基本的性质，函数的变化趋势、函数的极值、最大（小）值、函数的零点等研究都与函数的单调性相关。

提高课堂效益，帮助学生获得终身学习的能力，是大家已形成的共识，实现这一美好的愿望需要从课堂教学的每一节课做起。在函数单调性的教学中，从第一课时的内容来看，除了知道本节课的教学重点是增（减）函数的形式化定义，难点是对增（减）函数形式化定义的认识和理解，用定义证明函数的单调性之外，还需从高中数学内容这一整体对有关内容的相互联系有一个把握，从数学这一整体对有关思考方法和处理问题的方法有相应的思考和把握。

在《课标》教材中，对于函数单调性的学习大体上是分两个阶段完成的：第一阶段安排在必修1中，要求从几何直观入手，即从函数图象入手认识和理解单调性的定义，

二、数学教育的现代发展与教师专业素养研究

---

* 本文原载于《数学通报》，2008（3）：22-23，25.

并通过具体函数，初步体会单调性在研究函数变化中的作用；第二阶段，安排在选修系列 1，2 的导数及其应用中，这部分内容与《大纲》教材在要求上是有区别的。

首先是强调对导数概念内涵的认识，而不仅仅是把导数作为规则来学习，希望通过学习能使学生初步认识事物的变化率可以用导数来描述，导数就是瞬时变化率，能联系现实生活中增长率、膨胀率、效率、密度、速度等反映导数应用的实例，初步认识学习导数的现实意义。即便过若干年后不再接触数学，忘记了导数的定义，也能给学生留下一些东西——数学与现实生活是有联系的，数学是有用的。

其次是要求学生能初步认识导数与单调性的联系：(1) 函数的单调性与其导数正负之间的关系——在一个区间内，如果函数在每一点的导数都大于 0，那么函数是递增的；如果函数在每一点的导数都小于 0，那么函数是递减的。反之，也可以用单调性判断导数的符号，在一个区间内，递增函数如果有导函数，那么每一点的导数大于或等于 0；在一个区间内，递减函数如果有导函数，那么每一点的导数小于或等于 0。这是在必修 1 基础上对单调性认识的一个提升。(2) 导数作为刻画函数变化的瞬时变化率，能从数量上反映函数在一个点附近的变化情况，导数绝对值的大小可以反映函数增减的快慢。我们知道，函数的单调性是指当自变量增加（减少）时，函数值是增加还是减少？从函数图象即几何的角度看，就是函数图象"走势"的变化规律：是上升还是下降？而上升或下降的快慢，即图象"走势"是"平缓"还是"陡峭"可以通过导数绝对值的大小反映出来。教学中可以结合函数图象帮助学生认识和理解，使他们对函数的单调性有一个更完整的更好的认识和理解。

再次是希望通过与初等方法相比较，体会导数在研究函数性质（高中阶段主要是单调性）中的优越性——更为一般，更为简捷，体会和感悟研究方法对于解决问题的重要意义。

从数学科学这个整体来看，数学的高度抽象性造成了数学的难懂、难教、难学，解决这一问题的基本途径是顺应学习者的认知规律：在需要和可能的情况下，尽量做到从直观入手，从具体开始，逐步抽象，即数学的思考方式。恰当运用图形语言、自然语言和符号化的形式语言，并进行三者之间必要的转换，可以说，这是学习数学的基本思考方式。而"函数单调性"这一内容正是体现数学基本思考方式的一个良好载体，教学中应充分关注到这一点。长此以往，便可使学生在学习知识的同时，学到比知识更重要的东西——学会如何思考，如何进行数学的思考。

此外，在用单调性定义证明有关问题时，除了使学生了解用函数单调性定义证明函数在某个区间上单调性的基本步骤外，要安排适当的教学活动，尽可能使学生对函数单调性定义中"任意"一词的必要性有一个较好的认识。与此同时，还要帮助学生体会研究函数单调性的一种方法：只要有可能，就画出函数的图象，通过观察图象，先对函数是否具有单调性做出猜想，然后通过逻辑推理，证明这种猜想的正确性，或否定原来的猜想。其实，这也是学习数学的一种常用方法。我们在日常的教学中，需要有一种意识：不仅要使学生获得相关的知识，还要通过相反的途径，即或者是渗透、或者是化隐为显明确地提炼、或者是阶段性的总结——学生自己总结、师生共同总结、教师总结，帮助他们感悟蕴含在知识中的思想方法，获取学习的方法，并持之以恒地坚持这样的做法。为什么我们的学生经常只能"举一"，而不能"反三"？其中的一个重要原因

二、数学教育的现代发展与教师专业素养研究

就是没能较好地掌握有关概念和思想方法，用函数的单调性定义证明函数的单调性时，就可以化隐为显明确地提炼出学习函数内容的常用方法：只要有可能，就画出函数的图象，并通过直观地观察函数的图象，作出某种猜想，再证明这种猜想的正确性，或否定原来的猜想。

　　基于以上从整体上所作的分析，必修 1 中单调性的教学需要通过教学活动，帮助学生在他们的认知结构中初步建立起增函数、减函数的形式化定义。但是，完全理解增函数、减函数的形式化定义并不容易，需要有一个过程，尤其是如何讲清楚并使学生认识到"任意"一词是必不可少的，这是一个难点。事实上，这一阶段的学习对于多数学生来说是从文字上去复述定义，形式地去做相应的练习。其实这是正常的现象，回忆我们自己的学习，有很多内容在开始学习时也是这样的，需要有认识和理解的过程，需要有"磨"的时间。当然，在进行教学设计时，为了突破难点，使学生不仅从形式上，而且能从内涵上更好地认识和理解函数单调性的形式化定义，还是要尽量使安排的教学活动充分尊重学生的认知规律，帮助他们较好地实现从直观到抽象的提升，提高对"任意"一词的认识。例如，可以以学生熟悉的一次函数 $f(x)=x$ 和二次函数 $f(x)=x^2$ 为例，通过给出对应值表和函数的图象，启发学生从数量上和函数图象中体会"上升""下降"的含义（即图形语言），获取对函数单调性的直观认识，让学生体会函数的增、减变化情况，并从若干实例概括出共同特征。其中，二次函数 $f(x)=x^2$ 可以作为一个典型例子，鼓励和引导学生对观察和体会到的变化情况用自己的语言表达出来，有条件的学校，可以使用信息技术创设教学情境，使学生有更多的时间用于思考、探究函数的单调性的含义；最后在教师的帮助下，师生一起修正、完善，抽象出增（减）函

数的形式化定义。一般来说，从图形语言表述到用自然语言表述的过渡比较容易，而最后一步抽象出增函数、减函数的形式化定义，对"任意"一词的理解这个难点，还可在第二阶段选修1，2导数及其应用中，通过回忆已学的知识，通过导数与单调性的联系，使学生有进一步的认识和理解。总之，从整体性和联系性来分析，单调性是函数最基本的性质，也是体现数学基本思考方式的一个良好载体；此外，化隐为显，明确地提炼出学习函数内容乃至学习数学的常用方法也是教学中应重视的问题。在学习知识的同时帮助学生感悟、提炼蕴含在知识中的思想方法，获取思考和学习的方法是我们追求的目标。

二、数学教育的现代发展与教师专业素养研究

■如何认识概率 *

——读普通高中《课标》实验教科书
（概率部分）引发的思考

《课标》教科书随着新课程的推进正在全国逐渐地推广使用。本文将对教科书中有关"概率"的内容谈三个问题：如何认识概率？如何认识概率的统计定义？如何从理论上认识概率的统计定义。

一、如何认识概率

说到概率，一定是与某个随机事件的发生联系在一起的，笼统地说"概率是 95％"是没有什么具体含义的，正像说"8 斤""10 尺"一样，没有具体的含义。只有说某个新生婴儿重量是 8 斤，某一块布料长 10 尺，这才有具体的含义。

同样，说明天北京地区下雨的概率是 95％就有具体含义了。意思是说：随机事件（明天北京地区下雨）发生的概率是 95％。又如本次福利彩票将开奖，中奖概率是 0.01％是有具体含义的。意思是说：随机事件（本次福利彩票中奖）发生的概率是 0.01％。

（以下本文中所说的事件都是指随机事件，不再说明）

（一）什么是概率

事件的概率是用来度量该事件发生可能性大小的一个

＊ 本文原载于《数学通报》，2007（2）：9-11.

尺度。这种度量正像用"斤"或"公斤"来度量某个物体的重量，或像用"尺"或"米"来度量某个物体的长度一样，事件的概率就是用来度量该事件发生可能性大小的尺度。一般来说，事件的概率大，该事件发生的可能性就大；事件的概率小，该事件发生的可能性就小。一个自然的问题是：事件发生的可能性能度量吗？

（二）事件发生的可能性能度量吗

能够度量一个物体的重量或者某个物体的长度，是因为该物体的重量或者长度是客观存在的，不以人的认识为转移的。

同样，某个随机事件发生的可能性也是客观存在的，不以人的认识为转移的。例如，在一般情况下，无论是谁去抛一枚匀称的硬币，出现正面的概率都是 $\frac{1}{2}$；无论是谁去掷一颗均匀的骰子，出现 1 点的概率都是 $\frac{1}{6}$。它们是客观存在的。

正是因为事件的概率是客观存在的，所以我们可用不同的方法来度量它。"客观存在"是我们以后谈论问题的出发点（中学实验教科书不涉及"主观概率"等其他的概念）。

事件的概率是客观存在的，而概率的大小不一定被人们所认识。但是，我们可以通过实践逐渐地认识它。那么我们如何去确定它呢？

（三）怎么样去度量一个事件发生的可能性

可以用不同的方法去度量一个事件发生的可能性。不同的概率模型给出了概率不同的定义方法。例如，人们通常所说的：针对古典概型的古典概率，针对几何概型的几何概率。人们还常用统计方法去度量一个事件发生的可能性，即概率的统计定义。

怎样利用统计方法去度量一个事件发生的可能性？

因为一个事件发生可能性的大小是客观的，所以是可以认识的。认识的方法就是实践，而实践的途径是试验。在相同条件下，做大量重复试验，统计该事件出现次数与总试验次数的比，进而加以去粗取精、去伪存真，提升为对概率的理性认识。因此，随机试验的概念十分重要。一般概率论教科书在讲概率的统计定义之前，往往都要介绍随机试验。随机试验主要具有以下特征：（1）试验可以在相同条件 S 下重复进行；（2）试验可能出现的结果至少有两个，而且能确知所有可能出现的结果是什么；（3）每次试验前，无法肯定会出现什么结果，只知出现的是所有可能结果中的一种。

二、如何认识概率的统计定义

（一）概率的统计定义

实验教科书中给出的概率的统计定义是"在相同的条件下做大量的重复试验，一个事件出现的次数 k 和总的试验次数 n 之比，称为这个事件在这 n 次试验中出现的频率。当试验次数 n 很大时，频率将'稳定'在某个常数上。n 越大，频率偏离这个常数的可能性越小。这个常数称为事件的概率"。

概率的统计定义方式有以下优点：首先是学生可以直接参与实践活动，例如抛一枚硬币，掷一颗骰子等，从而调动了学生自主学习的积极性。其次，这样定义符合学生的认知水平，尤其是对于缺少社会经验和生活经验的中学生。再次，也符合人类由感性认识上升到理性认识的过程。

但是，由于种种原因（教材的限制，学生的认知水平等），这种定义概率的方式也有解释不足之处：第一，如何理解"频率将'稳定'在一个常数上"；第二，如何解释

"n越大，频率偏离这个常数的可能性越小"。为了理解和解释这两点，首先要搞清楚频率与概率之间的关系。

（二）频率与概率之间有什么关系

频率与概率的区别：事件的概率是客观存在的，是确定的，是个不变的常数。而事件发生的频率是大量重复试验的结果，是不确定的，是变化的数。它不仅和总的试验次数n有关，即重复试验的次数n不同，结果（频率）可能不同，而且即便是两回大量重复试验的次数n相同，事件出现的次数k也可能不同，结果（频率）也就可能不同。

频率与概率的关系：事件发生的频率客观上能够体现事件概率的含义，即一个事件发生的频率越大，说明该事件在总的试验次数n中，出现的次数k相对的越多，也就是说该事件发生的可能性越大；事件发生的频率越小，说明该事件在总的试验次数n中，出现的次数k相对的越少，也就是说该事件发生的可能性越小。反过来，事件发生的概率也应该体现在事件的频率上，即事件的概率越大，该事件发生的可能性越大，应该是在总的试验次数n中，该事件出现的次数k相对越多；事件的概率越小，该事件发生的可能性越小，应该是在总的试验次数n中，该事件出现的次数k相对越小。

学生在学习概率的过程中，经常会产生这样的错误：抛一枚硬币出现正面的概率是$\frac{1}{2}$，那么连续抛两次硬币，一定会出现正面。

正确的归因是帮助学生学好数学的保证。那么，出现这种错误的原因是什么呢？

出现这种错误的原因是将"抛一枚硬币出现正面的概率"与"连续抛两次硬币出现正面的频率"等同起来了。也就是说，把"事件发生的可能性的大小"与"连续抛两次硬币事件发生比例的多少"等同起来了，这显然是不对的。因为抛一枚硬币出现正面的概率是确定的，客观存在的；而连续抛两次硬币出现正面多少是不确定的，随机的。

对频率与概率的认识还需注意的是：尽管事件的概率较大，该事件发生的可能性较大。但是，在一次或几次试验中该事件也可能不发生。同样，尽管事件的概率较小，该事件发生的可能性较小。但是，在一次试验中该事件也可能发生。这正是事件的随机性与概率的确定性的区别特征！

（三）应如何理解概率的统计定义

对于概率的统计定义，应理解为：许许多多的人，经过不计其数的回合，每一回都做了大量的重复试验，统计每一回事件的频率，统计结果表明：每一回，当试验次数增加时，事件的频率都趋向同一个确定的常数，这个常数称为该事件的概率。

例如，掷一颗均匀的骰子，假设 A 表示出现 1 点的事件。许许多多的人，经过很多很多次回合，每一回都做了大量重复掷这颗均匀骰子的实验，统计每回事件 A 发生的频率，统计结果会表明：所有的回合，当掷的次数增加时，事件 A 的频率都会趋向一个确定的常数 $\frac{1}{6}$（概率）。

特别需要注意的是，这里所说的统计结果具有两层含义：一是，统计了许许多多人，进行了很多很多回合的重复试验；二是，统计每一回合所做的大量的重复试验，都统计出事件的频率。每一回合都做了大量的重复试验，统计结果会表明：每一回合，当试验次数增加时，事件的频率都以普通意义下的极限趋向概率。这就是"频率将'稳定'在某个常数上"的含义。

"n 越大，频率偏离这个常数的可能性越小"这句话的含义是：假设有两个很大很大的数 m，n，而且 $m > n$。做足够多的回合（比如说 N 个回合），每回都做了 m 次重复试

钱珮玲数学教育文选

验，并且每回都统计事件的频率与概率的误差（指的是频率与概率差的绝对值）。同样，再做 N 个回合，每回再都做了 n 次重复试验，并且每回也都统计事件的频率与概率的误差。对给定的 $\varepsilon > 0$，统计其结果，我们一般会发现：每回做重复试验次数大的（m 次），误差超过 ε 的回合数，一般要比每回重复试验次数小的（n 次），误差超过 ε 的回合数相对地要少。（换句话说，每回做重复试验次数大的（m 次），误差不超过 ε 的回合数，要比每回重复试验次数小的（n 次），误差不超过 ε 的回合数相对地要多）

　　例如：甲、乙两位同学抛一枚匀称的硬币，每人都进行了 $1\,000$（N）回合，甲每个回合都连续抛 $1\,000$ 次（m），而乙每个回合都只连续抛 100 次（n），并且每次都统计出现正面的频率与 $\dfrac{1}{2}$（概率）的误差。如果给定的 $\varepsilon = 0.01$，统计其结果，一般我们会发现：甲每回连续抛 $1\,000$ 次，误差不超过 0.01 的回合数，要比乙每回连续抛 100 次，误差不超过 0.01 的回合数相对地要多。也就是说，甲每回连续抛 $1\,000$ 次，出现正面的次数在 490 和 510 之间的回合数，要比乙每回连续抛 100 次，出现正面的次数在 49 和 51 之间的回合数要多。

三、概率的统计定义的理论解释

　　我们可借助于概率论中的博雷尔（Borel）强大数定律，从理论上给出概率统计定义的一种解释。下面先回顾一下这个定律。

　　博雷尔强大数定律：设 $\{\xi_i\}$，$i=1,2,\cdots$ 是独立同分布随机变量序列，ξ_i 有分布列：$P\{\xi_i=1\}=p$，$P\{\xi_i=0\}=1-p$，则 $\{\xi_i\}$（$i=1,2,\cdots$）服从强大数定律。即对任意给定的 $\varepsilon > 0$，有 $P\left\{\lim\limits_{n\to +\infty}\left|\dfrac{\xi_1+\cdots+\xi_n}{n}-P\right|<\varepsilon\right\}=1$，也就是

说 $\dfrac{\xi_1+\cdots+\xi_n}{n}\triangleq\dfrac{k(n)}{n}\xrightarrow[n\to+\infty]{a.e}p$。（几乎处处收敛）

例如，掷一颗均匀的骰子，假设 A 表示出现 1 点的事件。

$\omega^x\triangleq\{\omega^x(i)\}_{i=1,2,\cdots}$ 表示第 x 回合做的大量的重复试验的样本（简称 x 回合），两个回合 x 与 y 认为不同，当且仅当试验次数不同或者是试验次数相同，但是存在某 i 次试验，使得结果 $\omega^x(i)$ 与 $\omega^y(i)$ 不同。

对任意的 x，假设

$$\xi_i(\omega^x)\triangleq I_{i,A}(\omega^x)=\begin{cases}1,&\omega^x(i)\in A,\\0,&\omega^x(i)\text{为其他情况。}\end{cases}(i=1,2,\cdots)$$

$\xi_i(\omega^x)$ 表示第 x 回合做的第 i 次，掷这颗骰子时是否出现 1 点的结果，即第 x 回合在做第 i 次掷这颗骰子时，如果是出现 1 点（$\omega^x(i)\in A$），那么有 $\xi_i(\omega^x)=1$，否则，出现其他情况，有 $\xi_i(\omega^x)=0$。而 $\dfrac{\xi_1(\omega^x)+\cdots+\xi_n(\omega^x)}{n}$ 表示第 x 回合，重复掷 n 次这颗骰子所统计出来的出现 1 点（事件 A 发生）的频率。

博雷尔强大数定律告诉我们。概率的统计定义具有两个层次的统计含义：

（1）由 $\lim\limits_{n\to+\infty}\dfrac{\xi_1+\cdots+\xi_n}{n}=p\,a.e$ 说明：统计结果表明每一个回合 x（例如，$\omega^x\triangleq\{\omega^x(i)\}_{i=1,2,\cdots}$）当试验次数 n 增加时，事件 A 的频率 $\dfrac{\xi_1(\omega^x)+\cdots+\xi_n(\omega^x)}{n}$ 都趋向同一个确定的常数（p），即事件 A 的概率 $P(A)=p$。

例如，掷一颗均匀的骰子，许许多多人，进行了很多很多回合的重复掷这颗均匀的骰子，统计结果一般会发现：几乎所有的人、所有的回合 $\omega^j\triangleq\{\omega^j(i)\}_{i=1,2,\cdots}$（即所有的 j），当试验次数 n 增加时，出现 1 点的频率

$$\left[\frac{\xi_1(\omega^j)+\cdots+\xi_n(\omega^j)}{n}\right]$$ 都趋向同一个确定的常数 $\frac{1}{6}$。

(2) 由 $\lim\limits_{n\to+\infty}\left|\dfrac{\xi_1(\omega^x)+\cdots+\xi_n(\omega^x)}{n}-p\right|<\varepsilon$ 说明：由于 ε 的任意性，第 x 回合试验，当试验次数 n 增加时，统计结果表明：事件 A 的频率 $\dfrac{|\xi_1(\omega^x)+\cdots+\xi_n(\omega^x)|}{n}$ 是以普通意义下的极限趋向同一个确定的常数 p。

例如，说"第 j 回合中重复掷一颗均匀的骰子（$\omega^j \triangleq \{\omega^j(i)\}_{i=1,2,\cdots}$），当掷的次数 n 增加时，出现 1 点的频率 $\left[\dfrac{\xi_1(\omega^j)+\cdots+\xi_n(\omega^j)}{n}=\dfrac{k(n)}{n}\right]$ 趋向常数 $\frac{1}{6}$" 时，这里所说的 "趋向" 的意义就是指普通意义下的极限过程。

因为事件的概率是客观存在的，所以博雷尔强大数定律就正好解释了概率统计定义的合理性。

有人会认为，博雷尔强大数定律是概率的统计定义的证明，这是不妥的。因为要用定理来证明概率的统计定义，就不能在证明中再利用"概率"一词，否则就犯了循环论证的逻辑错误。

参考文献

［1］普通高中课程标准实验教科书（必修数学 3）. 北京：人民教育出版社 A 版，2005.

［2］中学百科全书（数学卷）. 北京：北京师范大学出版社，1994.

［3］严士健，等. 概率论与数理统计基础. 上海：上海科学技术出版社，1982.

■独立性检验应注意的问题[*]

本文将谈几个问题："假设检验"的基本思想方法是什么？对于独立性检验特别应注意的问题是什么？为什么要选择随机变量χ^2作为独立性检验的统计量？

一、关于假设检验的有关问题
（一）"假设检验"的基本思想方法

"假设检验"（hypothesis testing）又称统计假设检验，是一种基本的统计推断形式，也是数理统计学的一个重要分支（参见 [1]）。

"假设检验"顾名思义就是对提出的一个"假设"进行"检验"。

先假设，后检验的推断形式在日常生活中随处可见。例如买水果时，认为一堆水果的味道不错（假设），于是在一堆水果（总体）中先尝（检验）一个水果的味道（样本），然后再决定（推断）买还是不买。这种"先尝味道（检验）后买（推断）"的思想就是朴素的"假设检验"的思想。又如做菜、做汤时，认为做好（假设）要上桌了，上桌前，对菜、汤（母体）的咸淡还要先尝（检验）几口（样本），然后再决定（推断）上桌还是不上桌。这种"先尝咸淡（检验）后上桌（推断）"的思想，也是朴素的"假设检验"的思想。

"假设检验"是一种统计推断的基本形式。其基本思想

300

钱珮玲数学教育文选

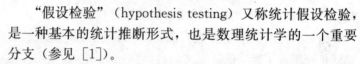

* 本文原载于《数学通报》，2008（7）：19-23，25.

方法是对总体的某个指标提出的一个假设（原假设 H_0），通过部分（样本）的该指标的检验来对总体的该指标进行推断：是接收原假设 H_0 还是拒绝原假设 H_0。

"假设检验"的推断形式是接受还是拒绝原假设，它的依据是概率论中的"小概率原理"。所谓"小概率原理"，是指小概率事件在一次试验（观测）中几乎是不可能发生的，或者说小概率事件在一次试验（观测）中基本上是不可能发生的（参见 [2]）。在"假设检验"中，如果在原假设 H_0 成立的条件下，某一个小概率事件居然在一次试验（观测）中就发生了，这就有理由使人认为原假设 H_0 是不对的，从而拒绝原假设 H_0；反之，如果在一次试验（观测）中，小概率事件没有发生，我们就没有理由去拒绝 H_0，此时通常就接受 H_0。这就是假设检验中所依据的"小概率原理"（参见 [2]）。

假设检验的基本过程是根据客观实践情况和经验，提出原假设，选好统计量，进行抽样、试验、计算、检验，进行判断。也就是说，整个过程贯穿着通过实践提出假设，理论推导，再通过实践进行检验。

（二）假设检验的提法

一般来说，假设检验是指：先提出原假设 H_0：$p \in P_0$ 与对立假设 H_1：$p \in P_1$，然后选择统计量（例如 χ^2），在给定置信水平的情况下（例如 1%）确定接受区域 Q 和拒绝区域 Q^c。统计推断准则为：若 χ^2 的统计量观测值 $k \in Q$ 则没有理由拒绝 H_0。（接受原假设 H_0），若 χ^2 的统计量观测值 $\in Q^c$ 则拒绝原假设 H_0 而接受对立假设 H_1。

在这种假设检验中客观的实际情况有两种：也许是原假设 H_0 成立，也许是对立假设 H_1 成立。统计的检验判断也有两种：接受原假设 H_0 或者是拒绝原假设 H_0 而接受对立假设 H_1。将它们列成下表：

	检验判断	检验判断
	$k \in Q$（接受 H_0）	$k \in Q^c$（拒绝 H_0）
实际情况 H_0 成立	正确	错误
实际情况 H_1 成立	错误	正确

（三）假设检验是会犯错误的，而且有两类不同的错误

任何试验都不可能不犯错误，假设检验也不例外。

统计的检验判断与客观实际情况的关系是通过统计样本的情况来推断总体的情况，也即是由部分推断整体的关系。部分能反映整体，但又不能完完全全反映整体，这是一对矛盾。

检验判断与实际情况可能不完全符合，于是会产生错误。检验中犯的错误有两种截然不同的错误，一种是原假设与实际情况一致，而由于试验结果的随机性，拒绝了原假设而接受了对立假设，这种错误称为第一类错误。另一种是实际情况与对立假设一致，而由于试验结果的随机性而接受了原假设，这种错误称为第二类错误。

统计的检验判断如果是接受原假设就有可能不犯第一类错误或者有可能犯第二类错误。统计的检验判断如果是拒绝原假设（接受对立假设）就有可能犯第一类错误或者有可能不犯第二类错误。究竟可能犯哪类错误完全取决于检验判断是接受原假设还是拒绝原假设。

检验判断接受 H_0	检验判断拒绝 H_0（接受 H_1）
实际情况 H_0 成立	不犯（一类）$\xrightleftharpoons{互补}$ 犯（一类）
实际情况 H_1 成立	犯（二类）$\xrightleftharpoons{互补}$ 不犯（二类）

无论客观实际情况是 H_0 成立还是 H_1 成立，这时，犯错误与不犯错误，即接受 H_1 与接受 H_0 都是对立事件，并且它们的概率是互余的。

应注意的是：在接受 H_1 条件下，犯错误只能是犯第一类错误，不犯错误只能是不犯第二类错误。犯第一类错误与不犯第二类错误概率并非是互余的。见下面的例子：犯第一类错误的概率是相对于 P^{H_0} 而言，不犯第二类错误的概率是相对于 P^{H_1} 而言，它们分别是对不同概率空间的！

（四）如何估计犯两类不同错误的概率

例：如果是原假设 H_0 成立，即实际情况的概率分布为 P^{H_0}，当统计量 χ^2 的观测值 $k \in Q^c$ 拒绝原假设 H_0（接受对立假设 H_1）时，$P^{H_0}(\chi^2 \in Q^c)$ 就是犯第一类错误的概率，而 $P^{H_0}(\chi^2 \in Q) = 1 - P^{H_0}(\chi^2 \in Q^c)$ 就是不犯第一类错误的概率，它们的概率是互余的。如果是对立假设 H_1 成立，即实际情况的概率分布为 P^{H_1}，当统计量 χ^2 的观测值 $k \in Q$ 接受原假设 H_0 时，$P^{H_1}(\chi^2 \in Q)$ 就是犯第二类错误的概率，而 $P^{H_1}(\chi^2 \in Q^c) = 1 - P^{H_1}(\chi^2 \in Q)$ 就是不犯第二类错误的概率，它们的概率也是互余的。

应该特别注意的是：当 χ^2 的统计观测值 $k \in Q^c$ 拒绝原假设 H_0（接受对立假设 H_1）时，如果是原假设 H_0 成立，即实际情况的概率分布为 P^{H_0}，$P^{H_0}(\chi^2 \in Q^c)$ 就是犯第一类错误的概率；如果是对立假设 H_1 成立，即实际情况的概率分布为 P^{H_1}，$P^{H_1}(\chi^2 \in Q^c) = 1 - P^{H_1}(\chi^2 \in Q)$ 就是不犯第二类错误的概率。因此，在接受 H_1 条件下，犯第一类错误与不犯第二类错误虽说是对立事件，但是它们的概率并非是互余的。

一般地说，在原假设成立的条件下，可以计算出犯一类错误的概率，但是许多情况下由于对立假设，特别是复合假设的复杂性，很难计算出犯二类错误的概率。可是在实际的检验过程中往往忽视这类错误，这是一种会导致严重后果的行为！

二、数学教育的现代发展与教师专业素养研究

二、两个事件的独立性检验应该注意的问题

（一）什么是两个事件的独立性检验

两个事件的独立性检验是假设检验中一种常用的、简单的假设检验，就是对两个事件 A，B 的相互独立这一假设进行检验。

在概率论中，两事件 A，B 相互独立是指 $P\{A\bigcap B\}=P\{A\}\cdot P\{B\}$。独立性检验就是对该等式成立这一假设进行检验。

（二）案例分析——普通高中《课标》实验教科书统计案例

设 A 是吸烟，$\overline{A}$ 是不吸烟；

B 是患肺癌，$\overline{B}$ 是不患肺癌；

对假设"吸烟（事件 A）与患肺癌（事件 B）没有关联"进行检验，这里所说的"没有关联"就是指概率论中的"相互独立"。

原假设 H_0：$P=P^{H_0}$。其中 P^{H_0} 满足：$P^{H_0}(A\bigcap B)=P^{H_0}(A)\cdot P^{H_0}(B)$（吸烟与患肺癌没有关联）。

对立假设 H_1：$P=P^{H_1}$。其中 P^{H_1} 满足：$P^{H_1}(A\bigcap B)\neq P^{H_1}(A)\cdot P^{H_1}(B)$（吸烟与患肺癌有关联）。

选择的统计量为

$$\chi^2=\frac{n(ad-bc)^2}{(a+b)(c+d)(a+c)(b+d)}, \text{其中 } n=a+b+c+d$$

为样本容量，a，b，c，d 见实验教科书。

在 H_0 成立时，χ^2 统计量具有渐近分布 χ_1^2（见下面四中的证明）。

给出的几种置信水平 10%，5%，1%，根据置信度，查 χ_1^2 表可以分别得到几种置信限 2.766，3.341，6.635，然后确定几种如下置信域情况：

1. 拒绝区域为 $Q^c=\{k>2.766\}$ 和接受区域为 $Q=\{k\leqslant$

2.766}；

2. 拒绝区域为 $Q^c = \{k > 3.341\}$ 和接受区域为 $Q = \{k \leqslant 3.341\}$；

3. 拒绝区域 $Q^c = \{k > 6.635\}$ 和接受区域为 $Q = \{k \leqslant 6.635\}$。

我们不妨只研究上面的第 3 种情况：

如果实际情况是原假设 H_0 成立，概率分布为 P^{H_0}，但是统计量 χ^2 的观测值属于 $\{k > 6.635\}$，因此拒绝原假设 H_0（接受对立假设 H_1），这时 $P^{H_0}(\chi^2 > 6.635) \approx 1\%$ 是犯一类错误的概率，$P^{H_0}(\chi^2 \leqslant 6.635) = 1 - P^{H_0}(\chi^2 > 6.635) \approx 99\%$ 就是不犯一类错误的概率。

如果实际情况是对立假设 H_1 成立，概率分布为 P^{H_1}，但是统计量 χ^2 的观测值属于 $\{k \leqslant 6.635\}$，因此接受原假设 H_0，这时 $P^{H_1}(\chi^2 \leqslant 6.635)$ 是犯二类错误的概率，$P^{H_1}(\chi^2 > 6.635) = 1 - P^{H_1}(\chi^2 \leqslant 6.635)$ 就是不犯二类错误的概率。而在本案例中根本无法计算概率分布 P^{H_1}。将它们列出，如下所示：

实际情况 H_0 成立 $P^{H_0}(\chi^2 \leqslant 6.635) = 1 - P^{H_0}(\chi^2 > 6.635) \approx 99\%$（检验判断接受 H_0），$P^{H_0}(\chi^2 > 6.635) \approx 1\%$（检验判断拒绝 H_0）。

实际情况 H_1 成立 $P^{H_1}(\chi^2 \leqslant 6.635)$（检验判断接受 H_0），$P^{H_1}(\chi^2 > 6.635) = 1 - P^{H_1}(\chi^2 \leqslant 6.635)$（检验判断拒绝 H_0）。

$P^{H_0}\{\chi^2 \leqslant 6.635\} \approx 99\%$ 是不犯一类错误的概率，是在原假设 H_0 成立的条件下，检验判断是接受原假设 H_0，不犯一类错误的概率。也可以说是在原假设 H_0 成立的条件下，不犯接受对立假设 H_1 错误（一类）的概率。

同样，$P^{H_1}(\chi^2 > 6.635)$ 是不犯二类错误的概率，是在

对立假设 H_1 成立的条件下，不犯检验判断是接受原假设 H_0 的二类错误的概率。也可以说是在对立假设 H_1 成立的条件下，接受对立假设 H_1 不犯错误（二类）的概率。

由此可见，"不犯接受对立假设 H_1 错误（一类）"与"接受对立假设 H_1 不犯错误（二类）"是在不同的条件下，不犯两种完全不同的错误，一种是一类错误，一种是二类错误。

在本案例中根本无法计算概率分布 P^{H_1}，因此就谈不上接受对立假设 H_1 不犯错误的概率 $P^{H_1}(\chi^2 > 6.635) = 1 - P^{H_1}(\chi^2 \leq 6.635)$ 是多大。

三、问题在哪里

第 3 种情况的置信水平为 1%，于是根据 χ_1^2 表查得：

拒绝区域 $Q^c = \{k > 6.635\}$ 和接受区域为 $Q = \{k \leq 6.635\}$。

下面我们来探讨教材中提到的下面这句话：

当 $\chi^2 > 6.635$ 时有 99% 的把握断定为 A，B 有关联。

（一）这句话中"断定为 A，B 有关联"在独立性检验中的含义是什么

"断定"一词在独立性检验中的含义是指检验判断，"断定为 A，B 有关联"就是检验判断为 A，B 有关联，也就是拒绝 A，B 无关联，即拒绝原假设 H_0（接受对立假设 H_1）。

（二）这句话中的"有 99% 的把握"在独立性检验中的含义是什么

"把握"一词在独立性检验中的含义是指不犯错误的可信度，"有 99% 的把握"就是有 99% 可信度（可能性）。

（三）"当 $\chi^2 > 6.635$ 时有 99% 的把握断定为 A，B 有关联"这句话的问题在哪里

由上可知，"有 99% 的把握断定为 A，B 有关联"就是

钱珮玲数学教育文选

有99%可信度（可能性）接受对立假设 H_1，也就是说"接受对立假设 H_1 不犯错误"的概率为99%。这是不妥的。前面我们已经说过，如果检验判断是拒绝原假设（接受对立假设），则就可能犯第一类错误或者可能不犯第二类错误，"接受对立假设 H_1 不犯错误"只能是不犯二类错误。当实际情况的概率分布为 P^{H_1}（对立假设 H_1 成立）时，可以求出不犯二类错误的概率 $P^{H_1}(\chi^2 > 6.635) = 1 - P^{H_1}(\chi^2 \leqslant 6.635)$，但在本案例中没有给出具体的概率分布 P^{H_1}，所以无法求出犯二类错误的概率 $P^{H_1}(\chi^2 \leqslant 6.635)$，从而也就无法求出不犯二类错误的概率 $P^{H_1}(\chi^2 > 6.635) = 1 - P^{H_1}(\chi^2 \leqslant 6.635)$。

（四）这句话在逻辑上的问题

既然断定 A，B 有关联（接受对立假设 H_1 成立），即统计检验结论是概率分布为 P^{H_1}，原假设 H_0 不成立，也就没有统计量 χ^2 的渐进分布是 χ_1^2 的结论（见四中证明的条件），从而就无法在置信水平为 1% 的条件下，查表寻求置信限、接受域、拒绝域。这样，在这句话中的 99% 就无从说起了。

由上可知，在检验判断是接受 H_1 的条件下，犯错误只能是犯一类错误，不犯错误只能是不犯二类错误，忽略一类错误与二类错误的区别，笼统地说犯错误的概率与不犯错误的概率是互余的，这是不妥的。应该是在原假设 H_0 成立的条件下，检验判断接受原假设 H_0 犯错误（一类）的概率不超过 1%，而不犯错误（一类）的概率超过99%。换句话说，就是在原假设 H_0 成立的条件下，不犯接受对立假设 H_1 错误（一类）的概率超过 99%。

（五）随着置信水平、置信限的变化，犯各类错误的概率的变化趋势

在原假设 H_0 成立的条件下，随着置信水平 10%→5%→1% 的减少，置信限的逐渐增加（2.766→3.341→6.635），

接受域 Q：$(\{k\leqslant2.766\}\subset\{k\leqslant3.341\}\subset\{k\leqslant6.635\})$ 越来越大，

拒绝域 Q^c：$(\{k>2.766\}\supset\{k>3.341\}\supset\{k>6.635\})$ 越来越小。

犯与不犯各类错误的概率变化趋势为：

犯一类错误的概率 $P^{H_0}(\chi^2>2.766)\geqslant P^{H_0}(\chi^2>3.341)\geqslant P^{H_0}(\chi^2>6.635)$ 逐渐减少（10%→5%→1%），不犯一类错误的概率 $P^{H_0}(\chi^2\leqslant2.766)\leqslant P^{H_0}(\chi^2\leqslant3.341)\leqslant P^{H_0}(\chi^2\leqslant6.635)$，逐渐增加（90%→95%→99%）。

犯二类错误的概率 $P^{H_0}(\chi^2\leqslant2.766)\leqslant P^{H_0}(\chi^2\leqslant3.341)\leqslant P^{H_0}(\chi^2\leqslant6.635)$ 逐渐增加，不犯二类错误的概率 $P^{H_1}(\chi^2>2.766)\geqslant P^{H_1}(\chi^2>3.341)\geqslant P^{H_1}(\chi^2>6.635)$ 逐渐减少。由此可见，犯一类错误的概率 $P^{H_0}(\chi^2\in Q^c)$ 与犯二类错误的概率 $P^{H_1}(\chi^2\in Q)$ 不可能同时越来越大或越来越小。

所以，随着置信限的逐渐增加（例如 2.766→3.341→6.635），犯一类错误的概率逐渐减小，犯二类错误的概率逐渐增加，不能说"不犯二类错误的概率逐渐增加"，不能说"接受对立假设不犯错误的概率是 90%→95%→99%"，因此，说"有 90%→95%→99% 的把握断定为 A，B 有关联"是不妥的。

四、为什么要选择随机变量 χ^2 作为独立性检验的统计量

选择统计量 $\chi^2=\dfrac{n(ad-bc)^2}{(b+d)(a+c)(c+d)(a+b)}$，是因为一方面要考虑到统计量的大小能够反映出关联的大小；同时还需要考虑到在原假设成立的条件下，能求出统计量的概率分布，或者能求出在大样本条件下它的概率的渐近分布；利用这些分布在给出的置信水平条件下，能找出相应的置信区域，以便做出检验判断。

下面我们来求在大样本的条件下，统计量 χ^2 的概率的渐近分布：

假设 $\xi \triangleq I_A = \begin{cases} 1, & \omega \in A, \\ 0, & \omega \notin A, \end{cases}$

$\eta \triangleq I_B = \begin{cases} 1 & \omega \in B, \\ 0 & \omega \notin B, \end{cases}$

所以 $E\xi = P(A)$，$D\xi = E\{\xi - P(A)\}^2 = E\xi^2 - P^2(A) =$
$P(A) \cdot P(\overline{A})$。 ①

同理 $E\eta = P(B)$，$D\eta = P(B) \cdot P(\overline{B})$， ②

$E(\xi \cdot \eta) = P(A \bigcap B)$。

相关系数 $\dfrac{E\{(\xi - E\xi) \cdot (\eta - E\eta)\}}{\sqrt{D\xi \cdot D\eta}}$

$= \dfrac{E(\xi \cdot \eta) - E\xi \cdot E\eta}{\sqrt{D\xi \cdot D\eta}}$

$= \dfrac{P(A \bigcap B) - P(A) \cdot P(B)}{\sqrt{P(A) \cdot P(\overline{A}) \cdot P(B) \cdot P(\overline{B})}}$。

原假设 H_0："吸烟和患肺癌没关系"，即事件 A 与事件 B 独立，也即 ξ 与 η 相互独立。

$$E^{H_0}(\xi \cdot \eta) = P^{H_0}(A \bigcap B)$$
$$= P^{H_0}(A) \cdot P^{H_0}(B)$$
$$= E^{H_0}\xi \cdot E^{H_0}\eta。$$

若进行 n 次（样本容量）独立随机试验 (ξ_1, η_1)，(ξ_2, η_2)，$\cdots$，(ξ_n, η_n)，研究随机变量

$$\frac{1}{n}\left[\sum_{i=1}^{n} \frac{(\xi_i - E^{H_0}\xi) \cdot (\eta_i - E^{H_0}\eta)}{\sqrt{D^{H_0}\xi \cdot D^{H_0}\eta}}\right]^2。$$

在大前提条件和原假设 H_0 成立的情况下，有

$$E^{H_0}\frac{(\xi_i - E^{H_0}\xi) \cdot (\eta_i - E^{H_0}\eta)}{\sqrt{D^{H_0}\xi \cdot D^{H_0}\eta}} = 0，$$

$$D^{H_0}\frac{(\xi_i - E^{H_0}\xi) \cdot (\eta_i - E^{H_0}\eta)}{\sqrt{D^{H_0}\xi \cdot D^{H_0}\eta}}$$

$$=E^{H_0}\left[\frac{(\xi_i-E^{H_0}\xi)\cdot(\eta_i-E^{H_0}\eta)}{\sqrt{D^{H_0}\xi\cdot D^{H_0}\eta}}\right]^2=1。$$

注：在对立假设 H_1 成立的情况下，就没有上述 $=0$ 和 $=1$ 的性质。

在大前提条件和原假设 H_0 成立的情况下，根据中心极限定理（参见 [3]），有

$$\frac{1}{\sqrt{n}}\left[\sum_{i=1}^{n}\frac{(\xi_i-E^{H_0}\xi)\cdot(\eta_i-E^{H_0}\eta)}{\sqrt{D^{H_0}\xi\cdot D^{H_0}\eta}}\right]\xrightarrow[n\to\infty]{}N(0,1)$$

（依分布收敛）。

根据分布律收敛定理，平方后，即选择的统计量

$$\frac{1}{n}\left[\sum_{i=1}^{n}\frac{(\xi_i-E^{H_0}\xi)\cdot(\eta_i-E^{H_0}\eta)}{\sqrt{D^{H_0}\xi\cdot D^{H_0}\eta}}\right]^2\xrightarrow[n\to\infty]{}\chi_1^2$$ （依分布收敛）。

钱珮玲数学教育文选

将（1）（2）代入此式有

$$\frac{\left\{\sum_{i=1}^{n}\left[\xi_i\eta_i-\xi_iP^{H_0}(B)-\eta_iP^{H_0}(A)+P^{H_0}(A)P^{H_0}(B)\right]\right\}^2}{nP^{H_0}(A)P^{H_0}(\bar{A})P^{H_0}(B)P^{H_0}(\bar{B})}$$

$$\xrightarrow[n\to\infty]{}\chi_1^2$$ （依分布收敛），

即

$$\frac{\left\{\sum_{i=1}^{n}\xi_i\eta_i-\sum_{i=1}^{n}\xi_iP^{H_0}(B)-\sum_{i=1}^{n}\eta_iP^{H_0}(A)+nP^{H_0}(A)P^{H_0}(B)\right\}^2}{nP^{H_0}(A)P^{H_0}(\bar{A})P^{H_0}(B)P^{H_0}(\bar{B})}$$

$$\xrightarrow[n\to\infty]{}\chi_1^2$$ （依分布收敛），

因为 $\dfrac{\sum_{i=1}^{n}\xi_i}{n}\xrightarrow[n\to\infty]{}P^{H_0}(A)$，$\dfrac{\sum_{i=1}^{n}(1-\xi_i)}{n}\xrightarrow[n\to\infty]{}P^{H_0}(\bar{A})$，

$\dfrac{\sum_{i=1}^{n}\eta_i}{n}\xrightarrow[n\to\infty]{}P^{H_0}(B)$，$\dfrac{\sum_{i=1}^{n}(1-\eta_i)}{n}\xrightarrow[n\to\infty]{}P^{H_0}(\bar{B})$。

将此两式代入前式，根据分布律收敛定理（参见[3]），有依分布收敛

$$\frac{\left\{\sum_{i=1}^{n}\xi_i\eta_i - \sum_{i=1}^{n}\xi_i\left(\sum_{i=1}^{n}\eta_i/n\right) - \sum_{i=1}^{n}\eta_i\left(\sum_{i=1}^{n}\xi_i/n\right) + n\left(\sum_{i=1}^{n}\xi_i/n\right)\left(\sum_{i=1}^{n}\eta_i/n\right)\right\}^2}{n\left(\sum_{i=1}^{n}\xi_i\right)\left[\sum_{i=1}^{n}(1-\xi_i)\right]\left(\sum_{i=1}^{n}\eta_i\right)\left[\sum_{i=1}^{n}(1-\eta_i)\right]/n^4}$$

$$\xrightarrow[n\to\infty]{}\chi_1^2 \text{。}$$

即在原假设 H_0 成立的情况下，选择的统计量

$$\chi^2 \triangleq \frac{n\left\{\sum_{i=1}^{n}n\xi_i\eta_i - \sum_{i=1}^{n}\xi_i\sum_{i=1}^{n}\eta_i\right\}^2}{\left(\sum_{i=1}^{n}\xi_i\right)\left[\sum_{i=1}^{n}(1-\xi_i)\right]\left(\sum_{i=1}^{n}\eta_i\right)\left[\sum_{i=1}^{n}(1-\eta_i)\right]} \xrightarrow[]{n\to\infty}$$

χ_1^2（依分布收敛）。

这说明了统计量 χ^2 的渐近分布是具有自由度为 1 的 χ_1^2 分布。

$\xi_i\eta_i + \xi_i(1-\eta_i) + (1-\xi_i)\eta_i + (1-\xi_i)(1-\eta_i) \equiv 1$，$i=1$，$2$，$\cdots$，$n$。

所以 $\sum_{i=1}^{n}[\xi_i\eta_i + \xi_i(1-\eta_i) + (1-\xi_i)\eta_i + (1-\xi_i)(1-\eta_i)] \equiv n$。

设 $a = \sum_{i=1}^{n}(1-\xi_i)(1-\eta_i)$，$b = \sum_{i=1}^{n}(1-\xi_i)\eta_i$，$c = \sum_{i=1}^{n}\xi_i(1-\eta_i)$，$d = \sum_{i=1}^{n}\xi_i\eta_i$，有 $\sum_{i=1}^{n}\xi_i = c+d$，$\sum_{i=1}^{n}\eta_i = b+d$，$\sum_{i=1}^{n}(1-\xi_i) = a+b$，$\sum_{i=1}^{n}(1-\eta_i) = a+c$，$n = a+b+c+d$。代入，有统计量

$$\chi^2 = \frac{n[nd-(b+d)(c+d)]^2}{(b+d)(a+c)(c+d)(a+b)}$$

$$= \frac{n[(a+b+c+d)d-(bc+dc+bd+d^2)]^2}{(b+d)(a+c)(c+d)(a+b)}$$

$$= \frac{n(ad-bc)^2}{(a+d)(a+c)(c+d)(a+b)},$$

它有自由度为 1 的 χ_1^2 分布。该统计量大小能反映事件 A 与事件 B 是否独立的情况，又能在原假设 H_0 成立的情况下求出该统计量有渐近分布（例如，$P^{H_0}(\chi^2 > 6.635) \leqslant 1\%$），这也就说明了为什么要选取这样的因子 $\dfrac{n}{(b+d)(a+c)(c+d)(a+b)}$ 了。

最后，我们要指出的是，在独立性假设检验中，对于检验的结论，只说是有关联是不够的，还需进一步明确是什么样的关联。

根据概率论的知识，我们知道，如果事件 A 和事件 B 独立，则事件 A 和事件 B^c 也独立，事件 A^c 和事件 B 也独立，事件 A^c 和事件 B^c 也独立。也就是说，如果事件 A 和事件 B 不独立，则事件 A 和事件 B^c 也不独立，事件 A^c 和事件 B 也不独立，事件 A^c 和事件 B^c 也不独立。于是在上面的案例中就产生了这样的问题：如果经过假设检验得到结果："吸烟（事件 A）与患肺癌（事件 B）有关联"，那么也可得到"不吸烟（事件 A^c）与患肺癌（事件 B）也有关联"。吸烟（事件 A）、不吸烟（事件 A^c）与患肺癌（事件 B）都有关联。由此看来，教材中的讨论只是回答了问题的一部分。

我们还需要认识到关联是什么样的关联：是正关联，即是一个变量越大另一个变量也越大；还是负关联，即是一个变量越大另一个变量越小。

研究吸烟（事件 A）与患肺癌（事件 B）的关联多少，需要利用概率论中的

相关系数 $\dfrac{E\{(\xi - E\xi) \cdot (\eta - E\eta)\}}{\sqrt{D\xi \cdot D\eta}}$

$$= \frac{E(\xi \cdot \eta) - E\xi \cdot E\eta}{\sqrt{D\xi \cdot D\eta}}$$

$$= \frac{P(A \bigcap B) - P(A) \cdot P(B)}{\sqrt{P(A) \cdot P(\overline{A}) \cdot P(B) \cdot P(\overline{B})}},$$

而正负关联就是看 $P(A \bigcap B) - P(A) \cdot P(B)$ 的符号是正还是负。

估计 $P(A \bigcap B) - P(A) \cdot P(B)$ 要用下面的统计量

$$\frac{d}{n} - \left[\frac{c+d}{n}\right]\left[\frac{b+d}{n}\right] = \frac{\sum_{i=1}^{n} \xi_i \eta_i}{n} - \frac{\sum_{i=1}^{n} \xi_i \sum_{i=1}^{n} \eta_i}{n^2}。$$

根据统计数据可以验证"吸烟（事件 A）与患肺癌（事件 B）有正关联"，也可以得到不吸烟（事件 A^c）与患肺癌（事件 B）有负关联。就是说吸烟的人（事件 A）越多，患肺癌（事件 B）的人也越多；不吸烟的人（事件 A^c）越多，患肺癌（事件 B）的人越少。

总之，对于独立性检验特别应注意区分两类错误；对于"有关联"应指出是正关联还是负关联。

参考文献

［1］中国大百科全书（数学卷）北京：中国大百科全书出版社，1988.

［2］中学百科全书（数学卷）北京：北京师范大学出版社，1994.

［3］王梓坤. 概率论基础及其应用. 北京：北京师范大学出版社，2007.

二、数学教育的现代发展与教师专业素养研究

■几何课程教学设计应注意的问题[*]

众所周知，数学是研究数量关系和空间形式的科学。简单地说，是研究数与形的科学。当然，这里所指的"数"是广义的数，既包括通常的正数与负数、有理数与无理数、实数与虚数，也包括代数式、方程与函数、随机数与统计数、矩阵等。而空间形式所指的"形"也是广义的，不仅是指现实空间中的物体和几何体的形状；而且也包括反映一定现实形式的抽象空间中的"形"，如线性空间、距离空间、内积空间等抽象空间中的"形"，包括图象与图形，如函数的图象、方程的曲线、平面图形与立体图形等。同样，数学高度抽象的特点，也是众所周知的，数学的高度抽象性带来的是教与学认识和理解上的困难。那么，在几何课程中如何帮助学生学习数学、学好数学呢？本文针对几何课程教学设计中存在的不足，来分析这一问题。

一、几何直观能力与数学学习

几何直观能力是一种对数学对象及数学对象之间的关系，能运用几何图形和几何语言去表达、思考和解决问题的能力。从广义上来说，还包括能利用已经把握的结果和模型来帮助我们去感受、认识和理解新的概念和结果的能力。一般来说，几何直观能力主要包括把握图形的能力、空间想象力、直观洞察力、用图形语言来思考和解决问题的能力等。

钱珮玲数学教育文选

---

[*] 本文原载于《数学通报》，2009（5）：11-13.

反思我们学习数学的过程，多数人或许都会有这样一个体会，那就是在学习中，尤其是对于抽象的概念和结论，如果能有直观、形象的东西，或者已经把握的结果来帮助我们去感受、认识和理解，那么就会减少许多的障碍。例如，代数中的绝对值概念可结合数轴学习，尤其是起始学习阶段；不等式的解可结合数轴或平面直角坐标系中的区域来学习；函数的有关性质可结合其图象学习，在研究函数时，如果能画出相应函数的图象，那么函数的整体变化情况和变化趋势就直观、形象地反映到我们的大脑中，可以"看到"函数的性质……这对于理解知识本身、思考和解决问题都将是十分有益的。又如，同角三角函数的关系和诱导公式可借助单位圆来学习，一看到有关公式就联想到单位圆中的相关线段……再如，高等代数中的线性空间，如果我们把二维（或三维）向量组成的集合连同向量的加法、数乘以及满足的算律组成的向量空间作为线性空间的一个具体模型，那么对线性空间的认识就直观、形象了，不抽象了，一看到线性空间，就联想到向量空间，许多问题就便于解决了。

与此同时，我们还可以不同程度地感受到在数学课程的教与学中，现实的空间形式与关系，以及表示它们的几何语言，诸如："直线""平面""球""这里""那里""在……之间""在……之上""相交""平行""垂直""相切"……以其具体、生动的表象深刻地保持在人的记忆中，使得立足于直观表象之上的几何语言、几何概念和几何思想方法，在培养学生几何直观能力中起到了非常重要的作用。因此，几何直观能力是学习数学、更是学好数学的非常重要的一种能力，也是真正理解数学的一种表现。

苏联著名数学家、教育家柯尔莫哥洛夫就曾说过："在只要有可能的地方，数学家总是力求把他们研究的问题尽量地变成可借用的几何直观问题……几何想象，或如同平常人们所说的'几何直觉'，对于几乎所有数学分支的研究工作，甚至对于最抽象的工作，都有着重大的意义。"英国著名数学家 M. 阿蒂亚曾说过，几何是数学中这样的一个部分，其中视觉思维占主导地位，而代数则是数学中有序思维占主导地位的部分，这种区分也许用另外一对词更好："洞察"与"严格"，两者在数学研究中起着本质的作用。即几何是直观逻辑，代数是有序逻辑。这表明，几何学不只是一个数学分支，而且是一种思维方式，这种思维方式渗透到数学的所有分支。因此，几何课程不仅仅是培养逻辑思维的良好载体，而且是一种思维方式，这种几何直观的思维方式渗透到数学的所有分支，对于数学学习起到基础的作用，几何课程的教学应该体现这样一种理念和价值，这是教学设计特别应该注意的问题之一。

二、全面认识几何课程的教育价值

全面认识几何课程的教育价值而不局限于逻辑思维能力的培养，是数学教育发展的必然。人们对于几何课程的教育功能，以往关注的往往只是它对培养逻辑思维能力的作用。确实，几何课程是培养逻辑思维能力的良好载体。但是，随着研究的不断深入，全面地看待几何课程的教育功能已逐渐形成共识。具体地说，一是应注重逻辑推理与合情推理的有机结合。事实上，回顾我们自己对几何课程的学习和审视几何课程的内容，都可以感受到这两种推理在思考过程、证明过程和解决问题过程中的意义和作用，先猜后证往往是处理问题的一个常用策略，尤其是对于一些较难的问题。而"猜测"的过程或是出于直觉，或是通过归纳和类比，无论是直觉还是归纳和类比，都是一种合情推理的过程。但以往我们对合情推理以及逻辑推理与合情推理的有机结合，以及它们在几何课程中的作用，乃至关注学生这一学习能力的培养都较为欠缺。因此，"注重逻辑推理与合情推理的有机结合"对于培养学生思考和解决问题的能力不仅有现实意义，而且体现了一种自然的思考过程，是孕育理性思维的基础。二是要注重几何直观能力的培养，这一观念也是教学中的薄弱环节。上面我们已分析了几何直观能力及其对于数学学习的重要意义。合理地运用几何直观去学习数学，可以帮助思考，把抽象的对象变得直观形象，把难以理解的内容变得容易把握；有助于学生学会从数和形两个方面去想问题、看问题，这是数学科学研究对象和特点的需要，是认识和理解数学、学好数学的需要。

　　我们都知道无论是进入平面几何课程还是立体几何课程的学习时，多数学生都会感到困难，甚至成为造成学习分化的一个内容。究其原因，难教难学的重要原因之一是以往几何课程的内容是以论证几何为主线展开的，教材的编排过于形式化，与大多数学生的认知水平存在着较大的距离。

　　《课标》教材充分注意到了这一问题，并基于几何课程能将有关内容以"图""文"并茂的形式生动形象地表示出来的重要特点，在如何进行三种语言相互转化的训练上作了相应的研究和编排。教材的编写在立意上不仅关注逻辑思维能力的培养，而且关注在思考过程、证明过程和解决问题过程中逻辑推理与合情推理的有机结合；在内容呈现的方式上关注几何直观的思想方法在内容中的体现。要把教材的这些理念和立意在课堂教学中实现，转变为师生的活动，需要进行有效的教学设计和有效的教学活动，即我们通常说的"预设"和"生成"的问题。有效的课堂教学需要有效的教学设计，教学设计是否有效需要在课堂教学的实践中检验和调整。我们要强调的是：一个有效的教学设计的首要问题是教学设计的立意。而在几何课程的教学设计中，对于如何培养几何直观能力，并与其他数学分支一起，帮助学生养成用数形结合的思想方法去想数学、学数学、做数学的习惯。而形成和发展用数形结合的思想方法去想数学、学数学、做数学的能力的立意是很欠缺的，可以说，这是目前几何课程教学设计中较为普遍存在的一个问题。

因此，全面地认识几何课程的教育价值并体现在教学设计和教学活动中是几何课程教学设计应注意的问题之二。

三、几何课程教学设计的总目标

几何课程教学设计的总目标是教学设计立意的一个总的指导思想，既是教学的出发点，又是教学的落脚点。文[1]分析了概率课程的总目标是帮助学生认识和理解概率的本质及其基本思想，具体到每一内容的教学都应在此总目标下进行。几何课程的总目标一是要利用几何课程形象、直观的特点，培养学生几何直观的思维方式和几何直观能力；二是充分利用几何课程这一良好载体，培养学生的推理能力和理性思维。每一具体内容应在这总目标下进行设计和教学。

无可非议，教学设计要在对教学内容与学生已有知识基础和认知水平进行分析的基础上，确定教学目标、教学重难点，设计师生的活动。总目标对于课堂教学的统领既要体现在课堂教学每一节课的教学目标、教学重难点的确定，更要通过精心设计师生活动来落实。对此，重要的是要有从整体上把握和落实几何课程教学的总目标的意识。例如，对于直观感知这一环节，不仅要认识到直观感知有助于学生进行空间想象、抽象概括，得到有关结论。而且要从整体上意识到直观感知是培养几何直观思维方式中的一个环节，这种思维方式渗透到数学的所有分支，对于数学学习起到基础的作用。有了这样的意识，就会把直观感知这一环节和其他环节自然地融合在一起，并在此基础上不断升华。

例如在"直线与平面垂直的判定"第一节课中，关于直线与平面垂直定义的引出，一般的教学设计都会首先设计直观感知环节，从实际背景出发，给出一些图片或模型，让学生先直观感知直线和平面垂直的位置关系，建立初步印

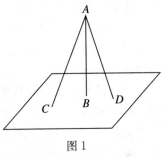

图1

象，为下一步的数学抽象做准备。第二个环节是引导学生举出更多直线与平面垂直的例子，如教室内直立的墙角线和地面的位置关系，直立书的书脊与桌面的位置关系等；在此基础上把具有实际背景的直线与平面垂直的问题抽象为几何图形。如在图1中，AC，AD 是用来固定旗杆 AB 的铁链，提出问题：AC，AD 与地面内任意一条直线都垂直吗？同时引导学生将三角板直立于桌面上，用一直角边作为旗杆 AB，斜边作为铁链 AC，观察桌面上的直线（用笔表示）是否与 AC 垂直，通过反面剖析，进一步感悟直线与平面垂直的本质。接着，再让学生思考有关问题，如：通过上述观察分析，我们应该如何定义一条直线与一个平面垂直？最后，师生一起归纳、概括出直线与平面垂直的定义。第三个环节是通过辨析讨论，深化对定义的认识和理解。但是，学生只是在教师的引导下进行学习，并不知道有这三个教学环节，更不清楚设计的意图。为了帮助学生更好地认识直观感知与几何直观思维方式的关系，以及几何直观思维方式对于数学学习的重要作用，培养学生的

几何直观能力，笔者认为，在最后总结知识的同时，也应总结获得知识的这三个环节。长此以往，学生便能在获得知识的同时，感悟到几何直观的思维方式，以及学习几何乃至学习数学的一般思维方法，并形成几何直观能力。此外，为了强化学生对直观感知的认识，也可以提出相应的问题（可以作为课后作业中的思考题），如：你认为直观感知这一环节在学习直线与平面垂直的定义中起到了怎样的作用？在学习哪些几何知识时直观感知也起到了同样的作用？等等。

总之，关于几何课程的教学设计，一要注意几何直观能力与数学学习的关系，几何课程不仅仅是培养逻辑思维的良好载体，而且是一种思维方式，这种几何直观的思维方式渗透到数学的所有分支，对于数学学习起到基础的作用。二要全面认识几何课程的教育价值，几何课程的教育价值不应只局限在逻辑思维能力的培养，还应注重逻辑推理与合情推理的有机结合，这对于培养学生思考和解决问题的能力不仅有现实意义，而且体现了一种自然的思考过程，是孕育理性思维的基础。此外，全面认识几何课程的教育价值还体现在应注重几何直观能力的培养。三要从整体上把握几何课程的总目标，要有从整体上把握几何课程总目标的意识，每一内容的教学都应在此总目标下进行，并在恰当的内容中，在课堂教学进行知识总结的同时，把教学设计的意图明确化，总结获得知识的一般思维过程，帮助学生形成几何直观的思维方式，培养和发展几何直观能力，帮助学生学习数学、学好数学。

参考文献

钱珮玲. 课堂教学需要从数学上把握好教学内容的整体性和联系性之一——对古典概型教学的思考. 数学通报，2008，47（1）：11-12.

■关于数学新课程的评价 [*]

　　评价在教育中的功能是多方面的，既有甄别、选拔、导向功能，也有反馈调节、激励功能。因而，正确地认识与实施评价，对促进学生的发展、有效地推进数学课程改革是十分重要的，是课程实施的重要环节和根本保障。

一、数学新课程评价的基本理念
（一）促进学生的发展是数学新课程评价的基本出发点

　　评价的内容十分丰富，我们这里主要涉及的是对学生学习的评价。对此，新课程要求：评价既要关注学生数学学习的结果，也要关注他们数学学习的过程；既要关注学生数学学习的水平，也要关注他们在数学活动中所表现出来的情感态度的变化。更具体地要求：数学学习评价，既要重视学生知识、技能的掌握和能力的提高，又要重视其情感、态度和价值观的变化；既要重视学生学习水平的甄别，又要重视其学习过程中主观能动性的发挥；既要重视定量的认识，又要重视定性的分析；既要重视教育者对学生的评价，又要重视学生的自评、互评；既要发挥评价的甄别与选拔功能，更要突出评价的激励与发展功能。数学教学的评价应有利于营造良好的育人环境，有利于数学教与学活动过程的调控，有利于学生和教师的共同成长。所有这些，表明了促进学生的发展是数学新课程评价的基本出发点。

二、数学教育的现代发展与教师专业素养研究

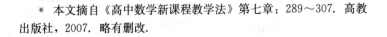

　　* 本文摘自《高中数学新课程教学法》第七章：289～307. 高教出版社，2007. 略有删改.

发展性评价理念首先突出的是发展性。数学学习评价是为了促进每一个学生的全面的、能动的发展，而不仅仅是为了甄别学生的数学学习水平或智力发展水平。其次，体现的是多元化评价。无论是评价的目标、内容，还是评价的方式方法等方面，都呈现出多元化的趋势。第三，注重了过程性。评价将贯穿于数学教与学的整个过程，而不只是评价学生数学学习的结果。这些理念与《基础教育课程改革纲要（试行）》中提出的"建立促进学生素质全面发展的评价体系"的要求是一致的。

（二）数学新课程关注学生对数学价值和数学教育价值的认识

毋庸置疑，我国的数学教育有着自身的特点和优势，但也不可否认还存在着不足和问题。为了进一步提高我国数学教育的水平，使我们的学生走出学校后，即使不再接受数学教育了，也能为他们的学习和发展多留下一些东西。希望能逐渐改变目前的状况：一旦数学知识忘却了，就什么都留不下来；大部分学生随着年龄的增加、学习年限的增高，对数学的兴趣反而下降；认为数学学习枯燥乏味，学习数学没什么用；更有不少学生认为学数学只不过是为了升学；等等。新课程充分关注这些现实，强调最多的是希望能给学生的终身学习和终身发展留下更多的东西。为此，强调通过数学学习，要认识数学的实质、认识数学的价值、认识数学的教育价值。

希望通过数学学习，不仅学到数学知识，还要使学生感受到随着社会与科学技术的迅猛发展，数学不仅与自然科学，而且与技术、社会科学和人们日常生活的联系都更加紧密。数学不仅是基础和工具，也是一种技术——高新技术本质上是数学技术，而且在社会生产与生活中发挥着越来越重要的作用。此外，使学生体验数学内容的高度概

钱珮玲数学教育文选

括与抽象，数学推理的严谨性等学科特点对于培养学生的科学态度与科学精神、理性的思维和促进个体全面发展，起着十分重要的作用。新课程提出要使学生"具有一定的数学视野，逐步认识数学的科学价值、应用价值和文化价值"，进而使学生"崇尚数学的理性精神""形成批判性的思维习惯""体会数学的美学意义""树立辩证唯物主义和历史唯物主义世界观"。

对数学美学的认识是对数学价值认识的重要组成部分。数学美具有科学美的一切特性。逻辑美、奇异美（如：分形、混沌）、内容美、形式美（如：欧拉公式、勾股定理）、思想美（如：化归、数形结合）、方法美（如：数学归纳、特殊化），简洁、匀称、和谐（如：正三角形、五角星、正多面体等）在数学中随处可见。数学美不仅能激发学生的学习激情，提高学习兴趣和学习效率，而且能陶冶人的情操，引导人积极向上、献身科学。数学还是一种文化，潜移默化地影响着人们的观念、精神以及思维方式，促进人们创造性思维的发展。

二、数学新课程注重学习过程的评价

（一）数学课程的特点和学生的学习心理要求注重学习过程的评价

1. 数学学习的特点要求注重学习过程的评价

数学课程具有高度抽象性、广泛应用性和严谨性的特点。因此，数学学习既具有一般学习的特点，又有其自身的特点，这些特点要求我们注重学习过程的评价，通过评价的反馈调节、反思激励等功能，提高学生的学习能力和学习水平，提高学生的整体素质。

（1）数学学习对抽象概括能力要求比较高

在中学数学课程中，数学学习的主要对象是数、形、函数、代数运算等抽象的形式，是各个概念、判断相互联系的统一体，采用的是形式化的符号语言，因而对学生的抽象概括能力要求比较高，要求学生能较好地完成由具体到抽象的概括。

学生在数学学习中，经常是形式地记忆数学内容，而不能真正理解数学概念、结果的本质。原因之一是学生还没有完成由具体到抽象的概括。例如，我们多次提到，对于函数概念的真正理解是不容易的。如果你问学生，什么是函数？他可能会给你说一遍函数的定义，或者说 $y=x$，$y=x^2$，$y=\dfrac{1}{x}$，…是函数。但是，你要让他举出一些例子时，他可能会不知所措；或者，你画几个图象让他判断哪些是函数，哪些不是函数；或问他火车票的价格与里程数之间的关系是不是函数关系，反过来，里程数与车票的价格之间的关系是不是函数关系，或许他就不能作出完整的回答。

（2）数学学习中对"再创造"有更高的要求

数学学科逐级抽象的特点，显示出它的层次性，数学的体系是抽象、严密、系统的。这使得数学比其他学科更远离普通常识，要想更好地理解系统化的数学，必须经过"再创造"，通过洞察、通过不断的思考来学习数学，亲历数学的构建过程，在"再创造"的过程中使自己的思维层次不断提高。数学教学中的一个普遍现象是：学生课上听懂了教师讲课的内容和例题，课下却不会做题，不能解决同类型的问题。这是为什么？

这与数学学科的特点直接相关。正如上面所说，它具有逐级抽象的特点，它是一种"抽象基础上的再抽象"和"概括基础上的再概括"，单纯形式地"copy"已有的数学内容，是不能很好地掌握数学概念、结论的内在本质和解题方法的。现代数学通常将数学只作为一个现成的产品来分析，是一种形式化的演绎系统，数学教材也是一种形式化的演绎系统。这给学生的学习，尤其是中学生的学习带来了很大的困难，数学学习中的种种现象和问题表明，数学对于学生在学习中的"再创造"有更高的要求，必须加强学生的思考、体验和发现过程。

（3）数学学习更需要学生的积极思考和主动探索

数学学习与逻辑的关系极为密切。这是因为数学科学与其他科学除了研究对象不同之外，数学对象内部规律的真确必须用逻辑推理的方式来证明。进一步分析对"再创造"的要求，那就是数学学科的特点更加需要学生的积极思考和主动探索。我们可以从课堂教学普遍存在的问题来加以分析。例如，在解题教学中，教的问题主要有：①往往强调对问题一招一式定势套路的总结，不是或很少将具体的知识和具体的解题方法上升到方法、策略、思想的高度，揭示方法的实质和规律。②过于重视解题的技巧，强调解题过程中的程式化训练，忽视数学思想方法在解题中的实质作用，致使解题起不到举一反三的作用。③在习题训练中流于单纯的演算习题的训练，重题型归类，轻解题思路的分析，忽视解题的思维过程。④重"教"轻"学"，在课堂上经常是教师解题学生看，教师解题时又很少展示思维受阻、解题失败的原因分析与对策的选择，缺乏对解题过程的反思。学的问题主要有：①套用模式、题型，缺乏独立思考和主动探索。②缺乏归纳总结、反思等科学有效的学习方法。③缺乏良好的学习习惯，例如，不注意审题、分析和调控。

长期以往，致使学生解题能力低下的问题长期得不到解决。而无论是教的问题，还是学的问题，其共同点都是缺乏积极的思维，缺乏解题思想方法的提炼，更缺乏高层次的思维，而只是形式上记住了解题的过程和答案。一句话，关键是缺乏学生的独立思考和主动探索。

（二）学生的学习心理要求注重学习过程的评价

按照建构主义的学习观：学习是学习者主动建构内部心理表征的过程，包括非结构的经验背景和结构性知识；学习过程是两方面的意义建构过程，即一方面是对新信息的意义建构，同时又包括对原有经验的构造和重组；学习者已有的发展水平是学习的决定因素。

我们要把学生掌握数学知识的过程看作是主动建构内部心理表征的过程，是个体认识事物的思维和实践活动过程，不仅教数学结论，而且体现结论的形成过程，这不仅是数学发展规律对数学教学的要求，同时也是心理程序的要求，心理程序要求了解来龙去脉。正如数学教育家 R. Skemp 指出的：逻辑程序的目的只在说服怀疑者，心理程序却要求了解来龙去脉。逻辑推理所展现的只不过是数学产品，而不能告诉学习者这些数学结果是如何一步步被揭开、发展出来的。它只教数学技巧，而不教数学思考。

因此，我们要充分关注学生的这一心理需要，创设条件和情境，引导学生参与到认识事物的实践过程中去，尽可能让学生自行得出抽象的数学结论。在此过程中学会思维方法，学会自己主动去经历、完成数学化的过程，理解知识、掌握技能、发展能力，培育良好的个性品质。在教学过程中充分揭示每个阶段中的思维活动，使教学成为思维活动的教学，并着眼于心理活动过程。

（三）学习过程评价的内容与方法

1. 数学学习过程评价的内容

（1）评价学生在学习过程中表现出来的对数学的认识、数学思想的感受、数学学习态度、动机和兴趣等方面的变化，评价学生在学习过程中的自信心、勤奋、刻苦以及克服困难的毅力等意志品质方面的变化。注重学生数学学习的积极情感和优良学习品质的形成过程。

钱珮玲数学教育文选

数学教育的根本目的在于利用数学的特点促进社会的发展，促进学生的发展。学生的全面发展，不仅仅是知识的增长、学习能力等智力的提高，还包括学习态度、动机、兴趣、良好的学习习惯和个性品质的养成。这就要求我们通过过程性评价，突出评价的激励与发展功能，培育学生数学学习的积极情感和优良品质。

（2）评价学生能否理解并有条理地表达数学内容，是否积极主动地参与数学学习活动、是否愿意和能够与同伴交流、与他人合作探究数学问题。注重学生参与数学学习和同伴交流、合作的过程。

学生的数学学习是通过数学活动进行的。学生只有在教师引导下，在揭示概念的抽象概括过程中，在展示定理、法则、公式、结论的探索、发现过程中，在暴露解题的思考、选择过程中，依据自己的经验和体验，用自己的思维方式建构数学知识，才能有自己的体验和真正的理解，才能领会数学知识、获得思维的发展。在此过程中，学生不仅要学会正确地表达自己的思想，而且要学会倾听与理解他人。所有这些，都需要学生主动地参与数学学习活动，需要与他人的交流、合作、探究。因此，对学生的学习应注重评价学生是否真正置身于数学学习活动之中，是否能主动地参与数学学习活动，能否理解并有条理地表达数学内容。

（3）评价学生在学习过程中是否肯于思考、善于思考，能否不断反思自己的数学学习过程，并改进学习方法。注重学生思考方法和思维习惯的养成过程。

在数学教育的现实中，对学生数学学习进行评价时往往只关注学生的测试成绩，只关心学生解决数学问题的结果，而较少或很少关心学生是怎样思考的，为什么这样思考。久而久之，导致学生过于或只关心解题的结果，追求

二、数学教育的现代发展与教师专业素养研究

统一的"标准答案",而疏于思考或不去思考,更说不上解题后的反思了。显然,这样的评价方式直接影响到学生思维能力的发展,影响学习的效果和学习水平的提高,与"21世纪教育的四大支柱之一——学会学习"的要求是不相符合的。为了改变这一现实状况,适应现代社会对人才培养的要求,"关注学生是否肯于思考、善于思考、能否不断反思自己的数学学习过程,注重学生思考方法和思维习惯的养成过程"成为新课程对学生学习过程评价的重要内容之一。

（4）评价学生能否从实际情境中抽象出数学知识以及能否应用数学知识解决问题的意识和能力。

一方面,数学的应用日益广泛,20世纪下半叶以来,数学发展的显著特征之一是数学应用的大发展。在知识经济时代,数学正在从幕后走向台前,数学和计算机技术的结合使得数学在许多方面直接为社会创造价值,材料、信息、生命科学、环境保护等四大高新技术本质上是数学技术。而另一方面,我国的数学教育在很长一段时间内对于数学与实际、数学与其他学科的联系,对于数学的应用价值,缺乏应有的认识和重视。国际数学教育的研究表明,应用意识和实践能力的培养是我们数学教学中的薄弱环节,也是我国中学生所欠缺的方面。针对上述问题,更考虑到时代发展的需要,评价学生能否从实际情境中抽象出数学知识,以及能否应用数学知识解决问题的意识和能力就成为学习过程评价的内容之一。

应该注意的是,相对于结果,过程更能反映每个学生的发展变化,数学的特点也需要重视对学生数学学习过程的评价。但是,这并不是说不需要对学习的结果进行评价,数学的严谨性、系统性的特点同时也决定了必须对数学结果进行评价。因此,要把握好两者的有机结合,全面了解

钱珮玲数学教育文选

学生的数学学习历程，充分发挥评价的反馈调节、反思激励等功能，以促进学生素质的全面发展。在下面第三节中我们将作进一步的论述。

2. 数学学习过程评价的方式

与传统评价的相对统一性和一元化相比较，新课程评价中的多元化与开放性虽然还不完善，但已成为现代教育评价发展的趋势。

（1）笔试是学习过程评价的重要方式

笔试是学习过程中评价的重要而有效的方式。只是要对以往笔试评价的内容和侧重点作一分析和思考，改进原有笔试中的不足和问题，使笔试这一评价方式更加有利于促进学生发展。（具体分析参见"三、对数学基础知识的评价"）

（2）多元化的评价主体

在促进学生发展的理念下，应变单一评价主体为多元化的评价主体。以往评价学生数学学习的主体是教师，或称教育者。评价过程是自上而下的教育者评价受教育者的单向过程。

多元化的评价主体将教师评价学生、学生自我评价、学生之间互评、家长和社会有关人员评价学生有机结合起来，体现出全面、客观评价学生的主导思想。多元化的评价主体有助于师生之间的沟通，加深师生之间的理解和对评价结果的认同；有助于学生提高自我意识和自我调整的能力。多元化评价使评价变单纯的管理工具和手段为促进学生发展和自我教育的过程和方法，能较好地发挥评价的反馈调节、激励改进功能，在最终促进学生全面发展的同时，促进教师和学校的多方面发展。

（3）评价方式的多样化

多样化的评价方式方法是促进学生素质发展、促进学生全面发展的保证。评价的方式方法可以是：定性与定量相结合，口头与书面相结合，课内与课外相结合，结果与过程相结合等。

（4）学生数学学习档案袋

档案袋评价是在教学过程中给学生建立的数学学习档案，通过收集和记录学生在学习过程中的多方面的材料，给学生的数学学习过程和结果进行综合的、客观的评价。

档案袋中的项目可以根据具体情况设置。例如，可以设一级项目为情感与态度、知识与方法、思维与能力等三个。每个项目下可以再分二级、三级项目。例如，在"知识与方法"这个一级项目下，可以设置二级项目：知识结构、易混淆概念的区别与联系，数学思想方法的提炼等。在二级项目"数学思想方法的提炼"下，再设置三级项目：常用数学思想方法的归纳、常用数学思想方法的使用、典型题的解题方法、一题多解的方法、通性通法的运用等。

档案袋中材料的类型基本可以分为三种：一种是反映学生数学学习过程和结果的原始材料，称为素材型材料；另一种是反映学生对自己的数学学习过程与结果进行反省和自我评价的材料，称为反思型材料；再一种是反映教师、家长、同伴等对学生的数学学习过程、结果和其他方面发展情况的评价材料。通过档案所反映的材料，教师可以针对学生学习中的不足和问题及时给予帮助、指导和纠正；学生也可以及时了解自己的进步和需要改进的地方，明确努力方向。因此，学生数学学习档案袋是学生学习过程中，一种对学生成长记录有效的评价方式。

（5）评价结果呈现的多样化

随着评价主体、评价方式方法的多元化发展，评价结果也必将呈现多样化的方式。这是出于尊重学生，为每一个学生全面、健康发展的考虑。例如，在定性评价中，可让学生介绍自己学习数学的体会，教师通过点评给予肯定或进一步指出努力方向；展示学生的小论文、课题研究报告，教师可加注激励性评语。在定量评价中，虽然一次测试成绩不能说明一个学生的学习情况，但多次的测试成绩还是能反映学习中的不足和问题的。在需要和可能的时候，可以把一个学年或一个学期中每个学生几次重要的测试成绩画出曲线图，并与每次测试的班平均成绩的曲线图作比较，从中可以发现学生学习的动态变化情况：有的学生的成绩始终保持在班平均成绩之上；有的学生的成绩在班平均成绩上下来回波动；有的学生的成绩开始在班平均成绩之下，但是，是一种稳步上升的发展态势……针对不同的情况可以采取不同的方式，解决相应的问题，帮助学生在自己原有的基础上得到提高。

考虑到中学生的心理承受能力，给一些学生减少不必要的心理压力，也可以只把测试成绩反馈给学生个人，对全班只公布成绩分段统计的结果，使每个学生清楚自己的位置，目的是希望更有助于学生反思自己的学习状况，确定自己的努力方向，充分发挥评价的反馈激励功能，更好地促进每个学生在自己原有基础上的发展。

三、对数学基础知识的评价

我国的数学教育具有重视基础知识教学、基本技能训练和能力培养的优良传统。国际数学教育研究表明，我国的学生具有较为扎实的数学基础知识，具有良好的常规运算和逻辑推理能力。数学课程改革应该继承和发扬这一传统。

数学基础知识、基本技能的掌握和能力培养是对学生数学学习的基本要求，也是评价学生数学学习的基本内容。应注意的是，要以发展的眼光，与时俱进地审视基础知识

和基本技能，在此基础上来思考对基础知识、基本技能和能力培养的评价。

（一）变侧重于对知识单纯的形式化背记为侧重于理解基础上的认识和记忆，评价学生能否利用概念来分析和说明问题

对基本概念、结论等基础知识的评价应避免机械记忆和模仿，重点应放在考查学生是否理解了概念、公式、定理或法则。可以通过学生能否独立举出用于说明问题的正例和反例；能否用不同的语言表述概念、结论；能否在新情境中运用概念、公式、定理或法则解决问题；能否判断自己或他人的错误等方式对学生进行评价。

例如，在评价学生对函数概念的学习时，可以从他能否举出是函数或不是函数的实例，能否正确判断所给实例哪些是函数、哪些不是函数等行为评价学生对函数概念的认识和理解程度。在评价学生对概率的学习时，可以通过他对问题"扔一枚均匀的硬币时，出现正面的概率是$\frac{1}{2}$，你扔了两次，是否一定会出现正面？为什么"，或问题"在一个口袋中放了 99 个白球和 1 个红球，有 100 个人排队去摸球，是否第一个人摸到红球的机会比最后一个人摸到红球的机会要大"的回答，评价学生对概率的认识和理解程度。

（二）变侧重于知识点的孤立评价为侧重于对重点的、核心的内容进行整体的考查，评价学生对数学的整体认识和理解

对基础知识的评价中，还需注意的是，除了考虑知识点和知识面外，还要对重点的、核心的内容进行整体的考查，评价学生对数学的整体认识和理解整体性。

例如，把握好函数与其他内容之间的联系，通过内容之间的联系，通过与社会生活的联系，理解函数的概念及其应用，体会为什么函数是中学数学的核心概念。为此，

钱珮玲数学教育文选

在评价函数内容的学习时，不仅要结合函数的图象考查学生对函数的零点与方程根的联系，根据具体函数的图象，借助计算器或计算机求相应方程的近似解的认识和理解；还要在平面解析几何的学习中，评价学生能否认识和理解直线的斜截式与一次函数的联系；在数列的学习中，评价学生能否认识和理解等差数列与一次函数的联系，以及等比数列与指数函数联系的认识和理解；在导数的学习中，评价学生能否认识和理解导数在研究函数性质时的一般性和有效性；通过具体实例，评价学生对社会生活中所说的直线上升、指数爆炸、对数增长等不同的变化规律的认识和理解；等等。

又如，在学习向量时或在学习向量后，要评价学生能否有意识地将向量与三角恒等变形、几何、代数之间的相应内容进行联系；能否通过比较，感受和体验向量在处理三角、几何、代数等各不同数学分支问题中的独到之处和桥梁作用，认识数学的整体性。

再如，几何课程是高中数学的主线之一，几何直观能启迪思路、帮助理解。因此，在整个高中数学课程的学习中，借助几何直观揭示学习对象的性质和关系，认识和理解基础知识，能加强学生对数学的整体认识，是数学学习中的重要方面。要评价学生能否感受、运用几何直观去认识和理解基础知识。如在导数的学习中，我们可以评价学生能否借助图形，认识和理解导数在研究函数的变化，即是增还是减、增减的范围、增减的快慢等问题中是一个有力的工具；能否借助图形认识和理解为什么由导数的符号可以判断函数是增是减，为什么由导数绝对值的大小可以判断函数变化得急剧还是缓慢。又如对于不等式的学习，我们要评价学生能否刻画不等式的几何意义，尤其是在不等式组与线性规划的学习中。

（三）变与实际、与其他学科缺乏联系为加强与实际、与其他学科的联系，评价学生对基础知识的理解和运用

与实际、与其他学科的联系是我国数学教育中的一个薄弱环节，而与实际、与其他学科的联系是帮助学生深入理解基础知识，更是学生认识数学教育价值的有效途径。

新课程加强了统计课程的内容，这是社会发展对数学教育的要求。统计课程有丰富的背景和广泛的应用，有很强的实践性。根据统计课程的特点，对统计课程的学习，要就"收集数据、整理数据、分析数据，提取信息、进行估计、作出推断"这一全过程，评价学生的统计学习。例如，能否提出统计问题；能否认识和理解样本代表性的重要意义；能否选择合理的方法进行抽样，收集数据；能否合理地、科学地整理分析数据；能否在问题解决中运用样本估计总体的方法；等等。

为了在与实际的联系和解决问题中，加深对基础知识的认识和理解。可以在概率的学习中，结合日常生活中的大量实例，评价学生能否正确理解随机事件发生的不确定性及其概率的确定性。能否判断和澄清日常生活中的一些错误认识，如"中奖率为 $\frac{1}{1\,000}$ 的彩票，买 1 000 张一定中奖"；让学生解释一些日常生活中有关概率的现象，比如天气预报、地震预报的意义；等等。

在推理与证明的学习中，可评价学生能否从现实生活中去找出合情推理的情境，并运用合情推理去作出判断，能否对已学的数学内容进行梳理，等等。

（四）评价学生对数学思想方法的掌握、数学思考的深度

数学思想方法是以数学内容为载体，又高于具体数学内容的一种指导思想和普遍适用的方法。它能使学生学会数学地思考问题，能把知识的学习和培养能力、发展智力有机地结合起来，使学生对基础知识有更深刻的认识和理

解。对此，已在数学教育界得到认同。新课程顺应数学教育发展的要求，对基础知识的评价，要评价学生对数学思想方法的掌握、数学思考的深度。

如对于统计学习的评价，除了上面提到的与实际的联系、问题的解决外，还应注重评价学生对统计基本思想和方法的认识和理解，而不是把统计作为计算统计量的学习。评价学生能否结合实际问题的背景和解决问题的过程，深入思考如何合理选择简单随机抽样、或分层抽样、或系统抽样、或综合运用这三种抽样方法解决问题，并从中进一步认识和理解三种抽样方法各自的特点、区别；评价学生能否感受和体验用样本估计总体的归纳思想；在用样本频率分布和特征数估计总体分布和总体特征数时，评价学生能否深入认识样本频率分布和特征数的随机性、样本代表性的意义；在变量之间相关关系的学习中，评价学生能否体会从随机性中寻找规律性的思想方法，以及回归直线的意义和作用；能否感受统计思维与确定性思维的差异；等等。

几何课程是高中数学的主线之一，几何课程的目标之一是培养和发展学生的几何直觉能力，提升几何直观的思想方法。这一思想方法在整个高中数学课程的学习中起着十分重要的作用，因为几何直观能告诉我们哪些内容和方法可能与当前的学习对象、问题解决对象有关，哪些途径可能是有效的。要评价学生能否感受、运用这一思想方法。如在解析几何的学习中，能否领悟确定几何元素在建立直线方程、圆的方程中的意义和作用；能否认识解释代数关系的几何背景对问题解决的意义和作用；能否感受在学习和问题解决中画出图形的意义和作用；等等。

四、对数学基本技能和能力的评价

熟练掌握一些基本技能，是数学学习必不可少的重要组成部分，也是学生数学学习评价重要组成部分。在评价中要避免将学生引入单纯题型操练和题海的歧途。

（一）变形式化背记的操练为对原理认识基础上的训练，评价学生对数学概念和结论的认识和理解

在继承、发扬基本技能训练和评价中成功和合理做法的同时，对有关数学概念学习的训练和评价，应注重学生能否举出正、反面例子，能否对有关问题作出判断和正确选择；在学习公式、法则中要有对公式、法则掌握的重复、模仿训练和评价，更要注重对运算算理认识和理解的训练和评价；在学习推理证明时，不仅要有推理证明形式规范的训练和评价，更要评价是否有清晰的解题思路，关注落笔有据、言之有理的理性思维训练和评价；在立体几何学习中不仅要有对基本作图、识图的训练和评价，而且要有从整体观察入手，从整体到局部与从局部到整体相结合，从具体到抽象、从一般到特殊的认识事物的方法的训练和评价；等等。

（二）变侧重于解题中一招一式的技巧性训练为侧重于通性通法的掌握，评价学生对数学思想方法的掌握、运用的程度

在过去的基本技能训练和评价中，往往会对一些非本质的细微末节做过于人为技巧化的训练和评价，而不注重通性通法的掌握和评价。多的是对问题一招一式定势套路的训练，少的是将一招一式的解题方法上升到通性通法的高度，揭示方法的实质和规律。过于重视解题的技巧，强调解题过程中的程式化训诫，忽视数学思想方法的提炼、掌握和运用。

例如对集合中"三性"的过于细微的训练和评价，有些内容其实已不是集合本身的内容，而是解方程、解不等式的问题了。对于函数中求定义域有许多过于人为技巧的训练和评价，既没有实际意义，更缺乏教育价值。特别是

在对于运算技能的训练和评价中，经常人为地制造一些技巧性很强的高难度计算题，或者技巧性不强但是计算非常繁琐、意义不大的计算题。这样的训练和评价既无助于当前的学习，更不利于学生的发展。对学生基本技能的训练，不单纯是为了熟练技巧，更重要的是使学生通过训练更好地理解数学知识、方法的实质，能运用它们去解决问题。因此，对基本技能的训练和评价必须注重通性通法的掌握，只有这样的训练和评价，才能举一反三、触类旁通，有利于学生学到数学的一般思考方式。

（三）与时俱进地看待数学基本技能的训练和评价

对基本技能的评价除了传统的技能外，还应包括：能熟练地完成心算与估计；能决定什么情况下需寻求精确的答案，什么情况下只需估计就够了；能正确地、自信地、适当地使用计算器或计算机；能估计数量级的大小，判断心算或计算机结果的合理性，判断别人提供的数量结果的正确性；能用各种各样的表、图、统计方法来组织、解释并提供数据信息；能把模糊不清的问题用明晰的语言表达出来，包括口头和书面的表达能力；能从具体的前后联系中，确定面对的问题采用什么数学方法最合适，会选择有效的解题策略；等等。而像查对数表、三角函数表等，在过去是作为高中生的一个基本技能要求的。现在，我们有了计算器和计算机，那么，能正确地、自信地、恰当地使用计算器或计算机的技能就替代了原来的查表技能，随之的评价内容和方法也就不同了。

（四）对数学能力的培养和评价

数学能力是学生数学素养的重要组成部分，更是学生实现自主学习、可持续发展的保证。

我国一直比较注重对学生"运算能力、空间想象能力、逻辑思维能力"的培养和考查，并将逻辑思维能力置于中心地位。之后，将逻辑思维能力拓展为思维能力。新课程的一个发展是更加关注作为整体的数学思维能力，包括直观感知、观察发现、归纳类比、空间想象、抽象概括、符号表示、运算求解、数据处理、演绎证明、反思构建等思维过程。认为培养学生的数学思维能力应渗透于学生学习数学和运用数学解决问题的全过程，因为数学思维能力是在这些具体思维过程中体现出来的。当然，数学能力还包括在数学活动中提出问题、分析问题和解决问题的能力，数学地表达以及与同伴互相交流的能力等。

1. 对发现问题、提出问题能力的评价

从某种意义上来说，发现和提出问题比解决问题更为重要。众所周知，1900年，希尔伯特提出的23个数学问题为20世纪的数学发展揭开了光辉的篇章，影响了整个世纪的数学研究和发展，影响了一代人。据统计，从1936年至1974年，获菲尔兹（Fields）国际数学奖的20人中，至少有12人的工作与希尔伯特问题有关。从学校的数学教育来说，发现和提出问题是培养学生创新能力的开始。

但是，在以往对学生数学学习的评价中，很少或根本不去评价学生发现问题和提出问题的意识与能力。新课程重视数学探究和数学建模活动，体现了数学教育要关注学生的问题意识、探索能力、实践能力和创新能力培养的理念。

（1）要重视评价学生能否积极思考并大胆猜想，提出自己的想法或观点。

（2）要重视评价学生能否关注身边的数学，在分析、思考、提炼后，发现"生活中的数学"。

（3）要重视评价学生能否就给出的情境或任务发现和提出数学问题等。

（4）通过评价学生能否发现和指出别人的错误，以提

高其自身对有关内容的认识和理解。

需注意的是，对学生发现问题、提出问题能力的评价，应首先关注学生的问题意识，关注他们提出问题的积极性及自信心，不要过分追求问题的质量。

2. 对分析问题、解决问题能力的评价

由于问题的性质不同，个体的思维方式不同，解决问题的过程也就会呈现多种方式和不同的途径。因此，对分析问题、解决问题能力的评价也应是多方面的。

（1）要评价学生能否捕捉解决问题的信息。如：准确理解问题中的条件、结论；确定问题中的关键词、重要元素及其意义；根据问题条件，作出直观图形或草图；拟出解决问题的方向和思路；等等。

（2）要训练和评价学生当思维受阻时，能否变换解决问题的方法或途径。如：将问题作特殊化、极端化，或一般化处理，看能否得到有用的信息；改变原问题的表述方式，或将原问题变换为一个等价的、形式相对简单或熟悉的问题；从正面思考转向反面思考，当直接解法不能奏效时，改用间接方法；等等。

（3）要评价学生在解决问题后能否进行总结反思。如：对解题的过程进行检查，估计解题的结果并进行检验；还有没有其他的解法，有没有更好的解法，用到了哪些数学思想方法；问题是否有特殊（或一般）情况，能否作进一步推广；等等。

（4）对实际问题的解决，要侧重于对问题解决方案的制定、方法的选择、方案的实施、结果检验与修正的全过程作出评价。评价学生面对实际问题，能否确定是什么样的数学问题、涉及什么样的数学知识、可以尝试用哪些数学知识和方法去解决实际问题、达到什么样的预期目标，能否合理地解释问题的结果；要评价学生能否针对实际问题，对解决问题的方案进行质疑、调整和完善；有效地选择恰当的方法和手段收集信息、整理信息，能否联系相关知识、分析相关因素，提出解决问题的思路与方案，建立数学模型并努力去解决问题；等等。

（5）评价学生在解决问题中的发展和进步，对数学的认识和感受，克服困难的态度、意志等。

3. 对表达与交流能力的训练和评价

表达与交流能力是数学学习的重要方面，也是数学能力评价的重要内容。美国数学教师学会（NCTM）在 1989 年制定的《美国学校数学课程标准与评价》中，把"数学交流"作为数学教育的目标。英国"学校数学调查委员会"于 1981 年向政府提交的"Cockroft 报告"中指出：数学提供了一种有力的、简洁的和准确无误的交流信息的手段。对数学表达与交流能力的评价，应侧重以下几个方面。

（1）评价学生能否理解并有条理地表达数学内容；能否对文字语言、图形语言、符号语言进行有效的转换；能否恰当地用文字语言、图形语言、符号语言进行表达与交流。

（2）评价学生能否在问题解决过程中既能独立思考，又能与他人很好地合作与交流；能否对问题提出、问题解决的过程进行自评和互评，进行质疑、释疑；等等。

（3）能否将解决问题的方案与结果用书面或口头形式进行交流，根据问题的要求进行分析、讨论或应用。

■在数学活动中发展思维和语言[*]

编者按：李占柄教授于 1992 年 5 月应邀访问了母校莫斯科大学，在访问期间，莫斯科大学数学系概率论教研室主任，世界著名数学家格涅坚科院士邀请李占柄到家作客时亲自将修改好的手稿（即本文）交给他，希望译成中文后发表在中国有影响的数学教育杂志上，并借此向伟大的勤劳的中国人民，尤其是从事教育的，特别是从事数学教育的工作者表示最衷心的问候，祝愿中国人民的事业取得更大的成就。

本文对数学教学中如何发展思维和语言提出了一系列重要、深刻的意见和见解，很有启发和指导作用。数学是文化的重要组成部分，也是语言的组成部分。数学交流能力的培养是数学教育重要目的之一。本文对这个问题谈得比较深刻透彻，值得好好读一读。

341

自然界慷慨地赋予人类许许多多的东西，但有两样东西我认为是很难估价的，它使人类能在文化、科学、经济领域、以及社会发展中获得一系列伟大的成就。这就是只有我们人类才具备的：思维能力和用语言把自己的想法和所掌握的知识或信息告诉别人的能力。

每个人都需要有清晰的思维，进行严密的逻辑推理，需要有条理地表述自己的思想。尤其是对于学者和教师，

　＊ 本文原载于《数学通报》，1993（4）：9-13. В. В. Гнеденко 著，钱珮玲译，李占柄校.

政治活动家和企业领导人，医生和工程师，工人和管理人员。因此，我们要把发展思维和语言作为从幼儿园、中小学到大学和研究生院教育的基本任务。思维和语言需要在人的一生中得以完善。而成功地完成这两项教育任务将取决于很多的因素，首先是科学技术的发展，社会的进步，经济和文化的兴旺。凡是不关心增强自己国家精神繁荣的社会必将逐渐衰退，就会失去以往在科学、文化和道义上所获得的地位。因此我们全体教育工作者——数学家和物理学家，生物学家和文学家，历史学家和地理学家，工程师和医生，不仅要给学生讲授大纲所规定的知识内容，而且要坚持发展学生的独立思维能力，要使学生养成良好的语言习惯，培养学生用正确清楚的语言，简炼精确的语言，有说服力的语言和内涵丰富的语言来表达自己的思想。

数学，包括中学数学，对于培养习惯，对于培养清晰的思维，对于有条理的正确完整的表述，能起到十分巨大的作用。为了使学生成功地回答问题，证明定理和独立地解题，应该教育学生在学习过程中要很好地真正地理解所学的知识，而不是简单地背熟那些内容。如果他还不十分清楚证明的思想，那么当他回答问题时就很可能在逻辑上出现这样那样的不严密的地方，甚至出现错误。为了正确地回答问题，他必须弄清楚逻辑推理中的基本思路和关键所在。有经验的教师不难看出哪些内容他已经懂了，哪些内容还不清楚。学生回答问题时不只应该会复述，更要分析论断的结构，比如对于习题或定理中所给条件的意义，对于定义中每一句话的含义，都力求有自己的见解。

在适当的时候，教师要把注意力转向学生的语言上，转向语言的精确、简炼、有充分的说服力和逻辑的完整性。在数学语言中，不应有多余的没有意义的词，并且在一般语言中，也应努力做到这点。因为多余的词会影响我们理

342

钱珮玲数学教育文选

解所讨论问题的本质，耗费我们的时间，分散注意力和思维。要毫不吝惜地删去那些词和句子，其余剩下的词和句子是用来激发学生的求知欲，阐明与实际问题的联系，或者是与其他科学学科有关的内容。事实证明这样做无论在教育上，还是在理论上都是有效的。有利于人们的理解，有利于看清事物的本质，有利于阐明与其他事物间的联系。

我们应该培养青年一代具有文明的语言，使之养成我们以前所说的习惯："思想应该是开阔的，但语言应该是简洁的。"语言要有说服力，简单清楚，同时又非常优美，富有激情。深信年青一代会具有真正优美的语言，并且在简洁性、精确性、可靠性等方面有卓越的构词能力。

与上面所述的问题相联系，我们认为有必要回忆伟大的几何学家 Н. И. Лобачевский 在 1846 年给 Сарамовский 地区学校校长所作指示中的这样一段话："……应该注意到某些学生好作演说式修饰的倾向，存在不严格表述和不合理想象的问题……我认为教师负有修辞和关心学生写作的责任。要求他们的叙述要条理清楚，内容充实，而不是修饰性的，只是在特殊的情况或需要强调某件事情时才加以适当的修饰。选择的题材应有这样的特点：在历史发展过程中对年青人的精神影响起积极作用的有益的内容，例如描写高尚道德方面的题材，如何引导年青人作出有益贡献的题材和深受同时代人和后代赞许的题材。"Лобачевский 的思想至今仍有积极的现实意义，特别是在最近十年内，我们忽视了对文明语言的培养和对高尚道德情操的培育，他的思想就更加值得我们深思和重视。

遗憾的是有些数学教师很少注意学生是怎样回答问题的，也不注意他们的语言和措词，只关心回答的内容在数学上是否正确。作为一个数学家来说，不仅要对于数学内容，而且在思维品质和语言表达方面也要有良好的修养。

二、数学教育的现代发展与教师专业素养研究

我们应以这样的目标去培养学生。其实数学教师是可以做到的。而对于文学和历史教师有时反而会更困难些。我们认为，在中学数学课上，就应该训练学生，使之具有简炼的、精确的和逻辑性强的语言表达能力。具体地说，在数学课上，不仅在数学语言中，而且在一般的语言中都不要有空洞的废话，不要有壅塞不通的多余的词和句子。

我们每一个人都要用语言来表达自己的思想、愿望、感想和不同的意见，并且要努力做到准确地表达自己的意思，既不失原意，也不会让别人曲解。为此，选用的词要恰当，细节的叙述要通顺，并且力求做到所讲的一切话语都对充分理解所述内容的本质是不可缺少的。其实这些都是日常生活所必需的，更是教师在自己日常工作中千百倍地需要的。

教师比起从事其他职业的多数人来讲，更应该注意自己的语言，不断地提高自己的语言水平，使之日臻达到准确简洁和完美无瑕。教师的每一句话，每一个手势都应有助于学生理解自己所叙述的内容，有助于发展他们的思维和记忆。教师的语言不仅要在语法和文法上正确，具有丰富的思想内容，而且要充满激情，引人入胜，使学生保持高度的注意力，从而达到预期的教学目的。

教师要牢记精确的语言比那些模糊不清的语言，不正确的语言，以及用很多付句和抽象修饰的复杂语言更容易理解。教师的语言不能太慢，太慢了反而会使学生失去思路，这样就失去了对所讲内容的兴趣。但也不能太快，太快了会使更多的学生跟不上进度，他们在听讲中会漏掉某些内容，而在数学中，往往只要在推导过程中的某个地方中断了，就会影响以后的听讲，听不懂下面的内容。如果教师的讲解十分清楚，就不用再提出不必要的问题，也不用因匆忙的叙述而作重复，反而节省了时间，也保持了所

钱珮玲数学教育文选

述内容的完整性。

　　语言可以是平淡的，使听者感到无聊乏味，教师当然不能这样，而要富有表情，用不多的话去描述清晰的构思，说出自己对复杂过程的认识和思维活动，并能激发学生的求知欲，使所讲内容长期留在学生的记忆中。这就需要在适当的时候用相应的语调说出恰当的词。教师和演讲者应当是心理学家，善于把握住听众的情绪，融知识与趣味于一体，吸引和引导听众跟随自己所讲的内容。那些不考虑学生的兴趣，一味地照本宣科地讲解的教师不能说是一个好的教师。教师还应爱护学生，并让学生感受到这种爱护。学生应该懂得，与教师的交往与接触是为了学到知识和精神上的财富，使自己成为名符其实的有知识的聪明人才。如果教师善于组织教学活动，则对师生双方都会感到格外愉快，而在这样相互默契和谐的交往及友好相处中，起主导作用的是教师本身的素质和语言。

　　学习可以并且应该给每个学生带来乐趣，这种乐趣使师生间产生有益的思想沟通。但教师在讲课时要避免强制性的教育过程：学生已十分厌倦，而教师仍企图迫使学生学习新的知识内容。我曾不止一次地在数学课上，而且在其他课上进行了观察，发现许多学生对所学科目缺乏兴趣。造成这种对获得新知识厌倦的原因可能是多方面的。我认为，第一位的原因是学生听不懂教师所讲的内容，产生了理解上的断裂；第二个原因是教学大纲所规定内容中的形式主义，教师对新知识的引入没有进行充分的论述，因此学生不明白为什么要学这些新概念、新运算及有关法则；第三个原因是学生被他所感兴趣的别的科目吸引住了，以至把时间和精力都花费在那些科目的学习和作业上，而对他不感兴趣的科目不愿花费时间和精力，认为没有必要学习；最后一个原因，有些学生什么也不想做，只要少动脑子即可。为了使学生在学习过程中恢复应有的正常态度，对上述各种情况的学生应采取相应的具体措施。

为了使学生获得圆满的数学知识，必须使他们看清事情的本质，看清这门学科思想方法的实质，以及它与人类实际活动的联系，并且体会所有结论的内部联系。只有这样，才能深刻地理解数学科学的本质和证明中有机的逻辑关系。哪怕学生只有一次能完全清楚地理解事物的本质，看清概念的实质和逻辑推理的思想，那么他们就不会满足于不理解的死记硬背，和没有灵感的死读书。他们开始自己主动自觉地去弄清楚有关内容，而不需提醒和强制，这才达到了学习的最高境界。这时，他会突然发现，主动自觉的学习要比被动的死读书少花许多时间和精力，同时也就为更深入地研究问题，比如简化证明，以及在研究简化证明中创造性地解决问题时所遇到的种种困难赢得了大量时间和精力。

应该教育学生为了社会的进步而不停地学习，使他们看到自己面临的重要任务：如何发展创造性能力，自觉努力地充实知识财富，使自己变得更聪明，带着变革和完善的目的，用批判的态度对待所研究的问题和社会一般问题。为了实现这些目标，我们要做细致的工作：教育学生要善于安排好研究问题中的每一个学习步骤，独立地解题，仔细体会新旧知识间的联系，学会检验自己所得结论的每一步是否正确，如果发现逻辑推理不完整时，能进行补充和修改。应该说在数学中做到这些要比其他学科简单，因为数学结论不是正确就是错误，不会有其他的可能。

为了使学生习惯于独立思考，养成良好的习惯，在解决所遇到的困难时相信自己的力量和智慧，为了在无限的实践长河中培养他们的勇敢无畏的精神和坚定的信心，必须让他们经历一定的磨炼，而不是给他们一切都准备好，

直至掰开嚼碎反复讲解。遗憾的是在许多情况下，我们的学校往往对教师要求得很多，而对学生几乎没什么要求。因此一部分学生认为，学校一定要保证他们在学校每一天的生活都是无忧无虑的，不需要要求他们有任何长时间紧张的脑力劳动，不需要要求他们独立地去克服解题和其他方面所遇到的困难。

我们认为，把困难转嫁到教师身上，要求教师在任何时候都应当作好十分充分的准备，直到不能再细致的地步，这种做法是有害的。"有害的"这句话是说，我们不是在原则上反对教师对学生的辅导，如果学生自己已经预先对必要的材料作了耐心细致的研究，知道自己哪些是明白的，哪些是不明白的，需要教师补充讲解些什么，那么这样的辅导是有益的。但是事情在于往往把辅导作为一种规定，给那些什么也没有思考，预先也不看教科书的学生辅导，这已不再是辅导，而成了替代。我们认为这样做是不必要的，也是有害的。因为这样做完全扼杀了学生的责任心和独立性，而没有责任心和独立性的人不能成为合格的工作人员。

347

毫无疑问，对于不习惯于自己独立克服困难，不习惯于从克服困难中寻找答案的学生来说，他的精神生活是欠缺不全的，这样的学生缺乏应有的勇气和信心，常常会为完成某项工作而感到束手无策，甚至是最简单的工作。对于社会来说，这样的人是一种负担，因为他自己什么也不会做，他需要别人的帮助，向别人提出种种要求，从学校开始他就习惯于把自己的困难推给别人——教师、同班同学、父母和其他任何人。

在发展中学生思维的过程中，所遇到的最常见的毛病是知识的形式主义。这个问题很早就提出来了，在А. Я. Хинчин 的一篇很有意义的文章"关于数学教育中的形式主义"中也谈论了这个问题，下面我们从中引出两段内容，这些内容与我们所讨论的问题直接有关。实际上他的整篇文章的内容都与我们所说的问题有关。

"迄今为止，在学习数学知识和掌握技能的过程中，形式主义仍然是最常见和最严重的问题之一，这个问题同样也影响着数学教育目标的实现。首先最突出的是反映在对所学知识和结论的应用方面。如果学生从学校学到的只是数学内容和数学方法表面的形式化的公式，而没有掌握它们的本质内容，那么他在遇到具体问题时，当然就看不出所学的方法中哪些方法能用来解决他的问题。正像我们通常所说的，他不善于把实际问题数学化，在解决具体问题时显得无能为力，因为他不具有从实际出发，分析问题和适当地引用运算公式的能力，所以无论是对于实际问题的意义，还是对于所出现问题的数学化内容，都不知道应该怎样恰当地运用和选择所学过的运算公式。"

钱珮玲数学教育文选

当然，上面这些话不仅与解中学数学题有关，而且与解决相对来说比较困难的问题，比如完善技术科学发展中的问题，其他方面的一般实际问题，也都有关系。遗憾的是，在掌握和运用数学知识中经常会暴露出形式主义的问题来，特别在目前高考中出现的问题，更证实了这点。不少应届中学毕业生能流利地背熟定义和定理的叙述，但甚至是对最简单的情况也不会应用。比如在回答"$10^{\lg 6}$ 的值等于什么"这样的问题时，不能得到满意的答复，虽然他们十分熟悉对数的定义，但他们往往是没有理解而只是死记硬背。

究竟如何理解知识的形式主义？应该怎样给这种现象下定义？А. Я. Хинчин 在给我们所写的文章中作了详尽的回答，他写道："对于形式主义的一切表现，其特征是在学生的认知结构中，数学内容的表面化、口语化、符号化和形式的叙述占据了不应有的主导地位。"

在获得数学知识时，消除形式主义是必要的，但远不是发展思维的充分条件。我们认为，最终需要的是对结论的本质理解，能进行严密的推理，能补充推理中的逻辑跳步，使得整个推理过程中所引用的论据都是循序渐进的。

毫无疑问，读者熟悉 Н. И. Лобачевский 在对 Пензенский 贵族学院校长指示中所说的关于改善数学教育方法的思想是有益的："……数学教育只有在学生充分理解教师所讲授的内容时才是成功的，教师应当了解学生的程度，教师的讲解要适合学生的实际情况，富于启发性，要生动，引人入胜，而不是匆匆忙忙地赶进度，使学生跟不上。教学的引人入胜包括令人愉快地有兴趣地进行学习，并且会把所学知识应用于解决具体问题。教师还要注意解答问题的方式方法，善于引导学生，并且对于每个理解清楚的学生给予充分的肯定和赞扬。"

Лобачевский 在该文最后所作的评注中说，我们要特别注意对学生的鼓励和赞扬，对那些清楚地叙述思路，成功地解答问题，领悟证明思想方法的那些学生，要给予充分的鼓励，不断地激发他们的求知欲，使他们在以后的学习中做得更好，遗憾的是教师有时候不重视这些有益的做法。在莫斯科的一所学校里曾发生过这样一件事：在五年级的一个班里，女教师提出了一个问题："有多少个以 123 为分母的不可约的真分数？"一个十一岁的学生很快地回答："80 个。"女教师说："不对，再想一想，不要着急。"这个学生高举着手，一边说："请听我的回答，我告诉您我是怎样想的。"女教师很生气地给了他一个最坏的成绩，也不听他的解释。我会见了这个学生，并且问明了他的思考过程，他是这样考虑的："以 123 为分母的真分数共有 122 个，其中有 40 个能被 3 约分，还有 2 个能被 41 约分，所以以 123 为分母的不可约的真分数共有 80 个。"完全正确！推理是清楚而简明的，我给了他最大的鼓励。可以看出，这个学生很会思考，理解力很强。而女教师的这种教育方法是粗暴的。

这件事使我想起我们大家都熟知的历史故事：200 年前，在德国的一所学校里，教师给学生提出了一个问题："把从 1 到 100 的所有整数相加，和是多少？"有一个学生很快地回答说"5050"，"你是怎么做的"，"把第一个数与最后一个数相加的和是 101，从 1 到 100 的整数中一共有 50 对和为 101 的数对，因此答案是 5050"。教师夸奖了这个学生，他就是高斯。教师的赞扬对这个孩子的将来产生了不可估量的作用，从而使我们没有失去一位天才的数学家。

在最近几年里，我们发现，不少年轻教师认为，教学的基本目的不是引发学生的兴趣，不是点燃学生头脑中求知的火花，而是怎样尽可能多地引进知识，但却不关心他们是否掌握了正确的概念，是否很好地理解了所讲的内容，与此同时，我们也高兴地看到，数学科学杰出的学者也都支持我们的观点。

钱珮玲数学教育文选

50 年前，著名数学家、莫斯科数学学校创始人 Н. Н. Лузин 的学生们叙述了 Лузин 在讲授"分析引论"课时发生的一件事情。他叙述了关于无理数的一系列定理，其中有一个是证明两个无理数的和是无理数。课结束了，但留下这个定理没有证明。在下一次课上又继续证明，但仍然没有证完，有一个学生胆怯地小声地说："我认为定理是错误的，因为无理数 $3+\sqrt{2}$ 与 $3-\sqrt{2}$ 的和是整数。"Лузин 做了一个喜剧性的手势，并且到这个学生的位置前说了许多称赞的话，然后他惊奇地说："怎么我们就没有发现这个例子呢？"

那时我们接受了上述发生的一切过程，并且也觉得很奇怪，如此资深而杰出的数学家怎么能没发现这一平凡的错误呢？现在我们才明白，Лузин 是特意安排了这幕剧，给学生上了生动的一课：在课堂上不能只听不想，必须自己经常地反复思考，批判地对待所讲述的内容。Лузин 还想强调的是，讲课不应该是压制性的，而要启发思维，调动学生的积极性，而不是让学生被动地消极地跟着学。

大、中学校的教师不仅要传授已有的知识，而且要为较复杂的工作——建立尚未认识的创造性的新工作做准备。大学生——未来的数学家，应该准备提出新的定理，建立新的数学理论，建立生物、社会和工程等方面的数学模型，要考虑教育过程的有关问题，寻求给年青一代传授知识的更好的方法。总之，为了能进行创造性的工作，必须经历漫长的道路，首先是要做到独立地学习和批判地思考问题。中学要为此做准备，大学可通过以下活动来培养这种能力：讲课，课堂练习，专业课和专业讨论班，以及其他方面的有利于培养创造性能力的各种活动。

351

二、数学教育的现代发展与教师专业素养研究

○ 钱珮玲简历

钱珮玲数学教育文选

1942 - 11 - 16	出生于江苏无锡
1947 - 09～1950 - 07	无锡鸿声镇大经小学学习
1950 - 09～1951 - 08	迁家上海停学
1951 - 09～1954 - 07	上海市蓬莱路学前街南市区中心小学学习
1954 - 09～1960 - 07	上海第八女中初中、高中学习
1960 - 09～1965 - 07	北京师范大学数学系本科学习
1964 - 07 - 05	加入中国共产主义青年团
1965 - 08～1969 - 10	天津工科师范学院机械系任教
1969 - 10～1970 - 08	天津郊区大苏庄农场劳动
1970 - 08～1970 - 11	天津工科师范学院机械系任教
1970 - 11～1973 - 01	天津纺织工学院基础课部任教
1973 - 01～2004 - 04	北京师范大学数学系任教
1980 - 12～1988 - 12	讲师
1988 - 12～2000 - 06	副教授
1988 - 01 - 30	加入中国共产党，后按时转正
1989～2006	全国高师院校数学教育研究会副理事长
1990 - 08～1995 - 02	数学分析（一）教研室主任
1992 - 05	硕士生导师
1993～	转入数学教育与数学史教研室
1995 - 02～2004 - 04	数学教育与数学史教研室主任
1998～	《数学通报》副主编
1999 - 08～2011 - 08	苏步青数学教育奖第四～九届评委会委员
2000 - 07～	教授

2000～2003	国家课程标准普通高中数学课程研制组核心成员
2000 - 08～2010 - 06	《数学教育学报》副主编
2004 - 04	退休
2004～	《普通高中数学课程标准实验教科书》人民教育出版社 A 版副主编

附录 1　钱珮玲简历

附录 2

○ 钱珮玲发表的论文和著作目录

———————— 论文目录 ————————

序号. 作者. 论文名称. 杂志名称，年份，卷（期）：起页-止页

1. 钱珮玲. 关于周期可微函数用线性正算子的逼近阶. 北京师范大学学报：自然科学版，1986（4）：10-18.

2. 钱珮玲. 广义 Bernoulli 函数用三角多项式的单边逼近. 北京师范大学学报：自然科学版，1988（4）：8-12.

3. Qian peiling, Shao Wei. On n-widths in l_p. Approximation Theory and its Applications, 1989，5（3）：5-13.

4. 钱珮玲. 数列与上下极限. 数学通报，1990（10）：33-36.

5. 钱珮玲.《泛函分析讲义》简介//北京师范大学出版社. 北师大版图书评论（1980-1990）. 北京：北京师范大学出版社，1990：305-306.

6. 钱珮玲. 数学分析的入门教学与"ε-N"语言. 数学通报，1991（10）：22-26.

7. 钱珮玲. 拓广方法与创造思维能力的培养. 数学教育学报，1993，2（2）：47-50.

8. 钱珮玲，译. 在数学活动中发展思维和语言. 数学通报，1993（4）：9-13.

9. 钱珮玲. 在大学数学教学中应注意贯彻"教学与科研相结合"的原则. 数学教育学报，1995，4（2）：58-62.

10. 钱珮玲. 怎样比较无穷集元素的"多少"——有理数比自然数"多"吗？数学通报，1996（1）：34-36.

11. 钱珮玲. 关于空间的话题. 数学通报，1996（6）：40-43.

钱珮玲数学教育文选

12. 曹才翰，钱珮玲. 对改进数学教育硕士生培养方案的设想. 高等师范教育研究，1996（3）：26-27.

13. 钱珮玲. 拓广方法与微分映射的教学. 高等师范教育研究，1996（6）：31-35.

14. 钱珮玲. 分形几何——从 UCSMP 教材内容引发的思考. 数学通报，1997（10）：36-41.

15. 钱珮玲. 关于高师数学教育专业学生数学素质的思考. 数学教育学报，1997，6（3）：10-14.

16. 钱珮玲.《数学通报》第 6 届编委会第 1 次编委会纪实. 数学通报. 1998（5）：封 2-2.

17. 钱珮玲. 该怎么"做数学"——《函数与图形》一书内容介绍. 数学通报，1998（10）：43-47.

18. 钱珮玲. 关于中学数学课程改革的探讨. 课程·教材·教法，1999（12）：1-5.

19. 钱珮玲. 联想. 数学通报，1999（11）：38.

20. 钱珮玲. 学会如何思考和学习. 数学教育学报，1999，8（2）：98-102.

21. 钱珮玲. 从美国教育统计中心发布的研究发展报告得到的启示. 数学通报，2000（5）：4-5.

22. 钱珮玲. 对数学教育研究的几点思考. 数学通报，2001，（7）：1-2.

23. 钱珮玲，王嵘. 对一种数学合作学习方式的介绍与反思. 数学教育学报，2002，11（4）：56-58.

24. 钱珮玲. 数学教育的现代化发展与教师培训. 课程·教材·教法，2002（5）：52-56.

25. 钱珮玲. 对数学学习研究的几点思考. 数学通报，2002（7）：2-3.

26. 钱珮玲. 对数学教育研究的几点思考. 现代教学研究（香港新闻出版社），2002（1）：101-102.

27. 赵弘，钱珮玲. 论数学建模中的合作学习，辽宁师范大学学报：社会科学版，2002，25（4）：36-38.

28. 钱珮玲. 写在新栏目开辟之时. 数学通报，2003（9）：封 2.

29. 钱珮玲. 如何认识数学教学的本质. 数学通报，2003（10）：29-33.

30. 钱珮玲. 对数学教学核心理念的思考. 两岸四地中小学数学课程与教学改革学术论坛论文集，2004（8）：65-69.

31. 钱珮玲. 新课程理念下的"双基"教学. 数学通报，2004（4）：3-7.

32. 钱珮玲. 痛悼敬爱的钟善基先生. 数学通报，2006，45（6）：2-3.

33. 何佐. 如何认识概率——读普通高中《课标》实验教科书（概率部分）引发的思考. 数学通报，2007（2）：9-11.

钱珮玲数学教育文选

34. 钱珮玲. 课堂教学需要从数学上把握好教学内容的整体性和联系性之一——对古典概型教学的思考. 数学通报，2008，47（1）：11-12.

35. 钱珮玲. 课堂教学需要从数学上把握好教学内容的整体性和联系性之二——对函数单调性教学的思考. 数学通报，2008，47（3）：22-25.

36. 钱珮玲. 以知识为载体突出联系展现思想方法——对"方程的根与函数零点"教学的思考. 数学通报，2008，47（5）：12-14.

37. 何佐. 独立性检验应注意的问题. 数学通报，2008，47（7）：19-23，25.

38. 钱珮玲. 几何课程教学设计应注意的问题. 数学通报，2009，48（5）：11-13.

著作和译著目录

序号. 著者. 书名. 译者. 出版社，出版年份.

1. 柳藩，钱珮玲. 实变函数与泛函分析［第5章由柳藩编写］. 北京：北京师范大学出版社，1987.

2. 钱珮玲，柳藩. 实变函数论［第5章由柳藩编写］. 北京：北京师范大学出版社，1991.

3. Зорич，В. А. 数学分析（第2卷第1分册）. 蒋铎，钱珮玲，周美珂，邝荣雨，译. 北京：高等教育出版社，1994.

4. 钱珮玲，邵光华. 数学思想方法与中学数学［邵光华参与了上篇的编写］. 北京：北京师范大学出版社，1999. 2版，2008.

5. 钱珮玲主编. 中学数学思想方法［全国中小学教师继续教育用书教育部师范司组织评审］. 北京：北京师范大学出版社，2001［第1版的第7章由实验中学教师编写］. 2版，2010.

6. 数学课程标准研制组. 普通高中数学课程标准（实验）解读［钱珮玲编写：第4章、第6章（与刘晓玫合作）、第8章（与赵大悌等合作）、第9章（与张贻慈等合作）、第12章］. 南京：江苏教育出版社，2004.

357

7. 中学数学课程教材研究开发中心. 普通高中课程标准实验教科书数学［钱珮玲副主编，钱珮玲主编数学1，钱珮玲参编选修1-1，钱珮玲主编2-2］. 北京：人民教育出版社，2004.

8. 中学数学课程教材研究开发中心. 普通高中课程标准实验教科书教师教学用书［钱珮玲副主编］. 北京：人民教育出版社，2005.

9. 钱珮玲主编. 走进课堂——高中数学新课标教学设计案例与评析（上、下册）. 北京：高等教育出版社，2005.

10. 钱珮玲，马波，郭玉峰，等. 高中数学新课程教学法. 北京：高等教育出版社，2007.

■后 记

　　北京师范大学数学科学学院（系）的数学教育研究有着优良的传统，值得梳理、总结和弘扬，途径之一是出版老先生们的数学教育文选。首先应该考虑出版《傅种孙数学教育文选》，由于多种原因，此事一直未列入出版计划。1987年，上海教育出版社出版了《赵慈庚数学教育文集》，这是数学系教师出版的第一部文集。魏庚人教授于1950～1958年在北京师范大学数学系初等数学及数学教学法教研室工作，1955～1958年曾任该教研室主任，后调到陕西师范学院（现称陕西师范大学），先后任数学系主任、名誉系主任，陕西省数学会副理事长、理事长、名誉理事长。1982～1986年担任中国教育学会数学教学研究会首任理事长。为庆祝魏先生90岁寿辰，陕西师范大学数学系张友余老师编辑整理了《魏庚人数学教育文集》，于1991年在河南教育出版社出版。

　　2002年，在搜集和整理《北京师范大学数学系史》资料的过程中，我就开始考虑如何系统地搜集和整理北京师范大学数学系的历史资料，在可能的情况下发表或由出版社出版。其中之一就是主编并出版傅种孙、钟善基、丁尔陞、曹才翰、孙瑞清老师的数学教育文选。在人民教育出版社的领导和中学数学编辑室的数位编辑，尤其是章建跃编审的大力支持下，这个计划在2005～2006年得以实现。

　　北京师范大学数学科学学院的5部数学教育文选，可以作为一件拳头产品。五位老师中，傅种孙老师起着最重要的作用。钟善基、丁尔陞、曹才翰、孙瑞清老师，以及数

钱珮玲数学教育文选

学教育教研室的其他老师们，则可作为一个整体。从这 5 部文选中，我们可以欣赏到北京师范大学数学科学学院这个大家庭中从事数学教育研究和教学老师们的工作。20 世纪 20～50 年代，傅种孙老师的教学法研究论文对中学数学教育影响最大。20 世纪后半叶，在数学教育这个学科群体中，几位老师各自发挥重要作用，他们的研究涵盖了当时数学教育学科的各个主要领域，且处于领先地位。2007 年，由我主编的《中国数学教育的先驱：傅种孙教授诞辰 110 周年纪念文集》在《数学通报》正式出版。

　　另外一件值得指出的事情是：1958 年 11 月，数学教育教研室的梁绍鸿老师（1917—1979）所著的《初等数学复习及研究：平面几何》在人民教育出版社出版。该书是国内初等几何方面的一部经典名著，曾作为高等师范院校平面几何课程的通用教材使用，培育了一大批基础扎实的中学数学教师。该书在 1977 年出版之后曾多次重印，印数达 100 多万册。2008 年 9 月由哈尔滨工业大学出版社再版。这次新版，在原书基础上增补了梁老师生前未曾公开面世的珍贵文稿《朋力点》和他发表在 20 世纪 50 年代《数学通报》上的 3 篇初等几何论文。

359

后记

　　王敬赓、王申怀、钱珮玲三位老师与上面所提到的钟善基、丁尔陞、曹才翰、孙瑞清等四位老师的教学与研究的经历有较大的区别，这三位老师是分别从几何、分析教研室转到数学教育教研室工作。在数学教育教研室工作的教师，研究数学教育是分内的事。在数学院系从事教学的其他教师，应该充分发挥自己的专业特长，除了开展数学科学研究之外，还应该用高观点研究数学教育，这也是分内的事，但可惜这样做的人是不多的。钱珮玲老师先调到我校数学系数学分析教研室工作，后转到数学教育与数学史教研室工作。她在从事分析类课程教学的基础上，在数学思想方法及其教学研究、数学教育的现代发展与教师专业素养研究方面，做出了很好的工作，值得我们从事数学教学的老师们借鉴或学习。每一位从事数学教学的老师，在教学过程中，多动脑、勤动笔，做一位有心人，多发挥一些聪明才智，我们的教学水平，会得到不同程度的提高，学生们也将从中受益。

20世纪90年代初期，随着数学教育与数学史教研室几位老先生的退休，送到国外的几位青年教师学成后未回国服务，该教研室的教师队伍出现断层。钱珮玲老师在1993年转到该教研室工作，在1995年数学系领导班子换届后，她担任该教研室主任直至退休。她在数学教育方向研究生的教学与培养，包括数学教育硕士专业学位研究生课程设置的研讨和审定、国家级骨干教师的培训、研究生课程班的教学、中学数学新课程的推进、十几个省市的教师培训等方面，作了大量的工作。正是由于钱老师的上述工作，使该教研室在师资力量不足的情况下，教学与科研工作仍然取得了很大的成绩。进入21世纪后，学院引进和选留了三位博士到该教研室工作，师资力量得到加强。近几年，数学科学学院的数学教育研究在我国数学教育界的影响呈明显上升的趋势。

承蒙章建跃编审建议出版该文选。该文选出版得到了人民教育出版社的大力支持，以及章建跃编审和王嵘编辑的热情帮助，在此表示衷心的感谢。

主编　李仲来
2011年5月30日

360

钱珮玲数学教育文选